高等学校计算机专业系列教材

MATLAB 与机器学习应用

史明仁　何援军　编著

清華大学出版社
北京

内容简介

本书是写给没有学过任何计算机语言的读者的，例如大学生。本书主要讲授 MATLAB 的基本知识，从如何打开 MATLAB 的指令窗口，输入最简单的指令开始，利用 MATLAB 提供的交互式环境，用简明的实例向读者示范如何调用 MATLAB 的内部函数实现数值计算、符号运算和平面曲线、空间曲线与曲面图等图形输出，以及机器学习和线性代数与微积分的应用。本书的应用篇介绍了 MATLAB 在机器学习中的应用，讨论了如何应用线性代数与函数求极值的基础知识以及 MATLAB 的内置函数来编程实现常用的机器学习算法，例如，(广义)线性最小二乘法与梯度下降法、线性支持向量机等，也讲解与用到了各种控制程序流程的语句，这可以帮助读者编制出更复杂的算法。书中所设计的范例全部在 MATLAB 2020a 中运行过，“输出结果”中的数字和显示的图形均为运行结果。

本书采用图学思维方式、二维表述形式，运用典型范例，简单明了、易于理解，可帮助读者更快、更直观地理解和运用 MATLAB 工作平台，为读者的科学论文、研究报告提供计算和图形支持。

图书在版编目(CIP)数据

MATLAB与机器学习应用/史明仁，何援军编著. —北京：清华大学出版社，2023.7
高等学校计算机专业系列教材
ISBN 978-7-302-62880-4

Ⅰ. ①M… Ⅱ. ①史… ②何… Ⅲ. ①Matlab 软件－应用－机器学习－高等学校－教材
Ⅳ. ①TP181

中国国家版本馆 CIP 数据核字(2023)第 037778 号

责任编辑：龙启铭　薛　阳
封面设计：何凤霞
责任校对：韩天竹
责任印制：杨　艳

出版发行：清华大学出版社
网　　址：http://www.tup.com.cn，http://www.wqbook.com
地　　址：北京清华大学学研大厦 A 座　　**邮　　编**：100084
社 总 机：010-83470000　　**邮　　购**：010-62786544
投稿与读者服务：010-62776969，c-service@tup.tsinghua.edu.cn
质量反馈：010-62772015，zhiliang@tup.tsinghua.edu.cn
课件下载：http://www.tup.com.cn，010-83470236
印 装 者：三河市铭诚印务有限公司
经　　销：全国新华书店
开　　本：185mm×260mm　　**印　　张**：15.5　　**字　　数**：359 千字
版　　次：2023 年 7 月第 1 版　　**印　　次**：2023 年 7 月第 1 次印刷
定　　价：49.00 元

产品编号：090733-01

代序

史明仁博士与他昔日浙江大学同学何援军教授联袂打造的科普读物《MATLAB与机器学习应用》是写给在计算机语言和机器学习方面都是零基础的读者。读者只要跟随此书内容逐步展开，用心练习，就可以学懂MATLAB语言，掌握基本的编程技巧；读者只要具有线性代数与微积分知识，就可以学会当今科技热点——机器学习的大部分常用算法，并用MATLAB编程解出这些常用算法所涉及的最优化问题。

作为这本书稿的第一个读者，我向愿意自学MATLAB和机器学习基础知识的读者推荐此书。它将为你提供计算和图形平台，支撑你的科技论文报告，引领你熟练编程、实现算法、攻克科技前沿。

本书所选的计算机语言MATLAB简单易学。MATLAB接近数学表达式的编程语言，加上作者是从如何打开MATLAB指令窗口、如何输入数据进行计算开始，循循善诱，逐步深入，这就使得初次接触计算机语言的读者容易学习与掌握。

选择MATLAB编程语言来实现机器学习的算法，充分发挥了MATLAB高效的科学计算的强大功能和它内置的大量数学函数和几乎涵盖所有工程计算的工具箱(特别是解最优化问题的工具箱)的优越性。这使得仅具有微积分和线性代数知识的读者，不需要深奥的概率统计和最优化理论基础，就可以弄懂机器学习算法并编程实现。

作者在讲解用矩阵的广义逆解线性模型与广义线性模型时，从引用的参考文献可见，所用的原始材料都是作者的论文。凭借作者在这些科研领域的深厚功底，高屋建瓴、深入浅出、透彻讲解。在讲解支持向量学习机时，引用了数据挖掘领域中"支持向量机的理论和算法"的中英文著述，但没有使用数学专著里很多的数学术语、定义定理，而是恰当比喻，直观图示，然后讲透所用的内置函数的实参设置、MATLAB程序的编制。因为侧重于算法的细节和编程实现，填补了这方面的空白，使得读者对算法有更透彻的理解。

本书还有一个没有体现在标题中的亮点，那就是用MATLAB辅助学习线性代数与微积分(最后两章)。这是充分发挥MATLAB提供的极好的交互式环境的优点。迄今为止，这在MATLAB的中文文献中可以说绝无仅有。实际上，这将使教授微积分和线性代数的教师批改作业省事省力：由于微积分和线性代数的解题过程，甚至答案并不唯一，比起手算核对，使用

MATLAB来检查解题过程的每一步和最终表达不一样的答案就要容易得多。

本书使用“二维表述”的图学思维方式来对照显示MATLAB的输入指令(或M文件)与输出结果,清晰明了,使人耳目一新。

邓乃扬

原中国运筹学会副理事长,《亚太运筹学杂志》副总编辑

中国农业大学数学教授,博士生导师

2023年5月

前言

MATLAB 是美国迈斯沃克公司(The MathWorks, Inc,中国分公司成立于 2007 年)开发的著名商业数学软件。它是目前在国际上被广泛接受和使用的科学与工程计算软件。

MATLAB 和 Mathematica、Maple 并称为三大数学软件。它在数学类科技应用软件中在数值计算方面首屈一指。MATLAB 可以进行矩阵运算、绘制函数和数据、实现算法、创建用户界面、连接调用其他语言(包括 C、C++、Java、Python 和 FORTRAN)编写的程序等。它主要应用于工程计算、控制设计、信号处理与通信、图像处理、信号检测、金融建模设计与分析等领域。

MATLAB 堪称集"数学、图形、编程"于一身的门类俱全的计算机语言。欧美与英联邦国家的科学工作者大多使用 MATLAB 编程、计算。这是因为 MATLAB 博采众长,集各种计算机语言在科学与工程计算方面的优点于一身。它拥有大量的内置函数和工具箱,数学涉及线性代数、微积分、傅里叶变换和其他数学分支;图形,包括二维和三维绘图、图像、动画;编程,除了脚本、函数和类,集编辑、编译、运行三位一体。

MATLAB 提供极好的交互式环境,它不需要像 C 语言那样,开始要做一大串变量说明,哪些是整型,哪些是实型,哪些是双精度,等等。用户可以一开始就输入变量与数据,然后就开始进行计算。在 MATLAB 的指令窗口中输入一条指令,就能立即显示该指令的执行结果。这一功能极大地方便了程序的调试。而且,也方便使用者根据结果,确定下一步怎么做,这与我们做习题与思考问题时的情况很相似。

MATLAB 为数据的图形化表示(数据可视化)提供了有力工具,不仅能绘制多种不同坐标系中的二维曲线,还能绘制三维曲线和曲面,以及随机数的直方图等。本书介绍了数据可视化的功能,绘制了数列图像,形象地图示了数列极限的几何解释;绘制平面上曲线和过极值点的水平切线、空间曲面和过极值点的水平切平面,以及截平面上的空间曲线等,这些都为数据可视化提供了有力工具。

科普著作面向大众,表达清晰是它的特殊要求。本书充分发挥作者在图学科学上的优势,采用图学思维方式、二维表述形式,运用典型范例,简单明了、易于理解,为那些没有学过任何计算机语言的读者讲授 MATLAB 的基本知识。从如何打开 MATLAB 的指令窗口,如何输入最简单的指令,如何输入数据等内容，以及如何进行算术运算开始，循序渐进地介绍了如何编制与调用函数子程序，如何使用 MATLAB 作为学习线性代数、微积分基本知识的直观辅助工具，使数据可视化。针对互联网时代的科技热点——机器学习，本书讨论了如何应用线性代数与函数求极值的基础知识以及使用 MATLAB 的内置函数来编程实现常用的机器学习算法，如线性回归(Linear Regression)算法、Logistic 算法、Probit 算法和支持向量机(SVM)算法等。用矩阵广义逆来解机器学习和数据拟合中经常遇到的任何线性最小二乘问题，入门机器学习，给读者提供提升的空间。

本书给出大量的例子，向读者示范如何调用 MATLAB 内部设置的函数做数值计算、符号运算和数据可视化计算。本书所用的范例大多是学习线性代数与微积分的难点。例如，用行初等变换把数值矩阵或含参数的矩阵化简，来解线性方程组与求逆阵，求齐次线性方程组的基础解系；用行、列初等变换把字母行列式降阶化简；求向量的线性表出系数；应用洛必达法则求不定式的极限；求一元和多元函数的无条件或有条件极值；把有理分式化为最简分式之和；绘制曲线，确定二重积分的上下限；等等。示范了如何应用 MATLAB 编程和它的内置函数求解许多科学技术领域中要解决的数据拟合问题：最小二乘法的矩阵广义逆解。

练习是掌握一种新工具的最好办法，本书精心安排了少量习题。如果读者能跟随书中的例子在 MATLAB 的指令窗口中输入指令串，认真做习题，将能尽快掌握 MATLAB 编程方法与技巧。

本书共包括三篇 12 章：基本篇(导论、基本操作、数值计算、分块矩阵、数据可视化、符号数学和控制结构等)、机器学习应用篇(线性回归与梯度下降法、线性支持向量机和线性支持向量机的推广等)和线性代数与微积分应用篇(攻克线性代数的难点，攻克微积分的难点)。

MATLAB 是一款集数值运算、符号运算、数据可视化、数据分析、图形界面设计、程序设计、仿真等多种功能于一体的集成软件。希望本书对研究人员、工程设计人员、教师和学生，以及广大的读者在进一步学习和应用 MATLAB 这个工具时起到启蒙、深造和指导应用的作用。

本书精心设计了一些习题，它们是书中讲解内容的扩充，也是考查和引导读者掌握 MATLAB 编程技巧的重要组成部分。

本书运用典型范例，简单明了、直观理解，可帮助读者更快、更直观地理解和运用 MATLAB 工作平台。编者力图将本书写得深入浅出、直观易懂、生动流畅。书中不当之处，希冀广大读者与同行的指正。

编 者

2023 年 5 月

目录

第1篇　基　本　篇

第 1 章　导论　　/3

1.1　MATLAB 是什么 …… 3
1.2　为什么用 MATLAB …… 4
1.2.1　MATLAB 的特点 …… 4
1.2.2　MATLAB 的应用 …… 6
1.2.3　MATLAB 与 Python 的比较 …… 7
1.3　使用 MATLAB 的准备工作 …… 7
1.3.1　MATLAB 的启动 …… 7
1.3.2　运行环境设定 …… 8
1.3.3　命令行窗口 …… 8
1.3.4　退出命令行窗口 …… 10
1.4　应用实例 …… 10
1.4.1　数字运算 …… 10
1.4.2　数据可视化运算 …… 11

第 2 章　基本操作　　/14

2.1　变量赋值 …… 14
2.1.1　变量名 …… 14
2.1.2　结果的显示 …… 15
2.1.3　指令窗口中的数值显示格式 …… 16
2.1.4　显示格式与运算精度的设置 …… 17
2.2　向量的输入 …… 18
2.2.1　一般行向量的输入 …… 18
2.2.2　等差数列的输入与产生 …… 18
2.3　矩阵的输入 …… 20
2.3.1　一般矩阵的输入 …… 20
2.3.2　矩阵的大小和向量的长度 …… 20
2.3.3　一些特殊矩阵的输入 …… 20

2.4 字符串的输入 …… 22
2.5 若干操作指令 …… 23
习题 …… 23

第 3 章 数值计算 /24

3.1 基本运算 …… 24
3.1.1 基本运算的条件 …… 24
3.1.2 算术运算(符) …… 24
3.1.3 点乘、点乘方与点除运算 …… 26
3.1.4 数值的字符表达和分数表达 …… 27
3.2 矩阵的一元运算 …… 27
3.2.1 矩阵的转置 …… 27
3.2.2 数乘矩阵 …… 28
3.2.3 方阵的行列式 …… 28
3.2.4 方阵的逆 …… 28
3.2.5 与矩阵相关的其他数值 …… 29
3.3 向量的内积与外积 …… 31
3.3.1 向量的内积 …… 31
3.3.2 向量的外积 …… 31
3.4 内置函数与函数值计算 …… 32
3.4.1 两个重要搜索指令 …… 32
3.4.2 取整的内置函数 …… 34
3.5 随机数的产生 …… 36
3.5.1 一致分布的随机数 …… 36
3.5.2 正态分布的随机数 …… 37
3.6 创建和运行 M 文件 …… 38
3.6.1 创建函数子程序文件 …… 38
3.6.2 运行 M 文件 …… 41
3.6.3 创建调用函数的 M 文件与输入数据 …… 41
习题 …… 44

第 4 章 分块矩阵 /45

4.1 矩阵的分块 …… 45
4.2 分块矩阵的运算 …… 45
4.2.1 分块矩阵的加法、数乘与转置 …… 45
4.2.2 分块矩阵的乘法 …… 46
4.3 矩阵的分块表达式与子块的抽取 …… 47
4.3.1 一般子块的抽取 …… 47

4.3.2 行或(与)列序号连续的子块的抽取 …… 47
4.3.3 一行或一列的抽取 …… 48
4.3.4 分块矩阵的形成 …… 48
4.3.5 删去矩阵的某些行或列 …… 49
4.4 应用分块行向量的一种输出方法 …… 50
4.5 求和式的内积与矩阵表达 …… 51
4.5.1 一重求和式 …… 51
4.5.2 矩阵的按行按列分块 …… 54
4.5.3 二重求和式 …… 55
习题 …… 56

第 5 章 数据可视化 /57

5.1 二维作图 …… 57
5.1.1 用内置函数 plot 作图 …… 57
5.1.2 辅助作图的内置函数与参数 …… 63
5.1.3 用矩阵作为 plot 的参数作图 …… 65
5.2 三维作图 …… 66
5.2.1 空间曲线作图 …… 66
5.2.2 曲面作图 …… 66
5.2.3 用矩阵作为 plot3 的参数 …… 70
5.3 几种三维作图内置函数 …… 71
5.3.1 曲面简易绘制函数 ezmesh …… 71
5.3.2 圆柱面与椭圆柱面的作图 …… 73
5.3.3 单位球面与椭球面的作图 …… 76
习题 …… 77

第 6 章 符号数学 /79

6.1 符号常量 …… 79
6.1.1 符号常量的创建 …… 79
6.1.2 符号常量与数值常量的区别 …… 79
6.2 符号变量与符号表达式 …… 80
6.2.1 符号变量的创建 …… 80
6.2.2 符号表达式 …… 80
6.3 符号矩阵 …… 81
6.3.1 符号矩阵的创建 …… 81
6.3.2 符号矩阵的分块 …… 82
6.4 符号算术运算 …… 83
6.4.1 按某变量的幂次降幂排列且合并同类项 …… 83

6.4.2 乘积展开 …… 84
6.4.3 因式分解 …… 84
6.4.4 化简 …… 85
6.4.5 通分 …… 85
6.5 符号微分 …… 86
6.5.1 符号极限 …… 86
6.5.2 符号微分 …… 88
6.6 符号积分 …… 89
习题 …… 91

第 7 章 控制结构 /92

7.1 if 语句 …… 92
7.1.1 if 条件语句的一般结构 …… 92
7.1.2 逻辑表达式 …… 93
7.1.3 逻辑运算符 …… 93
7.2 循环语句 …… 97
7.2.1 for 循环语句 …… 97
7.2.2 while 循环语句 …… 100
7.2.3 switch-case 语句 …… 102
习题 …… 108

第 2 篇 机器学习应用篇

第 8 章 线性回归与梯度下降法 /111

8.1 回归与分类 …… 111
8.1.1 回归问题 …… 111
8.1.2 分类问题 …… 112
8.2 线性回归 …… 112
8.2.1 数学符号与术语 …… 113
8.2.2 线性回归模型 …… 113
8.3 线性最小二乘法 …… 114
8.3.1 矛盾方程组的“解” …… 114
8.3.2 线性最小二乘法 …… 114
8.4 广义逆矩阵解 …… 115
8.4.1 矩阵的广义逆 …… 115
8.4.2 最小二乘问题的广义逆解 …… 117
8.4.3 预报值与误差 …… 117
8.5 两个广义线性回归模型：Logistic 与 Probit …… 121

8.5.1 广义线性模型与链接函数 …… 121
8.5.2 Logistic 模型 …… 122
8.5.3 Probit 模型 …… 129
8.6 梯度下降法 …… 133
8.6.1 梯度的定义及其性质 …… 133
8.6.2 最速下降法 …… 135
8.6.3 梯度下降法的缺点与改进设想 …… 138
8.7 数据线性化 …… 140
习题 …… 142

第 9 章 线性支持向量机 /144

9.1 什么是支持向量机 …… 144
9.2 分类支持向量机 …… 144
9.2.1 简化的心脏病诊断问题 …… 144
9.2.2 分类模型与内置函数 sign …… 145
9.2.3 线性可分问题与凸壳 …… 147
9.2.4 平分最近点分类法 …… 149
9.2.5 最大间隔分类法 …… 154
9.2.6 关于名词“支持向量机” …… 157
9.3 支持向量回归机 …… 158
9.3.1 ε 带与硬 ε 带超平面 …… 158
9.3.2 硬 ε 带超平面和线性分划 …… 163
9.3.3 构造硬 ε 带超平面的平分最近点回归法 …… 164
9.3.4 构造硬 ε 带超平面的最大间隔回归法 …… 167
习题 …… 170

第 10 章 线性支持向量机的推广 /171

10.1 近似线性可分问题 …… 171
10.1.1 推广的平分最近点分类法(缩小凸壳) …… 172
10.1.2 推广的最大间隔分类法 …… 174
10.2 推广的线性支持向量回归机 …… 178
10.2.1 黄金分割法 …… 178
10.2.2 推广的构造硬 ε 带超平面的平分最近点回归法 …… 181
10.2.3 推广的构造硬 ε 带超平面的最大间隔回归法 …… 186
10.3 从线性分划到二次分划 …… 189
10.3.1 中心在原点的椭圆分划 …… 189
10.3.2 一般二次曲线分划 …… 191
习题 …… 193

第3篇　线性代数与微积分应用篇

第11章　攻克线性代数的难点　/197

11.1　矩阵的初等变换……197

11.1.1　把任一矩阵转换为简约的行阶梯形矩阵……197

11.1.2　行初等变换……198

11.2　齐次线性方程组的基础解……202

11.3　符号数学在线性代数中的应用……203

11.3.1　符号矩阵的一元运算……203

11.3.2　确定齐次线性方程组有非零解的参数值……204

11.3.3　求齐次线性代数方程组的基础解……205

11.3.4　求解符号线性方程组……207

11.4　解非线性方程组……209

习题……210

第12章　攻克微积分的难点　/213

12.1　洛必达法则……213

12.1.1　应用洛必达法则的极限类型与步骤……213

12.1.2　应用洛必达法则求极限……213

12.2　有理分式化为最简分式之和……215

12.3　函数的极值……218

12.3.1　单变量函数的极值……218

12.3.2　多元函数的极值……221

12.4　二重积分改变积分顺序……229

习题……231

参考文献　/233

第 1 篇

基　本　篇

第1章 导 论

1.1 MATLAB是什么

MATLAB堪称是集“数学、图形、编程”于一身的门类俱全的计算机语言。数学，涉及线性代数、微积分、傅里叶变换和其他数学；图形，包括二维和三维绘图、图像、动画；编程，除了脚本、函数和类，MATLAB实际上是一种高级语言，它提供了一个交互式环境，可用于数值计算、数据可视化和编程。

随着计算机的问世与计算机技术的迅猛发展，科学计算、理论、实验三足鼎立，相辅相成，成为人类科学活动的三大方法。而理论往往为科学计算奠定基础，实验所得的大量数据又得靠科学计算来拟合。理论上提出的算法，经过数值误差分析，最后必须用计算机语言编程实现。科研工作者只有在计算机上实现一个算法，才能对此算法有透彻的理解。

现今的网络时代是信息、数据大爆炸的时代。机器学习是互联网时代的科技热点。算法就是用海量数据来训练模型。总之，要跟得上时代的步伐，必须掌握一种计算机语言，MATLAB当属首选。

机器学习涉及多元分析，这就需要使用矩阵、向量。而MATLAB正是**Mat**rix **Lab**oratory（矩阵实验室）的简称，是美国迈斯沃克公司（The MathWorks，Inc）开发的目前国际上最流行、应用最广泛的科学与工程计算软件。MATLAB主要面对科学计算、可视化以及交互式程序设计的高科技计算环境。它将数值分析、矩阵计算、科学数据可视化以及非线性动态系统的建模和仿真等诸多强大功能集成在一个易于使用的视窗环境中，为科学研究、工程设计以及必须进行有效数值计算的众多科学领域提供了一种全面的解决方案，并在很大程度上摆脱了传统非交互式程序设计语言（如C、FORTRAN）的编辑模式，代表了当今国际科学计算软件的先进水平。

MATLAB和Mathematica、Maple并称为三大数学软件。它在数学类科技应用软件中在数值计算方面首屈一指。MATLAB可以进行矩阵运算、绘制函数和数据、实现算法、创建用户界面、连接调用其他语言（包括C、C++、Java、Python和FORTRAN）编写的程序等。它主要应用于工程计算、控制设计、信号处理与通信、图像处理、信号检测、金融建模设计与分析等领域。

MATLAB不仅能绘制多种不同坐标系中的二维曲线，还能绘制三维曲线和曲面，以及随机数的直方图等。这为数据的图形化表示（数据可视化）提供了有力工具。

MATLAB除了数值运算，还有很强的符号运算能力，例如，求解系数为字母（符号）

的线性方程组的解、字母行列式的值，以及函数的求导与积分等。

20世纪70年代，美国新墨西哥大学计算机科学系主任Cleve Moler为了减轻学生编程的负担，用FORTRAN语言编写了最早的MATLAB。1984年，由Little、Moler、Steve Bangert合作成立了MathWorks公司，正式把MATLAB推向市场。到20世纪90年代，MATLAB已成为国际控制界的标准计算软件。

MATLAB是一个高级的矩阵/阵列语言，它的基本数据单位是矩阵。所有MATLAB变量都是数组，这意味着每个变量均可以包含多个元素。单个称为标量的数值实际上是一个1×1数组，也即它包含1行1列，从而它的内置函数的形式参数都是矩阵。

1.2 为什么用MATLAB

MATLAB之所以成为广大科研工作者、在校大学生必须学习和掌握的基本软件，是因为它简单易用，而且它博采众长，集各种计算机语言在科学与工程计算方面的优点于一身。

1.2.1 MATLAB的特点

1. 编程零基础

MATLAB简单易用，说它是“编程零基础”并不为过。编制MATLAB程序可以用“直截了当，开门见山”来形容。MATLAB的友好的用户界面及接近数学表达式的自然化语言，使读者易于学习和掌握。例如，最简单的计算矩阵$\boldsymbol{A}$和$\boldsymbol{B}$乘积的问题，C和FORTRAN语言都要用3层循环语句来实现，而MATLAB只用一个“*”号即可：A*B，符合科技人员对数学表达式的书写格式，既简单又自然，使之更利于非计算机专业的科技人员使用。

MATLAB的内置函数就是存在内部的已经编好的程序，调用它时，只要写上它的名字，用实参代入形参即可。其函数名一般都沿照了数学书写的方法，例如，计算三角函数sin(X)，计算指数函数值的内置函数是exp(X)，不仅函数名sin与exp与实际数学书写一致，而且当用一个实数x(称为实参)代入形参X后，exp(x)就得到e^x的值。如果想计算许多实数的指数函数值，只要把这些实数做成一个向量或矩阵，代入形参，就可同时算出这些实数的指数函数值，不必一个一个计算，也不用像一些计算机语言要编制循环语句来计算。因为当$\boldsymbol{X}$是一个矩阵的时候，exp(X)就是计算这个矩阵的每个元素的指数值。例如，计算$\boldsymbol{A}^{-1}$，只要输入$\boldsymbol{A}$(它的元素可以是数，也可以是字母)，然后写上指令“B=inv(A)”，就算出$\boldsymbol{A}$的逆阵，并存放在名字为“B”的变量中。

MATLAB也吸收了Maple等软件的优点，MATLAB的指令表达式与数学、工程中常用的形式十分相似，使MATLAB成为一个强大的数学软件。在较新的版本中可以调用使用C、FORTRAN、C++、Java和Python编制的程序。

2. 编辑、编译、运行三位一体

MATLAB不需要像C语言那样，开始要做一大串变量说明，哪些是整型，哪些是实型,哪些是双精度等。用户可以一开始就输入变量与其他数据,然后开始进行计算。而且,用户可以在命令窗口中将输入语句与执行命令同步,也可以先编写好一个较大的复杂的应用程序(M 文件)后再一起运行。MATLAB 简单的编程环境提供了比较完备的调试系统,程序不必经过编译就可以直接运行,而且能够及时地报告出现的错误及进行出错原因分析。

3. MATLAB 具有强大的处理功能

MATLAB 的高效的数值计算及符号计算功能,能使用户从繁杂的数学运算分析中解脱出来。MATLAB 具有强大的处理功能,它是包含大量算法的集合。其内置六百多个工程中常用的数学运算函数,以及三十几种工具包,可以方便地实现用户所需的各种计算功能。内置函数中所使用的算法都是科研和工程计算中的最新研究成果,而且经过了各种优化和容错处理。在计算要求相同的情况下,使用 MATLAB 的编程工作量会大大减少。MATLAB 的这些内置函数,不仅可以进行复数的各种运算、三角函数和其他初等数学运算,也可以解决矩阵运算和线性方程组的求解、常微分方程(组)及偏微分方程(组)的求解、符号运算、傅里叶变换和数据的统计分析、工程中的优化问题、多维数组操作以及建模动态仿真等。

MATLAB 对许多专门的领域都开发了功能强大的模块集和工具箱。一般来说,它们都是由特定领域的专家开发的,用户可以直接使用工具箱学习、应用和评估不同的方法而不需要自己编写代码。

正是发挥了 MATLAB 这一优势,正在学习微积分和线性代数的大学生可以用 MATLAB 作为辅助工具,直观理解数学概念,攻克学习难点。例如,作为微积分基础的极限定义,应用洛必达法则求不定式的极限,求一元和多元函数的无条件或有条件极值等。澳大利亚的大学就是在线性代数与微积分辅导课上教授 MATLAB[1]。

编制一个计算机程序来实现一个算法,并不是简单地把数学公式直接"翻译"成计算机语言,还要考虑到计算误差,这是数值分析这门学科要研究解决的问题。

例 1.1 当矩阵 $\boldsymbol{A}$ 的列向量线性无关时,存在 $\boldsymbol{A}$ 的左逆 $\boldsymbol{A}_L^{-1}=(\boldsymbol{A}^T\boldsymbol{A})^{-1}\boldsymbol{A}^T$(因为 $\boldsymbol{A}_L^{-1}\boldsymbol{A}=\boldsymbol{I}$。而 $\boldsymbol{A}\boldsymbol{A}_L^{-1}\neq\boldsymbol{I}$)。如果直接按照这个公式编程:先计算乘积 $\boldsymbol{A}^T\boldsymbol{A}$ 再求它的逆,再乘以 $\boldsymbol{A}^T$。只要 $\boldsymbol{A}$ 的规模稍大或"性态"较差,按这种编程得到的矩阵与左逆相去甚远。而机器学习的最小二乘算法经常要用到左逆。MATLAB 有求广义逆(当 $\boldsymbol{A}$ 列无关时,它的广义逆就是它的左逆)的内置函数 pinv(),见例 1.3。它采用了矩阵的奇异值分解方法,极大地减少了数值误差(详见第 8 章)。

幸运的是,MATLAB 拥有的数百个内置函数已经采取尽量减少数值误差的技术,这就为用户提供了极大的方便。用户只要调用有关的内置函数,知道怎么设置它的实参即可。

4. MATLAB 还具有完备的图形处理功能

MATLAB 自产生之日起就具有方便的数据可视化功能,可以将向量和矩阵用图形表现出来,并且可以对图形进行标注和打印。高层次的作图包括二维和三维的可视化、图像处理、动画和表达式作图,可用于科学计算和工程绘图。新版本的 MATLAB 对整个图形处理功能做了很大的改进和完善,使它不仅在一般数据可视化软件都具有的功能(例如二维曲线和三维曲面的绘制和处理等)方面更加完善,而且对于一些其他软件所没有的功能(例如图形的光照处理、色度处理以及四维数据的表现等),MATLAB同样表现了出色的处理能力。同时,对一些特殊的可视化要求,例如图形对话等,MATLAB也有相应的功能函数,保证了用户不同层次的要求。另外,新版本的MATLAB还着重在图形用户界面(GUI)的制作上做了很大的改善,对这方面有特殊要求的用户也可以得到满足。这一优点也在本书中得到尽情发挥。例如,如何通过绘图来确定二重积分的积分区域与上下限,作图表达机器学习的结果。

5. MATLAB提供极好的交互式环境

在MATLAB的指令窗口中输入一条指令,只要在指令后没有加(英文)分号";",就能立即显示该指令的执行结果。即使加了分号,当时不显示结果,但在此后任何时候,要查看这条指令的结果,只要在指令窗口或原来程序中执行语句的后面,输入指令(或执行语句)左端的(输出)变量名,仍可显示结果。例如,前面的指令或语句是"x1=exp(2)+1;"(有分号),此后输入"x1",就会显示"exp(2)+1",即 e^2+1 的值。而不需要像C或FORTRAN要用专门的输出语句来显示结果。这一功能极大地方便了程序的调试。而且,也方便使用者根据结果确定下一步怎么做。同时,初学者也更容易看懂别人编制的MATLAB程序:在指令或执行语句后面,输入变量名,或删去原来在执行语句后的分号,看看会得到什么结果。

以上情景与学习微积分和线性代数课后做作业的情况类似:做一步,看看结果如何,然后决定下一步怎么做。凭借这一点,本书可以教会学生如何用MATLAB来检查做矩阵的初等变换的每一步是否正确,求极值时,下一步该怎么办等。

1.2.2 MATLAB的应用

MATLAB的应用广泛,例如,APP构建,可以使用APP设计工具、编程工作流或GUIDE进行APP开发;具有众多的软件开发工具,可用于调试和测试、组织大型工程、源代码管理集成、工具箱打包;它的外部语言接口丰富,外部语言和库接口,包括Python、Java、C、C++、.NET和Web服务;环境和设置可以预设和设置、平台差异、添加硬件和可选功能等。MATLAB广泛应用于数学、统计和优化,数据科学和深度学习,并行计算以及测试和测量等。无论是分析数据、开发算法还是创建模型,MATLAB都是针对用户的思维方式和工作内容而设计的。

MATLAB是一种科学计算语言,全世界数以百万计的工程师和科学家都在使用MATLAB分析和设计,改变着系统和产品。基于矩阵的MATLAB语言是世界上表示计算数学最自然的方式。可以使用内置图形轻松可视化数据和深入了解数据。

MATLAB可帮助用户不仅仅将自己的创意停留在桌面。用户可以对大型数据集运行分析,并扩展到群集和云。MATLAB代码可以与其他语言集成,使用户能够在Web、企业和生产系统中部署算法和应用程序。

MATLAB还用于深度学习(Deep Learning with MATLAB)、计算机视觉(Computer Vision)、数据处理(Data Analytics)、信号处理(Signal Processing)、量化金融

与风险管理(Quantitative Finance and Risk Management)、机器人(Robotics)和控制系统(Control Systems)等。

1.2.3　MATLAB 与 Python 的比较

Python 与 MATLAB 的特点十分相似，绝大部分程序语句类似，许多内置函数的名字、功能都相同。

例 1.2　用矩阵相乘的简单方法计算具有 3 种不同抗药性的单基因害虫产生 81 种双基因下一代的实际例子。已知行向量 $\boldsymbol{F}=(1,1,1,2,2,2)$(看作只有一行的矩阵)，求乘积 $\boldsymbol{A}=\boldsymbol{F}^{\mathrm{T}}\boldsymbol{F}$。从下面列出两种语言的程序语句(MATLAB 用一撇“'”，而 Python 用“.T”表示矩阵转置)可见，两者非常相似。但 MATLAB 显得简单一点。

	MATLAB	Python
向量 $\boldsymbol{F}$ 赋值	F=[1,1, 1,2, 2,2]	F=matrix([1,1, 1,2, 2,2])
计算乘积 $\boldsymbol{A}=\boldsymbol{F}^{\mathrm{T}}\boldsymbol{F}$	A=F '* F	A=F.T * F

例 1.3　例 1.2 中 $\boldsymbol{F}^{\mathrm{T}}$ 的转置是只有一列的非零矩阵，所以列无关，它的左逆 $\boldsymbol{E}$ 存在。MATLAB 和 Python 求广义逆的内置函数都是 pinv()。$\boldsymbol{F}$ 赋值以后，前者的语句为 E=pinv(F ')，后者为 E=pinv(F.T)。

从历史上看，早在 1984 年，MATLAB 就被正式推向市场。到 2020 年，MATLAB 已经拥有超过四百万具有工程、科学、经济等各种背景的用户，而 Python 第一版直到 1991 年才发布。

相对说来，MATLAB 更为简洁。MATLAB 可以调用 Python，但 Python 不能调用 MATLAB。对于科学计算而言，MATLAB 优于 Python。而且以作者的经验，Python 的运行速度比 MATLAB 要慢得多。

Python 与 MATLAB 极其相似，初学者在跟随本书学会用 MATLAB 编程以后，也能很快会用 Python。

1.3　使用 MATLAB 的准备工作

1.3.1　MATLAB 的启动

在安装 MATLAB 的时候，可以选择在桌面上放置 MATLAB 运行快捷键(图 1.1)，它在 MATLAB 的子目录“bin”下，例如，C：\Program Files\MATLAB\R2020a\bin。如图 1.2 所示为启动界面。

图 1.3 是 MATLAB R2020a 运行界面，包括 3 个主窗口：命令行窗口、工作区和当前文件夹。命令行窗口用于执行命令，可使用这些命令进行数据分析和编程任务，创建的变量在工作区窗口中。与一般的 Windows 应用程序一样，三个主窗口的布局可以被改变。

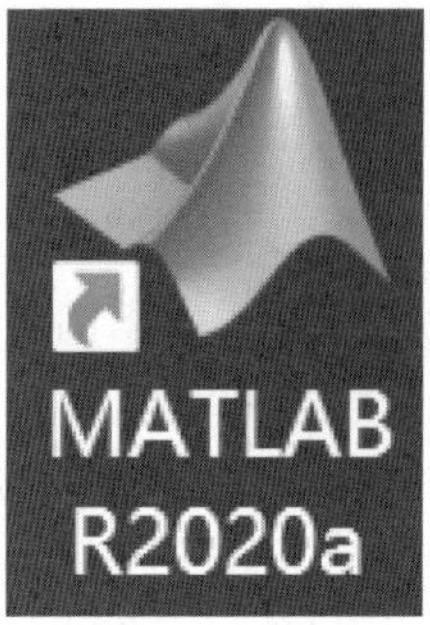

图 1.1 MATLAB R2020a 快捷图标

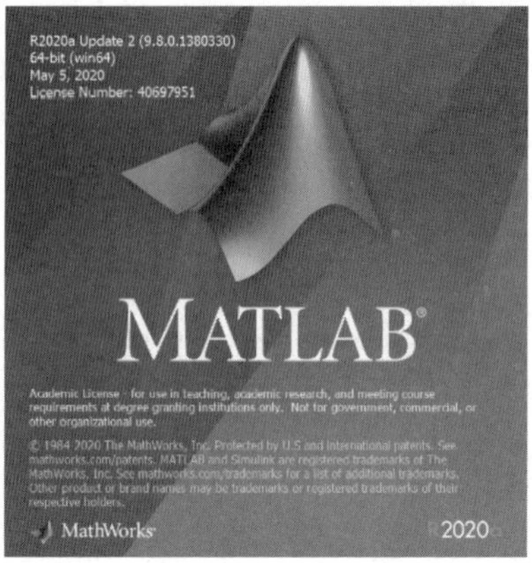

图 1.2 MATLAB R2020a 启动界面

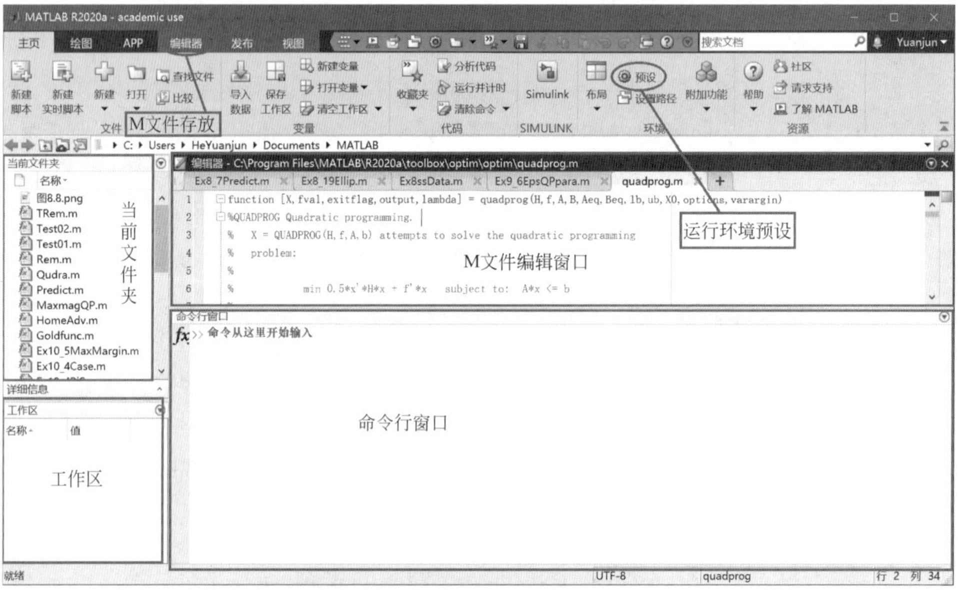

图 1.3 MATLAB R2020a 运行界面

1.3.2 运行环境设定

单击 MATLAB 运行界面中的"预设"按钮(图 1.3),可以设定 MATLAB 的运行环境(图 1.4),例如,命令窗口文字的显示颜色、变量的精度等。

1.3.3 命令行窗口

命令行窗口是主要执行窗口,用于数据导入和数值结果的输出,如果命令行执行的结果是图形,MATLAB 将会另开 Figure 窗口显示图形,这将在后面描述。

一个命令行从命令行窗口最后一个"fx>>"处开始输入(图 1.3),如果命令行输出的

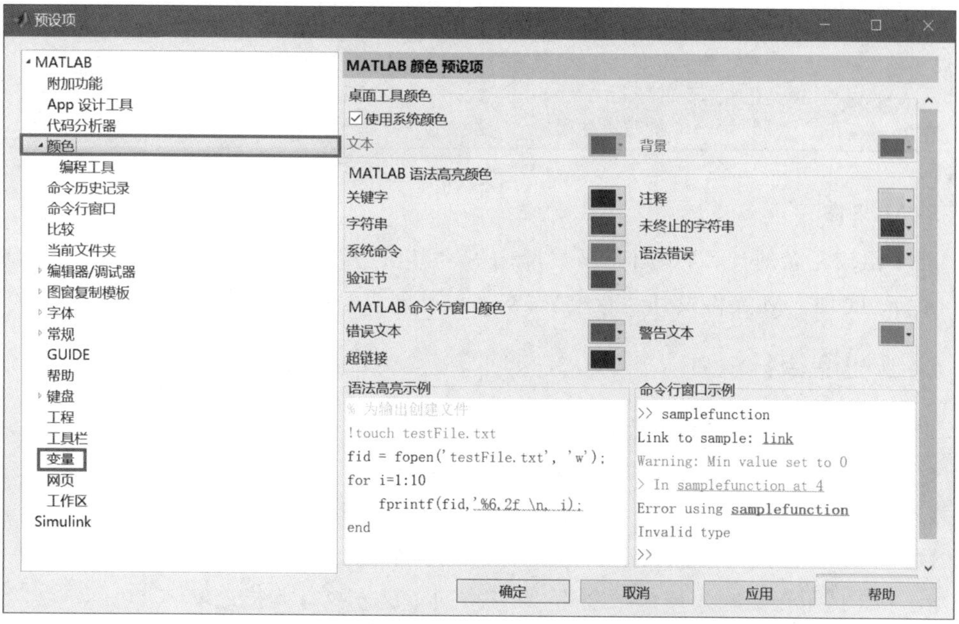

图 1.4 MATLAB R2020a 运行环境设定

结果是数值，本书采用两列的表格形式描述命令的“输入指令”和“输出结果”。

MATLAB 用百分号“%”表示跟随其后的文字（自动变成绿色）是注释，不执行任何运算。

1. 输入指令和输出结果格式的设计

对于简单的指令，可以在命令行窗口中直接输入指令，MATLAB 立即输出结果。本书设计了两列表格方式表述 MATLAB 输入指令与输出结果，约定如下。

（1）左列为“输入指令”串，右列为“输出结果”，表示左列输入指令执行后的输出。MATLAB 的“输出结果”在变量（=）后有一个换行，为了排版的紧凑，这个换行被删除。

（2）如果左列输入指令串有图形输出，将在后面另分行给出该指令串输出的图形。图形一般会全行放置，参阅 1.4.2 节。

（3）提示符“>>”作为分隔不同指令串的符号，即一组指令由一个“>>”开始。为了保证左列与右列的清晰对比，指令串有时也进行分行表述，但跟随的指令同属于前面最接近的“>>”的同一串指令。

（4）有的时候，为了枚举同一类的功能，可能会出现几组指令放在同一个表中，此时，将由每个“>>”开始表示一组新指令的开始。

（5）本书在“输入指令”列采用“%+文字”的形式对指令的目的和功能做些简单的说明。即“%”开头的语句是非执行指令。

（6）“输出指令”列全部由 MATLAB 指令输出。

下面的表格是本书表述指令及其输出的例子。注意，“>>”不是指令的一部分，而是指令窗口的提示符。本书以此提示符开始表示一个指令串的开始。

输入指令	输出结果
>> 3*5,　　% 开始一个指令串 x=5　　% 表示上述指令的续行 >> y=6　　%“>>”开始一个新的指令串	ans = 15 x=　5 y=　6

2. M 文件

对于比较复杂的计算,例如有函数调用等,可以通过编制成 MATLAB 程序的 M 文件(xxx.m)实现。M 文件及其运行结果,本书也是列表给出。这将在第 3 章中介绍。

1.3.4 退出命令行窗口

退出 MATLAB 指令窗口有以下 3 种方法。

(1) 单击指令窗口(图 1.3)右上角的“×”按钮。

(2) 在提示符(prompt)“>>”后输入指令 exit,然后按回车键。

(3) 在提示符“>>”后输入指令 quit,然后按回车键。

(注:在提示符后输入任何指令串,只有按回车键才执行此指令串。)

1.4 应用实例

下面演示几个在指令窗口中如何输入数据与数学表达式,其结果如何在上面显示,MATLAB 作图,机器学习的一些算法,用 MATLAB 辅助学习微积分与线性代数的例子。

1.4.1 数字运算

MATLAB 不需要在开始时对变量逐一说明类型,可直接输入指令(赋值、计算表达式或调用内置函数)。在提示符“>>”的后面可以在同一行上输入多个指令,以分号“;”或逗号“,”分隔指令。若一个指令后加分号,指令的结果不在下面显示,若一个指令后加逗号,或最后一个指令后不加标点,则此指令的结果马上在下面显示。输完指令(串)后按回车键,才执行这个指令(串)。

下面是先对矩阵 **A** 赋值(后加逗号)然后求它的逆矩阵 ***B***。

输入指令	输出结果
>> A=[2,1;3,2],　% 赋值后加逗号“,”,输出结果。	A =　2　1 　　3　2
B=**inv**(A)　　% 指令后无分号“;”, 输出结果。 % 两个指令在同一行	B = 2.0000　-1.0000 　-3.0000　2.0000

如果用内置函数 rats 把 MATLAB 的常量 pi(表示圆周率)化成分数,结果正是祖冲之的密率。用“format long”显示 15 位小数值。

输入指令	输出结果
>>format long; PI =**pi**, RPI=**rats(pi)**	PI = 3.141592653589793 RPI = ' 355/113 '

1.4.2 数据可视化运算

如果命令行执行的结果是图形输出，MATLAB将会另开Figure窗口显示图形，本书采用两行表格描述，上行是命令行描述，下行是该命令行输出的图形。

(1) 根据矩阵创建一个线图。将 **Y** 定义为magic函数返回的4×4矩阵，创建 **Y** 的二维线图(图1.5)。MATLAB将矩阵的每一列绘制为单独的线条。

```
>>Y = magic(4);        Y = [16,2,3,13;5,11,10,8;9,7,6,12;4,14,15,1];
figure;   plot(Y);   % 均为分号“;”结尾,数字计算结果不输出。
```

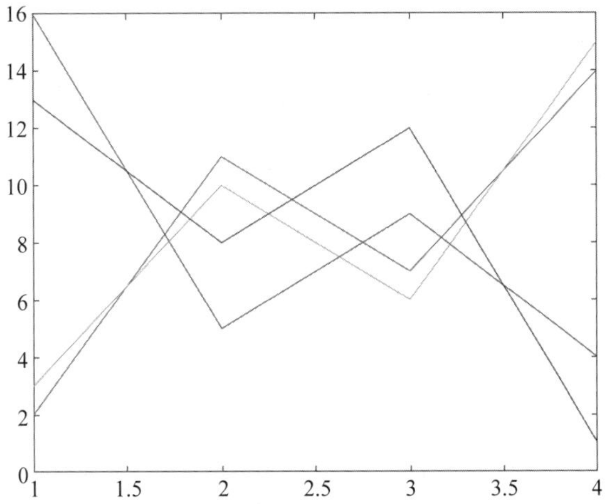

图1.5　根据magic函数返回的4×4矩阵所创建的二维线图

(2) 创建矩阵 **X** 和 **Y**，用于在 x-y 平面上定义一个网格。将矩阵 **Z** 定义为该网格上方的高度。然后绘制 **Z** 的等高线(图1.6)。

```
>>x = linspace(-2*pi,2*pi);      y = linspace(0,4*pi);
   [X,Y] = meshgrid(x,y);        Z = sin(X)+cos(Y);
   contour(X,Y,Z);
```

(3) 用peaks函数创建一幅瀑布图(图1.7)。

```
>>[X,Y,Z] = peaks(30);      waterfall(X,Y,Z);
```

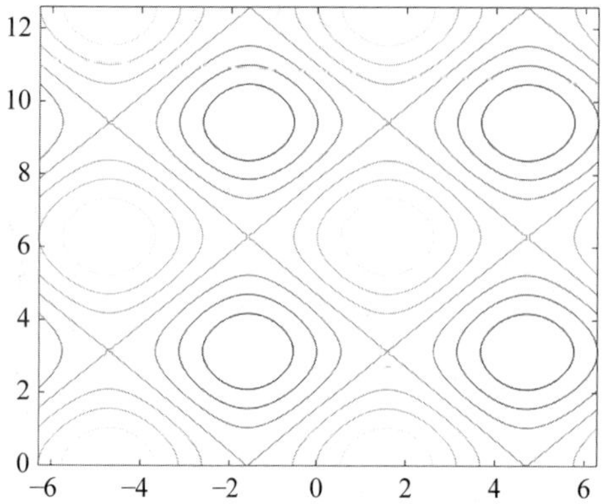

图 1.6 平面上一个网格的等高线

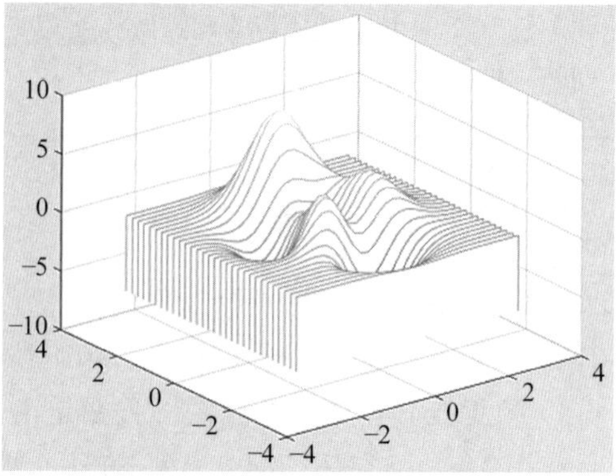

图 1.7 用 peaks 函数生成的瀑布图

(4) 下面的一个综合例子是 MATLAB 提供的，生成 MATLAB 的 Logo 图片(图 1.8)。下面的指令串最后一行是用"%"屏蔽掉的，输出左边的图。如果删掉"%"，执行这一行的指令，就得到右边的图。

```
>>  L = 160 * membrane(1,100); %使用 membrane 命令生成徽标的曲面数据。
% 以下创建一个图窗和一套坐标区以显示徽标。然后，使用通过 membrane
% 命令得到的点创建徽标的曲面。关闭曲面中的线条。
f = figure;  ax = axes;  s = surface(L);  s.EdgeColor = 'none';  view(3);
% 调整坐标区范围，使坐标区紧密围绕在徽标周围。
ax.XLim = [1 201];  ax.YLim = [1 201];  ax.ZLim = [-53.4 160];
% 使用坐标区的照相机属性调整徽标视图。照相机属性控制三维场景的视图，
% 就像带有缩放镜头的照相机一样。
ax.CameraPosition = [-145.5 -229.7 283.6];  ax.CameraTarget = [77.4 60.2 63.9];
ax.CameraUpVector = [0 0 1];        ax.CameraViewAngle = 36.7;
% 更改坐标区的位置和 x、y 和 z 纵横比以填充图窗窗口中的额外空间。
ax.Position = [0 0 1 1];  ax.DataAspectRatio = [1 1 .9];
% 创建光源以照亮徽标。光源本身不可见，但可设置其属性以更改坐标区中
% 任何填充或曲面对象的外观。
l1 = light;  l1.Position = [160 400 80];  l1.Style = 'local';  l1.Color =
[0 0.8 0.8];
l2 = light;  l2.Position = [.5 -1 .4];  l2.Color = [0.8 0.8 0];
% 更改徽标的颜色。
s.FaceColor = [0.9 0.2 0.2];
% 使用曲面的光照和镜面(反射)属性来控制光照效果。
s.FaceLighting = 'gouraud';  s.AmbientStrength = 0.3;
s.DiffuseStrength = 0.6;    s.BackFaceLighting = 'lit';
s.SpecularStrength = 1;   s.SpecularColorReflectance = 1;
s.SpecularExponent = 7;
%关闭轴以查看最终结果(图右)。
% axis off;  f.Color = 'black';  view(3);
```

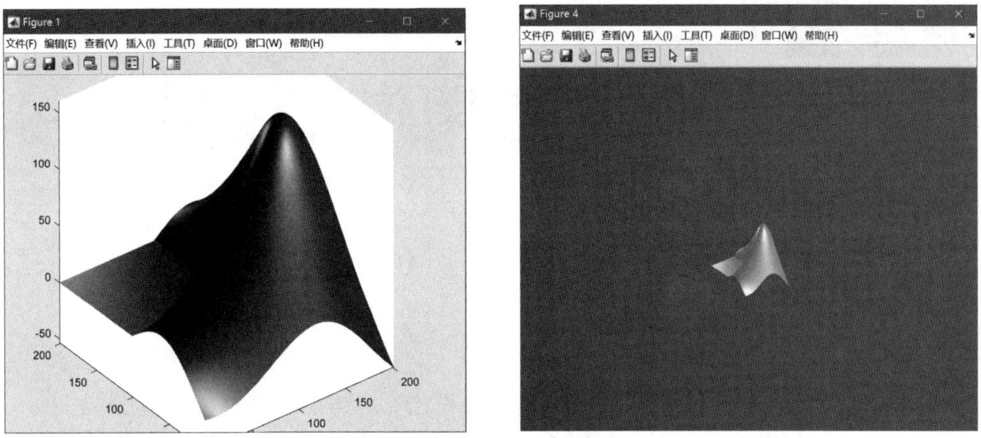

图 1.8 MATLAB Logo(徽标)

第2章 基本操作

本章介绍 MATLAB 的一些基本操作,包括变量赋值、向量的输入、矩阵的输入、字符串的输入和随机数的产生等。最后介绍几个操作指令:清屏、寻找、中断运算或显示、列出变量和清除变量等。这些基本操作保证了 MATLAB 的基本应用。**指令**在本书中的含义是:告诉计算机从事某一特殊运算的代码,如赋值指令、数据传送指令、算术运算指令、程序流程控制指令等。有些文献用“命令”来代替“指令”。MATLAB 2020a 系统的中文版就采用“命令”一词。

如何启动 MATLAB,退出命令行窗口,设定运行环境以及本书关于输入指令和输出结果格式的设计等,请参考 1.3 节。

2.1 变量赋值

变量(Variable)可以看成银行里开的账户,专门用来“存放”程序中的数据。每个变量都拥有独一无二的名字,就像每个账户都有独一无二的账号。通过变量的名字就能找到变量中的数据。从底层看,程序中的数据最终都要放到内存中,变量其实就是内存的名字。在提示符后输入“变量名 = 变量值”这样的赋值语句,就可以给所命名的变量赋值。

2.1.1 变量名

MATLAB 使用的变量名可以是不超过 31 个字母与数字组成的字符串。大、小写字母表示不同的变量。而且,

- 第一个必须是字母。
- 不能出现空格、下标和标点符号(如“()”“。”“%”等),但可以使用下画线“_”。
- 不能用关键字(如 if、for、while、end 等)作变量名。
- 尽量不用表 2.1 所列的特殊常量符号作变量名。这是因为变量保存的数据可以被多次修改,而常量一旦保存某个数据之后就不能修改了。

表 2.1 MATLAB 特殊常量

常量符号	常量含义
i 或 j	虚数单位($\sqrt{-1}$)(用在循环语句时,建议用大写字母 I 或 J)
Inf 或 inf	正无穷大,由 c/0($c\neq0$)产生

续表

常量符号	常量含义
NaN	不定式,表示非数值量,产生于 0/0、∞/∞、0 * ∞ 等运算
pi	圆周率 π 的双精度表示
eps	容差变量 ε,当某量的绝对值小于 eps 时,可认为此量为零

- eye 不能用作变量名,因 MATLAB 用内置函数 eye(n) 得到 n 阶单位矩阵。
- 重新使用一个已有的变量名,会改变(冲掉)它以前的内容。

MATLAB 提供的“help”命令用于查询后面所跟的变量是否已被使用,例如,“<< help xyz”查询变量 xyz 是否已另有所用。

2.1.2 结果的显示

MATLAB 的指令窗口上可以不用专门的输出语句与用于输出的内置函数,而用下面的简单的指令就可显示结果。

1. 单个指令

- 在执行语句(包括赋值语句)后面跟分号,就不显示结果。
- 在一个执行语句(包括赋值语句)后面不跟(英文)分号“;”,则在指令窗口会显示结果。
- 在执行语句后紧接着输入(存储单元)变量名就会显示结果。

例如:

输入指令	输出结果
>> a1=3;	无输出
>> a1=3	a1 = 3
>> a1=3; a1	a1 = 3

2. 赋值计算

这里的“=”号与数学上的相等不是一个意思。MATLAB 与其他很多计算机语言一样,“=”号是用在赋值语句中,表示把它右边的值赋给左边的那个字母命名的变量(计算机存储单元)中。有的计算机语言的赋值语句就用“a1←3”形象化地表示把值 3“赋给”a1。

左边的存储单元就像银行里开的账户,而右边的值就是里面存的钱。从而,我们可以在“a1=3”后写上“a1=a1+2”。在数学上这个“等式”是不成立的,但作为赋值语句,意思是在当前右边“a1”中的数值上再加上 2,把结果赋给左边那个存储单元 a1 中。相当于在原有账户中再存进去 2 元钱。

例如:

输入指令	输出结果
>> a1=3 >>a1=a1+2	a1=　3 a1=　5

需要提醒初学者的是，MATLAB 的有效指令只能是英文字符，除了“%”后面的注释语句。所以，在窗口中输入语句或在编辑窗口中编制程序时，一定要从中文状态切换到英文状态下再输入，尤其是标点符号，否则会出错。中文状态下输入的或者从其他文本复制而来的标点符号会变成红色(在 MATLAB 运行环境中可设定颜色，见第 1 章)。此时，在指令编辑窗口会提示错误，需要重新输入(改正)才能运行。

3. 多个指令

MATLAB 允许把几个指令写在一行中，但中间要用(英文)逗号“,”或分号“;”分隔开(空格多少不影响)。

- 赋值指令用逗号分隔时，会显示它前面那个变量的当前值。
- 用分号分隔时，就不会显示。
- 最后一个赋值指令后用逗号或不用标点符号，会显示值。

例如：

输入指令	输出结果
>> a = 1,　b=2,　c=3	a =　1,　b =　2,　c =　3
>> a=1;　b=2;　c=3	c =　3

常量 eps 的值表示 2.2204×10^{-16}，绝对值小于 eps 的被认为是 0。

“ans”不仅表示 answer(答案)的意思，当我们没有给出输出变量名时，是 MATLAB 创建的一个新变量，可以把它用到此后的运算或表达式中。

例如：

输入指令	输出结果
>> EPS= eps	EPS =　2.2204e-16
>> eps	ans =　2.2204e-16
>> EPS= eps,　eps	EPS =　2.2204e-16,　ans =　2.2204e-16
>> EPS= eps,　eps, >>ans+1	EPS =　2.2204e-16,　ans =　2.2204e-16 ans =　1.0000

函数 eye 与常数 pi 分别见后面的例子。

2.1.3　指令窗口中的数值显示格式

MATLAB 设置了多种数值显示格式以满足用户以不同格式显示计算结果的需要。其中常用的 4 种格式如表 2.2 所示。其中，默认的显示格式是：数值为整数时，以整数显示；数值为实数时，以 short 格式显示；如果数值的有效数字超出了这一范围，则以科学记数法显示（表 2.2）。

表 2.2 常用的 4 种数值显示格式

格式	格式效果说明
short	保留 4 位小数，整数部分超过 3 位的小数用 short e 格式
short e	用 1 位整数和 4 位小数加上 e±xxx（表示 $10^{\pm xxx}$）
long	14 位小数，最多 2 位整数，共 16 位十进制数，否则用 long e 格式
long e	15 位小数的科学记数法表示

2.1.4 显示格式与运算精度的设置

数的显示格式与运算精度可以设定，一般有“short”和“long”两种，可在 MATLAB 运行环境的“预设”中设定，见图 2.1；也可由“format”指令设定。

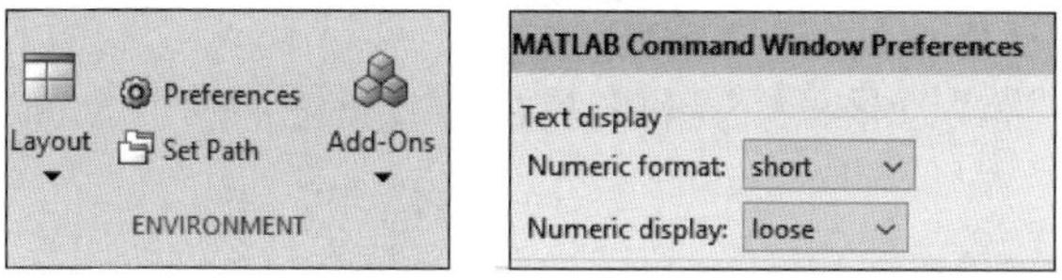

图 2.1 设置显示格式的“预设”窗口

在“预设”窗口中设置一次显示格式后，在指令窗口上将始终以这一格式显示，直到重新设置为止。在指令窗口中，可以接连用指令设置新的格式，然后依照这一格式显示。在这样的一串指令结束以后，以最后设置的格式为准，直到重新设置。

以圆周率 π 与自然对数的底 e 的值为例。

获得圆周率 π 的方法有：

(1) 直接输入“pi”。

(2) 通过它的内置反三角函数得到。

例如，atan(x)($\tan^{-1}(x)$ 或 arctan(x))，输入 4 * atan(1)。

而自然对数的底 e 的值可从它的内置指数函数 exp(x)（即 e^x）获取：输入 exp(1)（即 e^1）。

例如：

输入指令	输出结果
>>PI=pi （默认格式 short）	PI = 3.1415
format short e; PI	PI = 3.1416e+00
format long; PI	PI = 3.141592653589793
format long e; PI	PI = 3.141592653589793e+00

续表

输入指令	输出结果
>> % 紧接上面指令 EXP1=exp(1), format short e; EXP1, format long; EXP1, format short; EXP1	EXP1 = 2.718281828459046e+00 EXP1 = 2.7183e+00 EXP1 = 2.718281828459046 EXP1 = 2.7183
>> SPI=single(pi)	SPI = single 3.1416

单击输出结果中的“single（单精度）”，显示关于 single 的说明文件。数值计算都是用双精度的，所以这个指令不影响计算结果。

2.2 向量的输入

2.2.1 一般行向量的输入

在 MATLAB 中输入行向量，要使用“x=[ ]”的格式。行向量的分量写在方括号内。各分量之间用空格或逗号分隔。列向量的各分量之间用分号分隔(详见 2.3 节)。

例如：

输入指令	输出结果
>>x=[-1, 0, 1+2i] % **i** 是虚数单位	x = -1.0000 + 0.0000i 0.0000 + 0.0000i 1.0000 + 2.0000i

2.2.2 等差数列的输入与产生

等差数列也称为线性等距数据，可看作一种特殊的行向量。有两种方法产生线性等距数据，这种数列在绘图时经常要用到。

1) 用带冒号的指令

指令“x = a : d : b”(其中，d 为增量，也称步长，如果步长为 1，则可省略)产生一个等差数列(行向量)：

$$a, a+d, a+2d, \cdots, a+md$$

共 $m+1$ 个分量。最后一个数正好达到 b 或“差一点”达到 b(b 在 $a+md$ 与 $a+(m+1)d$ 之间)。

例如：

输入指令	输出结果						
>> x1 = -3 : 1 : 2	x1 =	-3	-2	-1	0	1	2
>> x2 = -3 : 2	x2 =	-3	-2	-1	0	1	2
>> x3 = 0 : 0.2 : 1.1	x3 =	0	0.2000	0.4000	0.6000	0.8000	1.0000
>> z = 50 : -8 : 11	z =	50	42	34	26	18	

对于上例中的向量 z，“length(z)”的结果是“ans ＝5”。“m＝4; z(m＋1)”与“z(length(z))”都显示向量 z 的最后一个分量值 18。

记住，以上产生的数据（向量）的分量序号要放在圆括号中。同时，向量的长度值与最后一个分量的序号可以用内置函数 length 来得到（如何找到内置函数，见 3.4 节）。

另外，用于作图时产生数据的指令，最好在末尾加上分号“;”，即不显示数据。因为作图时，往往需要上百个点对，在指令窗口中显示出来会是长长的一串。

用“>>help colon”命令可了解带冒号的指令的详细情况。“help”这一重要指令见 3.4.1 节。

2) 用内置函数 linspace

指令 linspace(a, b, n) 给出 n 个从 a 到 b 的线性等距数据（函数名 linspace 是 linear spaced 的意思）。此时，步长 $d=(b-a)/(n-1)$。

例如：

输入指令	输出结果
>> x1 = -3 : 1 : 2	x1 = -3 -2 -1 0 1 2
>> x2 = linspace(-3, 2, 6)	x2= -3 -2 -1 0 1 2
>> x3 = -1 : 0.02 : 1; % 注意后面加了“;”不输出	x3 = -1.0000 -0.9800 -0.9600 -0.9400 -0.9200 %…产生包括 0 在内(共 101 个分量)的数列
>> x4 = linspace(-1, 1, 101) ; % 注意后面加了“;”不输出	x4 = -1.0000 -0.9800 -0.9600 -0.9400 -0.9200 %…产生不包括 0 在内(共 101 个分量)的数列

当 $n=100$ 时，形参 n 可以省略。100 个分量对通常的作图已经足够。

在不显示 x3 与 x4 和经过仔细推导的情况下怎么知道它们的哪一个分量（下标）的值是 0 呢？可使用内置函数 find。指令“k＝find(x3＝＝0)”（注意，括号内是连用两个“＝”号，它不是赋值用的，称为“逻辑等号”），得到的 k 是所有 x3 的零分量的下标形成的行向量。这样，“k＝find(x3＝＝0), y＝x3(k)”的结果是“k＝51, y＝0”。

例如：

输入指令	输出结果
>> x0=[1,2,3,0,1]; k0=find(x0==0), k1=find(x0==1), k4=find(x0==4)	k0 = 4 k1 = 1 5 k4 = 空的 1×0 double 行向量 % x0 没有值为 4 的分量
>> x5 = linspace(-1, 1,100);	x5 = -1.0000 -0.9798 -0.9596 -0.9394 -0.9192 %…产生不包括 0 在内(共 100 个分量)的数列。 % 步长 d = (1- (-1))/(100-1)=2/99,是个无限循环小数
>> x6 = linspace(-1,1) ;	x6= -1.0000 -0.9798 -0.9596 -0.9394 -0.9192 %…产生相同的不包括 0 在内(共 100 个分量)的数列。 % 步长 d = (1- (-1))/(100-1)=2/99,是个无限循环小数

2.3 矩阵的输入

2.3.1 一般矩阵的输入

在 MATLAB 中输入矩阵 **A**，要使用“**A**＝[ ]”的格式。矩阵的元素写在方括号内。各行(向量)之间用分号“;”分隔，每行的元素之间用空格或逗号“,”分隔。

2.3.2 矩阵的大小和向量的长度

矩阵的大小可用内置函数 size 来获得。矩阵 **A** 的(i,j)元素用“A(i,j)”表示。也可以用“A(k)”表示，如果 **A** 有 m 行，则 $k=m(j-1)+i$。这是因为矩阵 **A** 的元素在内存中是按列存放的，先存第 1 列，然后第 2 列，…也就是说，$m\times n$ 的矩阵 **A** 在内存中是作为一个有 $m\times n$ 个分量的(列)向量。

下面列出矩阵 **A** 的赋值、矩阵 **A** 的某一列的赋值，得到矩阵 **A** 的行数和列数、**A** 的某个元素值、**A** 的行(列)向量值、行(列)向量的长度，得到 **A** 的第 3 行 a3 及其长度等的指令。

表中左列“输入指令”中的所有指令可以是一起输入的，这样，“输出结果”也是一次显示的，分行列表只是为了使得说明更清楚。也可以分成几行输入。

例如：

输入指令	输出结果
>> A=[11,12,13,14; 21,22,23,24; 31,32,33,34], % 给出矩阵 ***A***	A = 11 12 13 14 21 22 23 24 31 32 33 34
s=size(A), % 为 3 行 4 列矩阵	s = 3 4
length(s), % s 本身是一个有 2 个分量的行向量	ans = 2
[r,c]=size(A), % r 是行数,c 是列数	r = 3, c = 4
A(3,2), % 矩阵元素 A(3,2)的值 A(6), % 矩阵元素 A(6) 的值	ans = 32 ans = 32
a3=[13;23;33], % 矩阵 ***A*** 第 3 列的值	a3 = 13 23 33
L=length(a3), % a3 的长度 s= size(a3) % a3 的大小	L = 3 s = 3 1

2.3.3 一些特殊矩阵的输入

(1) 单位矩阵：用指令“eye(n)”来产生 n 阶单位矩阵 $\boldsymbol{I}$。

例如：

输入指令	输出结果
>> **eye(3)** % n=3	ans = 1 0 0 0 1 0 0 0 1

(2) 对角矩阵与矩阵的对角元：diag 用于创建对角矩阵，或获取矩阵的对角元素。此内置函数有以下 3 类用法。

① **D=diag(v,0)**或 **D=diag(v)**。

其中，***v*** 是行或列向量，生成以 ***v*** 的元素为对角元的对角矩阵 ***D***。

例如：

输入指令	输出结果
>> D1=diag([1,2,3]), % 对角元写成行向量	D1= 1 0 0 0 2 0 0 0 3
>> D2=diag([1;2;3],0) % 对角元写成列向量	D2= 1 0 0 0 2 0 0 0 3
>> diag(-3:2:3) % 对角元是用":"产生的等差数列	ans =-3 0 0 0 0 -1 0 0 0 0 1 0 0 0 0 3
>> diag(-1:1) % 用":"产生的等差数列,步长 1 省略	ans =-1 0 0 0 0 0 0 0 1

② **v=diag(X, k)**。

其中，***X*** 是矩阵(不一定是方阵)，k 是整数。$k=0$ 时，等同于"v=diag(X)"，生成以 ***X*** 的主对角元(行下标等于列下标的元素)为元素的列向量 ***v***；如果 $k>0$，则生成以 ***X*** 的(与主对角线平行的)第 k 条上对角线元素为元素的列向量 ***v***；如果 $k<0$，则生成以 ***X*** 的第 $|k|$ 条下对角线元素为元素的列向量 ***v***。

例如：

输入指令	输出结果
>> X=[1,2,3; 4,5,6],	X= 1 2 3 4 5 6
v=diag(X), v0=diag(X,0)	v= 1 5 % (v0= v)
v1=diag(X,1)	v1= 2 6
v_1=diag(X, -1)	v_1= 4

③ **Dk＝diag(v,k)**。

若 $k>0$,则生成以 $\boldsymbol{v}$ 的元素为第 k 条上对角线元素,而其他元素全为 0 的矩阵 $\boldsymbol{X}$;若 $k<0$,则生成以 $\boldsymbol{v}$ 的元素为第 $|k|$ 条下对角线元素,而其他元素全为 0 的矩阵 $\boldsymbol{X}$。

例如:

输 入 指 令	输 出 结 果
>> U1=diag([1,2], 1)	U1= 0 1 0 0 0 2 0 0 0
L1=diag([1,2],-1)	L1= 0 0 0 1 0 0 0 2 0

(3) 零矩阵:一个 $m\times n$ 零矩阵可用内置函数 zeros(m,n)来实现。当 $m=n$ 时,zeros(n)产生 n 阶零方阵。而 zeros(m,1)或 zeros(1,n)产生 m(n)个元素全为 0 的列(行)向量。

例如:

输 入 指 令	输 出 结 果
>> **zeros**(3,4) % 产生 3×4 零矩阵	ans = 0 0 0 0 0 0 0 0 0 0 0 0

(4) 元素全为 1 的矩阵:一个 $m\times n$ 元素全为 1 的矩阵可用内置函数 ones(m,n)来实现。与上述类似,ones(n)产生 n 阶元素全为 1 的方阵。而 ones(m,1) 或 ones(1,n)产生 m(n)个元素全为 1 的列(行)向量。这种矩阵与上面的零矩阵在机器学习的算法中经常要用到。

例如:

输 入 指 令	输 出 结 果
>> **ones** (3,4) % 产生 3×4 元素全为 1 的矩阵	ans =1 1 1 1 1 1 1 1 1 1 1 1

2.4 字符串的输入

字符串在作图时特别有用,例如,图的标题、坐标轴所表示的量与单位以及图例,等等。

字符串的输入格式为"变量名 ='字符串'",即字符串要写在单引号里。它被视作一个行向量(只有一行的矩阵)。它的长度即它的字符个数。

例如:

输 入 指 令	输 出 结 果
>>s='Hello, 您好！ ', L=length(s) s2=s(2),　s7=s(7),　s9=s(9), ss=size(s) % s7 显示的是空格 % 表明 ss 这个字符串是行向量	s =　'Hello, 您好！ ',　L =　10 s2 =　'e', s7 =　' ' s9 =　'好',　ss =　1　10。

2.5 若干操作指令

- 清空现有屏幕上显示的内容：clc。此后各变量的值仍存在：输入变量名，不加分号，那个变量的值仍然会显示。
- 寻找以前的指令语句(即使在清空现有屏幕上显示的内容后)：在当前的提示符后按键盘上的向上箭头。如果往回找，就按向下箭头。要找的指令语句就出现在当前的提示符后。
- 中断运算或显示：按 Ctrl+C 组合键。当发现程序运行产生死循环时，或者产生 10 000 个数的指令后，不想显示但又忘了加分号，就需要用这个操作指令。
- 列出已经用过的变量名：用指令“who”。
- 清除所有的变量：用指令“clear”。

习　　题

X2.1　下面哪些字符不能作为变量名？

Eps，　pi，　f(x)，　fx，　y'，　y"，　A2，　1A，　A_1

X2.2　求 $a=1/4, b=-1, c=-3, x=2$ 时 $f(x)=\frac{a}{x^2}+bx-c$ 的值。

X2.3　写一行指令串，实现以下运算：$a=\mathrm{e}^{\pi}$(不显示结果)，$b=\mathrm{e}^{-2\pi}$，$u=a+b-1$，$v=(ab)^{(-1/\pi)}$，$w=\mathrm{e}^{-1}$(都显示结果)。

X2.4　分别用带冒号(:)的指令与内置函数 linspace 产生一个首项为 1，公差为 −2 的 6 项等差数列。

X2.5　输入以下行向量并显示其长度：$\boldsymbol{x}=(2,4,6,8)$，$\boldsymbol{y}=(1,-1,2,3,-2)$。

X2.6　输入以下矩阵并显示其大小：

$$\boldsymbol{A}=\begin{bmatrix}1&2&3\\4&5&6\end{bmatrix},\quad \boldsymbol{B}=\begin{bmatrix}1&1&1\\1&1&1\end{bmatrix},\quad \boldsymbol{C}=\begin{bmatrix}0&0&0\\0&0&0\end{bmatrix},$$

$$\boldsymbol{D}=\begin{bmatrix}1&0&0\\0&2&0\\0&0&3\end{bmatrix},\quad \boldsymbol{E}=\begin{bmatrix}1&0\\0&1\end{bmatrix}。$$

第3章 数值计算

3.1 基本运算

3.1.1 基本运算的条件

加减运算是对矩阵、向量、数都可进行的基本运算；矩阵的乘法需要左边矩阵的列数与右边矩阵的行数必须相等。违反这一条件，MATLAB会显示红色的出错信息：

Error using * Incorrect dimensions for matrix multiplication。

单击出错信息中的“*”，就可以看到详细说明。

行向量乘以列向量（两者长度相同）等于一个数，等价于两个对应的行（列）向量的内积，这样做不用调用求内积的内置函数。而列向量乘以行向量等于一个矩阵。

两个数可以有“除”与“除以”的运算；矩阵的这两种运算是不可行的。当一个矩阵可逆的时候，乘以它的逆阵，就相当于“除以”这个矩阵。

因为矩阵是MATLAB的基本数据单位，MATLAB把一个矩阵与一个数的加减定义为这个矩阵的每个元素加上或减去这个数，得到一个同样大小的矩阵。如果正希望这样的结果，那么只要在这个矩阵与这个数之间添上“＋”号或“－”号即可，而不必像其他一些语言一样，要用循环语句编一段程序来实现。

MATLAB还对两个同样大小的矩阵定义了“点乘”与“点除”的运算：两者对应每个元素相乘或相除。这对科学计算十分方便，省去了另编程序的麻烦。对一个方阵，MATLAB还定义了“点乘方”的运算：结果是矩阵的每个元素的乘方所得到的矩阵。这与MATLAB所有的内置函数一样，代入一个矩阵实参，它就对此矩阵的每个元素进行同一种运算。

3.1.2 算术运算（符）

MATLAB中的算术运算符如表3.1所示。

表3.1 算术运算符

运算符	输入指令	输出结果
“＋”或“－”（加上或减去）	>> a=1+2, b=4 -5	a=3, b=-1
“ * ”（乘以）	>> c=8 * 2, d=(4+2i) * (3-5i) % i 是虚数单位 $\sqrt{-1}$	c= 16 d= 22-14i
“/”（forward slash：divided by，除以或被…除）	>> u=[8,6, 4; 3,2,1]/2	u= 4.000 3.000 3.000 1.500 1.000 0.500

续表

运　算　符	输入指令	输出结果
“\”（backslash：divided into，除）	>> v= 2\ [8,6, 4; 3,2,1] % 而[8,6; 3,2]\ 2 出错！因为分母不能是矩阵	v= 4.000　3.000　3.000 　 1.500　1.000　0.500
“^”(to the power of，乘方)，只适用于方阵，包括一个数字	>> x=2^3 y=[2, 1-3i; 4-2i, -1-6i]^(1/2)	x=8 y= 1+i　1-i 　 2-0i　1-2i

（1）矩阵（向量）的加减是对应元素相加减，只要尺寸相同即可。

（2）两个矩阵的相乘，并不定义为对应元素相乘，而是左边矩阵的各行向量与右边矩阵的各列向量的内积。所以，两个矩阵能相乘的条件是左边矩阵的列数（即行向量的维数）与右边矩阵的行数（即列向量的维数）必须相等。使用运算符“*”时，必须小心。

（3）向后（反）斜线运算符“\”用在两个数字之间，“a\b”是“a 除 b”，等价于“a 的逆（或倒数）乘以 b”，即 a\b=a^（-1）* b。这与线性方程组 $\boldsymbol{Ax}=\boldsymbol{b}$ 的解 $\boldsymbol{x}=\boldsymbol{A}^{-1}\boldsymbol{b}$（$\boldsymbol{A}^{-1}$ 左乘以 $\boldsymbol{b}$）在形式上是一样的，因此可以用来解线性方程组：MATLAB 的指令为“x=A\b”。同样，可以用内置函数 mldivide，指令为“x= mldivide(A，b)”。

注意，今后为了输出结果少占空间，有时用输入向量、矩阵的格式来输出向量或矩阵。

例如，X2 ＝［－1；3］的分量之间用分号，表示列向量；若用逗号，则为行向量。

例如：

输入指令	输出结果
>>A=[2,-1;3,-2];　b=[-5;-9]; X1=A\ b,　X2=inv(A) * b,　X3= mldivide(A,b) % inv(A) 是 A 的逆矩阵;X1 与 X3 显示小数	X1 =　[-1.0000; 3.0000] X2 =　[-1; 3] X3 =　[-1.0000; 3.0000]

注意，作为数字相除，“a\b”是“a 的逆乘以 b”与“b/a”是“b 乘以 a 的逆”是一样的，因为数字乘法可换，但矩阵乘法（一般）不可换。而且，矩阵不能作分母。所以如果输入“x=b/A”，就会出错。

（4）类似地，向前斜线运算符“/”，也可以用在两个矩阵（向量）之间。“B/A”等价于“B * inv(A)”，都是 $\boldsymbol{B}$ 左乘以 $\boldsymbol{A}$ 的逆，$\boldsymbol{A}$ 必须是可逆方阵，$\boldsymbol{B}$ 的列数必须等于 $\boldsymbol{A}$ 的阶数。同样，可以用内置函数 mrdivide，指令为“x=mrdivide(B，A)”。

例如：

输入指令	输出结果
>> A=[2,-1;3,-2];　B=[-5,-9]; % 同上	
x1=B/A,	x1 =　-37.0000　23.0000
x2=B * inv(A),	x2 =　-37.0000　23.0000
x3= mrdivide(B,A),	x3 =　-37.0000　23.0000
x4= mrdivide(A,B)	x4 =　[-0.0094;　0.0283]　% 列向量
x5=A * pinv(B)	x5 = x4

注意,计算 x4 的 **B** 是个行向量,不存在逆阵,这里实际上用了 **B** 的"广义逆"(详见第8章)。这个指令等价于计算 x5 的指令,其中,pinv 是用来求广义逆的内置函数。

(5) 乘方运算符"C^n",矩阵 **C** 只能是方阵。

- 当 n 是正整数时,表示 n 个 **C** 连乘。
- 当 n 是负整数时,矩阵 **C** 只能是可逆方阵,表示 n 个 **C** 的逆连乘。
- "C ^(−1)"等价于"inv(C)",即 **C** 的逆阵。
- 当 $n=0$ 时,无论矩阵 **C** 是否是可逆方阵,结果都是单位阵 **I**。

例如:

输入指令	输出结果
>> C=[2,5;1,3], Y1=inv(C), Y2=C^(-1)	Y1 =[3 -5; -1 2] Y2 =[3 -5; -1 2]
B1=C^(-2), B2=Y1^2	B1 =[14.0000, -25.0000; -5.0000, 9.0000] B2 =[14, -25 ; -5 9]
>> D=[2,1;4,2]; detD=det(D), E= D^0 % 内置函数 det 是求方阵的行列式,见 3.2 节	detD = 0, E= eye(2)

3.1.3 点乘、点乘方与点除运算

1. 点运算的定义与运算符

MATLAB 还设置了计算两个矩阵,包括两个向量的对应元素相乘或相除,或者一个矩阵(向量)的每个元素的乘方的运算符:在"*""/""\""^"的前面加上点"."(dot),成为".*""./"".\"".^"。参加运算的两个矩阵(向量)必须有同样的尺寸。

例如:

输入指令	输出结果
>> x=[-1,5,3-4i]; y=[-2,-4,1+2i]; u=x.*y, v=x./y, w=x.^2, t=x.\y	% 以下删去了 4 位或最后 2、3 位全 0 的小数及 0 i u = 2. -20. 11. + 2. i; v = 0.5 -1.25 -1. - 2. i w = 1. 25. -7. -24. i; t = 2. -0.8 -0.2 + 0.4i

2. 运算的先后次序

MATLAB 的运算次序与数学规定的一样,即

- 有括号的先做括号内的运算,有多层括号(全用小括号)的,先做最里层的。
- 然后是先做(点)乘方,再做(点)乘除,最后做加减。点乘除与乘除出现在同一项时,按先后次序运算,不能用结合律,见下面 B2 和 B2b 的区别。

例如:

输入指令	输出结果
>> C=[2,5;1,3]; D=[2,1;4,2]; B=C * D^0./D + ((C-D). * C).^2,	B = 1.0000 405.0000 9.2500 10.5000
% 以下运算用于检测运算符的优先级别。 B1=D^0, B2=C * B1./D, B2b=C * (B1./D), % 注意 B2 与 B2b 的区别	B1 = [1, 0; 0 1] B2 = [1.0000, 5.0000; 0.2500, 1.5000] B2b =[1.0000, 2.5000; 0.5000, 1.5000]
B3=C-D, B4=B3. * C, B5=B4.^2, B6=B2+B5	B3 = [0 4; -3 1] B4 = [0 20; -3 3] B5 =[0 400; 9 9] B6 = B

3.1.4 数值的字符表达和分数表达

一个变量一般用数值表达,但也可以用字符表达或分数表达。例如,可以把圆周率 π 转换为最接近的分数:“R=rats(pi)”“format long; R”或分数表达“format rat; R”。

rats 的“单数”rat 是把小数转换为连分数。rats 与 rat 只是用来显示所转换成的分数或连分数的,不能用来参加运算。例如,rats(pi)+1 会出错。但是,“format rat; pi+1”能得到正确结果。

例如:

输入指令	输出结果
>> R=rats(pi), % 字符表达(π 表达为祖冲之的密率) format long; R, % 字符表达 format rat; R1=pi+1 % 分数表达	R = ' 355/113 ' R = ' 355/113 ' R1= 468/113

3.2 矩阵的一元运算

矩阵的一元运算有矩阵的转置、求逆、数乘与矩阵的行列式。

3.2.1 矩阵的转置

矩阵的转置运算用符号“'”实现,即 **A** 的转置矩阵 $\mathbf{A}^{\mathrm{T}}$。在代码中是“A'”。注意,这个“'”必须是在 MATLAB 的指令窗口或“编辑”(Editor)窗口中,而且是英文环境下打印出来的。它不同于 Word 在英文环境下输入的“’”。

例如:

输入指令	输出结果
>> A=[11,12,13,14; 21,22,23,24; 31,32,33,34],	A = 11 12 13 14 21 22 23 24 31 32 33 34

续表

输入指令	输出结果
B=A'	B = 11 21 31 12 22 32 13 23 33 14 24 34

这样，一个列向量可用一个行向量（它显示出来所占的空间小得多）的转置来实现。

本书以斜黑体小写字母表示列向量。线性代数书中不少把线性方程组表示为 $\boldsymbol{Ax}=\boldsymbol{b}$，其中的 $\boldsymbol{x}$ 是未知量形成的列向量，而 $\boldsymbol{b}$ 则是右端项常数形成的列向量。所以本书的表示法与此一致。

列向量的分量表达式，为少占空间，也写成行向量加转置。例如，$\boldsymbol{x}=(1,2,3,4,5)^{\mathrm{T}}$。赋值语句可以写为“x = [1, 2, 3, 4, 5]'”（最后是一撇“'”）或“x =[1; 2; 3; 4; 5]”（分量之间用分号隔开）。

若 $\boldsymbol{C}$ 是复矩阵，则运算符“'”是共轭转置，即转置以后，再对每个元素取共轭复数。

例如：

输入指令	输出结果
>> C=[1+i, -2, i; 3, -i, -1-2 * i], D=C'	C = 1+i -2+0i 0+i 3+0i 0-i -1-2i D = 1.0000 -1.0000i 3.0000 +0.0000i -2.0000 +0.0000i 0.0000 +1.0000i 0.0000 -1.0000i -1.0000 +2.0000i

3.2.2 数乘矩阵

数 r 乘矩阵 $\boldsymbol{A}$，直接用“r * A”或用点乘“r. * A”来实现。

3.2.3 方阵的行列式

方阵 $\boldsymbol{A}$ 的行列式，用内置函数 det：“det($\boldsymbol{A}$)”。

例如：

输入指令	输出结果
>> M=[2, -1, 3; -1, 0, 4; -2, 1, 5]; r=**det**(M)	r = -8

3.2.4 方阵的逆

当方阵 $\boldsymbol{M}$ 的行列式非零时，它的逆矩阵存在，用指令“N=inv(M)”求逆矩阵 $\boldsymbol{N}$，逆矩阵元素用小数表示。指令“rats(N)”或“format rat; N”可把 $\boldsymbol{N}$ 的每个元素都转换为分数。

例如：

输入指令	输出结果
>> M=[2, -1, 3; -1, 0, 4; -2, 1, 5]; N=inv(M)	N =0.5000　-1.0000　0.5000 0.3750　-2.0000　1.3750 0.1250　0　0.1250
N1=rats(N) format rat; N	N1 = 3×42 char 数组 ' 1/2　-1　1/2 ' ' 3/8　-2　11/8 ' ' 1/8　0　1/8 ' N =1/2　-1　1/2 3/8　-2　11/8 1/8　0　1/8

3.2.5　与矩阵相关的其他数值

1. 矩阵的尺寸

内置函数 size(A) 或 [r,c]= size(A) 返回一个行向量，其元素是矩阵 **A** 的行数 *r* 与列数 *c*。length (A)返回 **A** 的行数与列数中的最大值，等价于 max(size(A))。对于向量，长度仅仅是元素数量。空矩阵的行数、列数与长度为零。

例如：

输入指令	输出结果
>> M=[2, -1, 3; -2, 1, 5];　　% “;”结尾的指令不显示 L1=size(M), L2 = length(M),　L3 = max(size(M)), [r,c]= size(M)	 L1 =　2　3; L2 = L3 =　3 r =　2;　c =　3

2. 矩阵的秩

用内置函数 rank()来获得。

例如：

输入指令	输出结果
>> M=[11,12,13,14; 21,22,23,24; 31,32,33,34]; L= rank (M),	 L =　2

这是因为 **A** 的任何两行(列)不成比例，但它们的差是成比例的向量：相邻两列的差都等于[1;1;1]，而相邻两行的差都等于[10,10,10,10]。

3. 矩阵各(行或列)元素的和

用内置函数 sum()来获得。

(1) 矩阵 **A** 各列元素的和：sum(A) 或 sum(A,1)，输出一个行向量。

(2) 矩阵 **A** 各行元素的和：sum(A,2)，输出一个列向量。

（3）矩阵 **A** 各元素的和：sum(sum(A))，输出一个数。

例如：

输入指令	输出结果
>> A=[1, 2, 3; -2, 1, 2]; R1sum= sum(A), R2sum=(sum(A,1)), Csum=sum(A,2), Asum=sum(sum(A))	 R1sum = -1 3 5 R2sum = -1 3 5 Csum = [6; 1] % 列向量 Asum = 7

4. 矩阵的最大值

（1）Y=max(A)：矩阵 **A** 各列元素的最大值，输出行向量 ***Y***。

（2）[Y, I]=max(A)：行向量 ***Y*** 同(1)，行向量 ***I*** 是取得同列中最大值的(第 1 个)元素的行下标。

例如：

输入指令	输出结果
>> A=[1, 2, 3; -2, 5, 2; 3, 5, 3]; Y=max(A), [Y,I]=max(A)	Y = 3 5 3 Y = 3 5 3 I = 3 2 1

（3）C=max(A, B)：矩阵 ***C*** 的每个元素是对应的 **A** 与 ***B*** 元素中的最大值。特别地，max(A, a) = max(A, a * ones(size(A)))：*a* 是常数，a * ones(size(A)) 就是一个与 **A** 同样尺寸，每个元素全是 *a* 的矩阵。

（4）max(A, [], DEM)："[]"是英文状态下的方括号，其中没有内容，表示"空"。DIM=1 时，求各列元素的最大者，与 max(A) 相同；DIM=2 时，求各行元素的最大者。

例如：

输入指令	输出结果
>> A=[1, 2, 3; -2, 5, 2; 3, 5, 3]; B=[-2, 0, 3; 1, 2, 3; 4, 5, 6]; C=max(A,B), M1=max(A, 2), M2=max(A, 2 * ones(size(A))) % M2= M1,M2 输出省略	C = 1 2 3 1 5 3 4 5 6 M1 = 2 2 3 2 5 2 3 5 3
[Yc,Ic]=max(A,[],1), % 与 max(A) 等价 % Yc,Ic 两个行向量	Yc = 3 5 3 Ic = 3 2 1
[Yr,Ir]=max(A,[],2) % Yr,Ir 两个列向量	Yr = [3; 5; 5] Ir = [3; 2; 2

5. 矩阵的最小值

所有这方面的指令与求矩阵的最大值的指令类似。只要把内置函数 max() 改为

min(),即把求最大值改为求最小值。

例如:

输入指令	输出结果
>> A=[1, 2, 3; -2, 5, 2; 3, 5, 3]; B=[-2, 0, 3; 1, 2, 3; 4, 5, 6]; X1=min(A,B), X2=min(A, 2), [Z,J]=min(A, [],2) % Z,J 两个列向量	X1 =-2 0 3 -2 2 2 3 5 3 X2 = 1 2 2 -2 2 2 2 2 2 Z = [1; -2; 3], J=[1; 1; 1]

3.3 向量的内积与外积

3.3.1 向量的内积

向量的**内积**(inner product)又称点积(dot product),是数量积。两个尺寸一样的行向量 ***a*** 与 ***b*** 的内积用 dot(a,b) 或 a * b' 或 b * a' 或 sum(a. * b) 或 sum(b. * a) 来得到。内置函数 sum() 的参数若为向量,是求各分量的和。

例如:

输入指令	输出结果
>> a=[1,0,-2]; b=[-3,2,4]; d1=dot(a,b), d2=a * b', d3=b * a', d4=sum(a. * b), d5=sum(b. * a) , D1=a' * b, D2=b' * a % D2=D1 的转置	 d1 = d2 = -11 d3 = d4 = d5 = -11 D1 =-3 2 4 0 0 0 6 -4 -8 (D2 = D1 ')

其中,D1 与 D2 都是列向量(左)乘以行向量。线性代数基础好的可以自行证明:一个方阵的秩为 1 的充要条件是它等于一个(非 0)列向量乘以一个(非 0)行向量。两个尺寸一样的列向量 ***a*** 与 ***b*** 的内积也可用 dot(a,b)或用类似于上面的其他方法得到,见习题 X3.10。

3.3.2 向量的外积

向量的**外积**(cross product),也称叉积或向量积。两个 3 维行(列)向量 ***a*** 与 ***b*** 的外积用 cross(a,b) 来得到,向量的外积仍是一个向量。

例如:

输入指令	输出结果
>> a=[1,0,-2]; b=[-3,2,4]; c=**cross**(a,b)	c = 4 2 2

3.4 内置函数与函数值计算

内置函数(Built-in Functions)是MATLAB已经编制好的函数(子程序),前面已经调用了一些内置函数,例如size、length、det、dot、cross、exp等。MATLAB内置了绝大多数常用的数学函数与平面(二维)、立体(三维)的作图函数。要知道有关的函数名及其功能,以及如何使用该函数就需要用到两个非常有用的指令。

绝大多数内置函数的参数都是矩阵(包括向量与数)。在计算函数值的时候,对矩阵的每个元素进行计算。

3.4.1 两个重要搜索指令

1. lookfor +(一个)关键词

当不知道函数名时,要用"lookfor 关键词"去搜索。例如,想寻找计算与对数(logarithm)有关的函数,就可以用指令"lookfor logarithm"去搜索。

输入指令	>> lookfor logarithm
输出结果(列出了部分函数)	
log	Natural logarithm.
log10	Common (base 10) logarithm.
log2	Base 2 logarithm and dissect floating point number.
log	Symbolic matrix element-wise natural logarithm.
log10	Symbolic matrix element- wise common logarithm.
log2	Symbolic matrix element-wise base-2 logarithm.

若要找指数(exponential)函数,使用指令"lookfor exponential"。当然也可以用关键词的一部分,如"exp"去搜索,但会得到很多额外与指数函数无关,但与"exp"有关的结果,例如与"expression"或"exponent"有关的结果。

2. help+函数名

知道函数名时,要用"help **函数名**"去搜索。

从上面搜索结果的说明中,我们知道如果要计算的是自然对数函数值,就用指令"help log",得到下面的结果。

输入指令	输出结果

>> help log	log - 自然对数
	此 MATLAB 函数 返回数组 X 中每个元素的自然对数 ln(x)。
	  Y = log(X)
	另请参阅 exp, log10, log1p, log2, loglog, logm, reallog, semilogx, semilogy
	  log 的文档
	  名为 log 的其他函数

要得到更详细的说明与使用例子，单击带有下画线的字符“log 的文档”。从上面可以看到，指令“help log”还显示了与自然对数有联系的其他函数。例如，常用对数 log10 (log_{10})，以 2 为底的对数 log2 (log_2)，指数函数 exp 以及名为 log 的其他函数等。单击带有下画线的字符可以找到与自然对数有联系的其他函数。

关于如何使用“help”，可用“help help”来查询。

3. 常用的内置初等函数

用指令“help elfun”(elementary function)可找到 MATLAB 中内置的初等函数表。单击表上的函数名，相当于用指令“help 函数名”。

(1) **绝对值函数**：$|x| \to$ abs(x)。x 为复数时，等于 x 的模长。

例如：

输 入 指 令	输 出 结 果
>> x=[-2,　0,　3,　3+4i];　abs(x)	ans =　2　0　3　5

对于两个矩阵是否相等，当矩阵规模较小时，可以显示出来用眼睛检查。但矩阵规模较大时，由于数值计算中不同方法的数值误差，在理论上应该相等的两个矩阵，实际上会有差别，这时可以联合使用 abs 与 sum 来检查这一差别是否在容许范围之内。

例如：

输 入 指 令	输 出 结 果
>>a=[1,0,-2]; b=[-3,2,4]; D1=a' * b; D2=b' * a; DIF=**sum**(**sum**(**abs**(D1-D2')))	DIF = 　0

(2) 幂函数：$x^a \to$ x^a；$\sqrt{x} \to$ sqrt(x) 或 x^(1/2)。这里，x 可以是复数。

例如：

输 入 指 令	输 出 结 果(以下删去了小数点后面的所有 0 及 0 i)
>> x=[-4, 4, 3+4i] ; x2=x.^2 ,　　xs=x. * x, xh=x.^(1/2),　xq=sqrt(x)	 x2 = xs　=　16.　　16.　-7. +24i xh = xq　=　0+2i　　2.　2+ 1i

(3) 三角函数：函数名后+“d”，即参数 x 的单位用度的标以 *，否则用弧度。

正弦 sin(x)，* sind(x)；余弦 cos(x)，* cosd(x)。

正切 tan(x)，* tand(x)；余切 cot(x)，* cotd(x)。

正割 sec(x)，* secd(x)；余割 csc(x)，* cscd(x)。

例如：

输 入 指 令	输 出 结 果
>> S1=sin([pi/2,-pi/4,pi]), S2= sind([90,-45,180]) ,	S1=1.0000　-0.7071　0.0000 S2=1.0000　-0.7071　0

续表

输入指令	输出结果
T=tan(pi/4), C=csc(pi)	T = 1.0000 C = 8.1656e+15

(4) **反三角函数**：其函数名是在对应的三角函数名前加字母 a,标以 * 的表示输出量的单位为度,否则为弧度。

反正弦 asin(x), * asind(x);反余弦 acos(x), * acosd(x)。

反正切 atan(x), * atand(x);反余切 acot(x), * acotd(x)。

反正割 asec(x), * asecd(x);反余割 acsc(x), * acscd(x)。

例如:

输入指令	输出结果
>> As=asin([1, -sqrt(2)/2, 0]), Asd= asind([1, -sqrt(2)/2, 0])	As= 1.5708 -0.7854 0 Asd= 90.0000 -45.0000 0

(5) 指数函数：e^x → exp(x)； $a^x = e^{x\ln a}$ → exp(x * log(a))。

例如:

输入指令	输出结果
>> Ex=exp([log(2), 1, -1]), a=2; x= 3; ax=exp(x * log(a)), ax1=a^x	Ex = 2.0000 2.7183 0.3679 ax = 8.0000 ax1= 8

(6) 对数函数：以 e 为底 → log(x)；以 10 为底 → log10(x)；以 2 为底 → log2(x)。这里,x 可以是复数和负数。

例如:

输入指令	输出结果
>> L1=log(-1), AL1= abs(log(-1)), L2=log2(4), L10=log10(0.01), LP=log(1+i)	L1 = 0.0000 + 3.1416i AL1 = 3.1416 L2 = 2, L10 = -2 LP = 0.3466 + 0.7854i

3.4.2 取整的内置函数

不少计算机语言中的变量分为整型与实型。这样整除运算就可以运用通常的除法运算符,只要 a 与 b 在程序一开始的说明语句中都说明为整型变量,得到的结果就是整数。例如,8 整除以 3,得到 2。MATLAB 的变量不分整型与实型,要整除运算不能用通常的除法运算符,但它有内置函数,可以实现同样的目的。它们的实参是矩阵(包括向量和数),对每个元素取整;矩阵的元素可以是复数,此时它们把此元素的实部与虚部分别取整。

(1) round(x)：四舍五入取整。

(2) floor(x)：向下取整或向负无穷方向取整。等于数轴上左侧最接近 x 的整数。

(3) ceil(x)：向上取整或向正无穷方向取整。等于数轴上右侧最接近 x 的整数。

(4) fix(x)：截尾取整或向零取整。等于在数轴上朝原点方向最接近 x 的整数。

如表 3.2 所示是对向量 $\boldsymbol{x}$ 的值与以上 4 个取整函数的结果比较。

表 3.2 取整函数结果比较

$\boldsymbol{x}$	[−1.9,	−0.2,	3.4,	5.6,	7.0,	2.4+3.5i]
round(x)	−2	0	3	6	7	2+4i
floor(x)	−2	−1	3	5	7	2+3i
ceil(x)	−1	0	4	6	7	3+4i
fix(x)	−1	0	3	5	7	2+3i

内置函数的参数可以是数值，也可以是表达式，但涉及的变量必须先赋值。

例 3.1 已知年 y 与从元旦到某日的天数 c，求那一天是星期几。例如，2017 年的春节(1 月 28 日)是星期几？其中，$c=28$。

解：令 $x=y-1$，先计算 $s=x+【x/4】-【x/100】+【x/400】+c$，其中，【$z$】为 z 取整数部分；然后作带余除法 $s\div 7$，余几即为星期几(余数=0：星期日)。

作两个整数 s(被除数)与 t 的带余除法的正确方法是：先求出它的整数部分 n(上述被除数 $x,s>0$，所以用向下取整 floor 或截尾取整 fix 均可)。再求出余数部分 $r=s-nt$。输入指令串：

输入指令	输出结果
>> c=28; x=2017-1; s=x+fix(x/4)-fix(x/100)+fix(x/400)+c n=fix(s/7), r=s-n * 7	 s=2533 n=361, r=6, 星期六

如果先用通常的除法求出 $s/7$ 的带小数的值 z，再取它的整数部分 n 与小数部分(分数 6/7 的小数值)b，再作“b * 7”，用 fix 或 floor 转换为整数，必须十分小心。例如，把上面第 3 行的两个指令改为：

输入指令	输出结果
>> z=s/7, n=fix(z), b=z-n, d= b * 7, r1=fix(d)	z= 361.8571,n=361,b= 0.8571 d=6.0000, r1=5

实际上，b 的准确值是 6/7，它是循环小数，循环节是 857143。若在“format long”下运行，显示 d =5.99999999999983。从而 r1 的结果会是 5。所以在用 fix 或 floor 取整前应先加一个 0.1，而在用 ceil 取整前应先减去一个 0.1，即

```
r1=fix(d+0.1), r2=floor(d+0.1), r3=ceil(d-0.1)
```

都会得到正确的结果 6。

此外,当 s 与 t 都是正数,而且仅要求余数时,可以用内置函数 rem(s,t) 或 mod(s,t)。详情可用 help 来查询。

如果要的是 s 除以 7 所得余数,程序的最后一行可改为"r = rem(s,7)"或"r = mod(s,7)"都会得到正确答案 6。

3.5 随机数的产生

有各种类型的随机数,这里只介绍两种。其一为一致分布(uniformly distributed)的随机数,另一为正态分布(normally distributed)的随机数。其他类型的随机数可用指令 **lookfor random** 来获得详情。

3.5.1 一致分布的随机数

一致分布的随机数由内置函数 rand()产生。

1. 内置函数 rand(m,n)和 rand([m,n])

内置函数 rand(m,n)和 rand([m,n])都得到 $m\times n$ 矩阵,其元素是单位区间 [0,1] 内一致分布的随机数。rand(n) 得到 $n\times n$ 方阵,其元素是单位区间[0,1]内一致分布的随机数。rand(1,1)与 rand()无参数的结果都得到一个在单位区间[0,1]内一致分布的随机数。

例如:

输入指令	输出结果
>> x=rand(1,10) % 在 [0,1] 内得到的 10 个随机数	x= 0.0975 0.2785 0.5469 0.9575 0.9649 0.1576 0.9706 0.9572 0.4854 0.8003

与"hist(x)"配合会得到直方图。例如:

```
>>x=rand(1,1000);   %不要忘了加分号!
    hist(x)     %得到直方图如图 3.1 所示
```

如果把分量数增加到 10 万个,则直方图的所有矩形的顶端都差不多高。

2. 一致分布的随机数

要产生区间 [a,b] 内(10 个)一致分布的随机数(行向量),则应该用下列语句,其中" * "表示"乘以"的运算符:

```
r = a + (b-a) * rand(1,10);
```

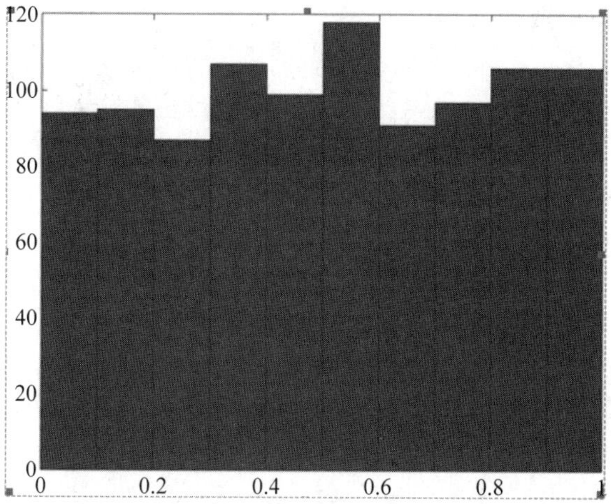

图 3.1　一致分布的随机数的直方图

内置函数 rand 的其他调用方法用指令“help rand”查看详情。

3.5.2　正态分布的随机数

1. 内置函数 randn(m,n) 和 randn([m,n])

内置函数 randn(m,n) 或 randn([m,n]) 都得到 $m \times n$ 矩阵,其元素是标准正态分布的随机数。期望值为 0($\mu=0$),标准差为 1($\sigma=1$)。正态分布函数的图形是一条钟形曲线,直方图的外包曲线接近钟形曲线。randn(n)得到 $n \times n$ 方阵,其元素是标准正态分布的随机数。

例如：

```
>>xn=randn(1,1000);  %不要忘了加分号!
  hist(xn)    %得到正态分布直方图如图 3.2 所示
```

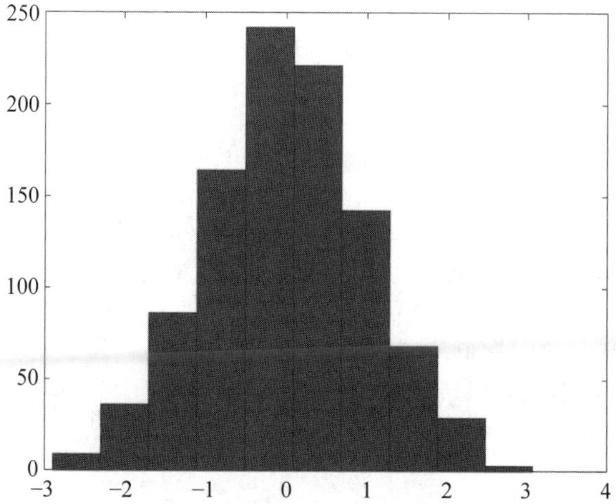

图 3.2　标准正态分布的随机数的直方图

2. 正态分布的随机数

要产生期望值为 $a(\mu=a)$，标准差为 $b(\sigma=b)$ 的（100 个）正态分布的随机数（行向量）则应该用下列语句：

```
rn = a + b * randn(1,100);
```

3.6 创建和运行 M 文件

前面讲的都是直接在指令窗口中调用内置函数，更必须学会编制程序并保存为 MATLAB 的文件（M 文件）和运行它。

3.6.1 创建函数子程序文件

MATLAB 有一些内置的 function（子）程序，例如 dot、sum、cross 等内置函数，可以被其他的 function 程序或主程序调用。虽然 function 程序并不都包含函数，但一般还是称它们为函数（子程序），以区别于主程序。存放的 M 文件称为“函数文件”。创建一个函数文件的好处就在于我们可以用一个其他文件来调用它。在多个程序中，如果都有一组仅变量名不同而功能一样的语句，或者在一个程序中反复出现一组（仅变量名不同而功能一样的）语句，就可以把这组语句编成函数子程序，那些“变量”就成为名字相同的形式（输入、输出）参数。然后被多个程序调用或被一个程序反复调用。

用“>> help function”以及单击所显示的信息的最底下的“doc_ function”可发现编制函数程序的方法如下。

（1）函数头行：function [out1, out2, …] = funname(in1, in2, …)。

注意：

- 函数子程序（头行）不能在指令窗口的提示符下输入。
- out1, out2, …是输出（output）形式变量（名）或形式参数，简称输出形参。只有一个变量时，可省去方括号。例如，function y = funname(in1, in2, …)。
- funname 是我们取的函数名字，也是保存时计算机自动取的 M 文件名。
- in1, in2, … 是输入（input）形参。圆括号不能省去；即使没有输入变量，也要输入空的圆括号。例如，function y = Qudr()，其中，Qudr 是函数名。

（2）函数表达式。

把函数表达式，即因变量（输出变量）与自变量（输入变量）的关系式，写在执行语句中。

例 3.2 下面是一个自编的计算二次多项式值的 MATLAB 函数。

```
%求多项式 ax^2+bx+c 的函数值，x 是自变量，y 是因变量。
%调用格式：y=Qudr(a,b,c,x);
function y=Qudr(a,b,c,x);
y=a * x * x+b * x+c;
return;
```

前面已经提到，"%"后面的是注释(comment)语句(输入"%"后，计算机自动会把 % 与此后的说明变成绿色)，不执行任何计算。一个语句前加上"%"，它就被"屏蔽"了，不再被执行。初学者可以把前两行的说明复制到新建文件中。

1. 新建一个文件

单击"主页"左上角"新建(脚本)"按钮，将在编辑器中新建一个名为"Untitled"的文件，在"编辑器"最右处列出。图 3.3 显示了一个在已有 TRem.m 文件下新建一个文件的状态，此时，"编辑器"里有两个文件，左边是原有打开的 TRem.m 文件，新建文件 Untitled 排在最右面。如果原来没有已打开文件，那么 Untitled 将在"编辑器"最左处列出。如果连续单击"新建(脚本)"按钮，将在"编辑器"右边依次列出"Untitled2""Untitled3"等。

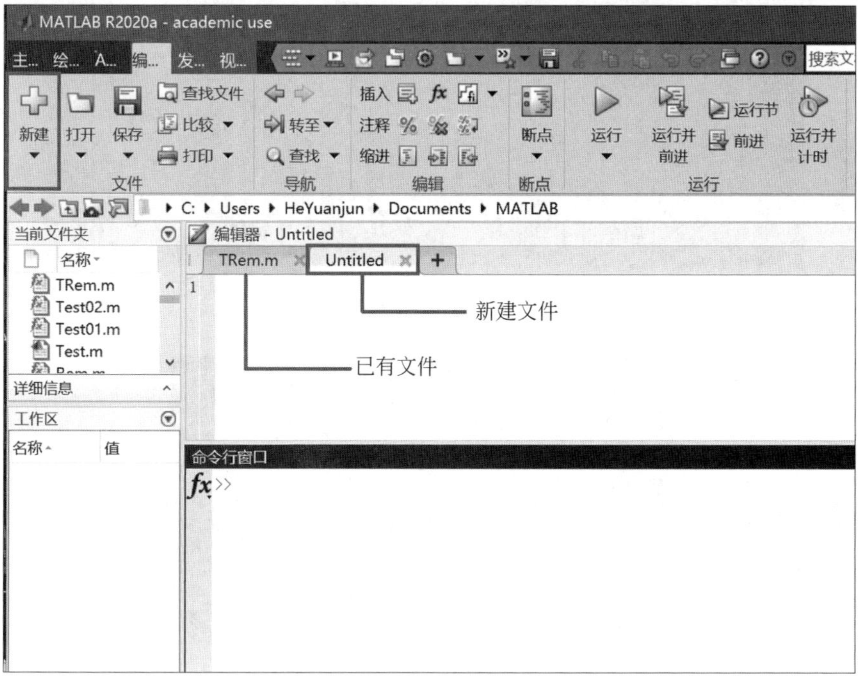

图 3.3　新建一个文件

2. 保存一个文件

"Untitled""Untitled2""Untitled3"等是系统给出的默认文件名，可以在保存时将文件名改成设计者指定的名字存放。如图 3.4 所示是将"Untitled"保存为"Qudr.m"文件。

如果保存成功，"编辑器-Untitled"下一行原来的"Untitled"会自动改为"Qudr.m"。

如果把例 3.2 的两行说明也输入到 Qudr.m 文件中(输入到 function 的前面或后面都可以)，在命令窗口中输入"help Qudr"后，两行说明就会显示。

3. 打开已存在的 M 文件

要打开(比如想修改)一个已存在的 M 文件时，可单击左上角的"打开"图标(图 3.5)，系统会在"最近使用的文件"中列出最近的文件，选择其中需要打开的文件即可。

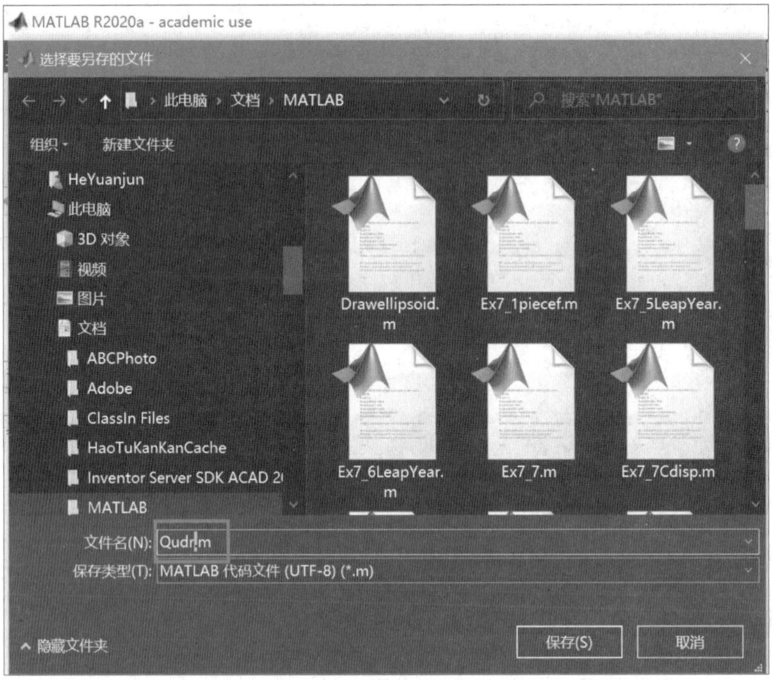

图 3.4　保存一个文件

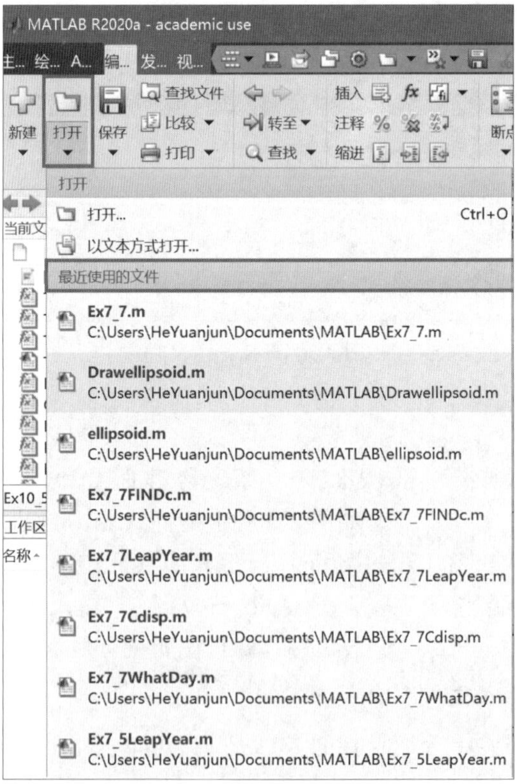

图 3.5　打开已有的文件

3.6.2 运行 M 文件

1. 运行函数子程序

有以下两种方法来运行函数子程序。

(1) 在命令行(指令)窗口中输入与前面“函数头行”相对应的指令。

```
[OUT1, OUT2, …] = funname(IN1, IN2, …)
```

其中,OUT1, OUT2, …是输出实参,可以与输出形参 out1, out2, …不同名,但要一一对应;IN1, IN2, …是输入实参,可以与输入形参 in1, in2, …不同名,但也要一一对应。输入实参,可用赋值语句,也可以把数值直接写在 funname 后的圆括号中。

例 3.3 下面是一个简单的执行 Qudr.m 函数子程序的例子。注意大小写(Y 与 y)是不同的变量。

输入指令	输出结果
>> a=1; b=2; c=3; d=1; y=Qudr(a,b,c,d)	y=6
>> Y= Qudr (1,2,3,1)	Y=6

(2) 也可以把上述两行指令串各自写成 M 文件(称为主程序)并分别取名为 Test.m 与 Test0.m,然后在指令窗口中输入主程序的名字(省去扩展名“.m”),即可调用(运行)函数子程序 Qudr.m。

例 3.4 下面列出了这两个主程序与调用指令以及输出结果。

输入指令	主程序文件	输出结果
>>Test	a=1; b=2; c=3; d=1; y=Qudr(a,b,c,d)	y=6
>>Test0	Y= Qudr (1,2,3,1)	Y=6

2. 运行主程序

除了上面在指令窗口中输入主程序(其中可以没有调用函数子程序的语句)的名字来运行主程序,还可以在“运行界面”上来运行。

通过“打开”功能,找到想要运行的 M 文件(例如“Test.m”),将在“当前文件夹”中出现该文件(如果显示找不到该文件,则需要设置路径),用右键单击它,在弹出菜单中单击“运行”,就会在“命令行窗口”(数值运算)或弹出的 Figure 窗口(图形输出)中输出结果(图 3.6)。

3.6.3 创建调用函数的 M 文件与输入数据

函数子程序 Qudr.m 被其他函数子程序或主程序调用时,其中的赋值语句要改为输入语句。这样就不必在改变变量值的时候,去修改调用语句。下面介绍几种方法来输入

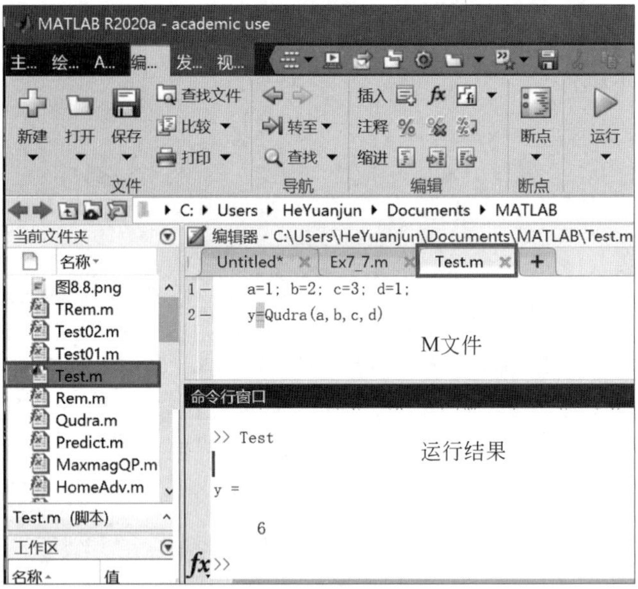

图 3.6　运行 M 文件及其结果

数据。

(1) 应用内置函数 input('prompt')与键盘输入数据。

例 3.5　建立一个名为"Test1.m"用键盘输入数据的 M 文件：

```
%这是一个应用内置函数 input('prompt')与键盘输入数据
%并调用函数子程序 Qudr.m 的测试程序
a=input('a='); b=input('b='); c=input('c='); x=input('x=');
y = Qudr (a,b,c,x)       %调用函数子程序 Qudr.m
```

写在单引号中的提示(prompt)字符串 'a='，'b='，'c=' 与 'x=' 会逐个显示在指令窗口中，紧接着后面用键盘输入该变量的值，这个值赋给"="号前的变量。

以下是指令窗口中输入和输出的内容。在输入指令栏，"a=""b=""c=""d="是系统自己输出的，其他都是操作者输入的。最后在"输出结果"栏得到主程序 Test1 的最后一行调用语句"y=Qudra(a,b,c,x)"(后面没有分号)后的结果。

输入指令	输出结果
>> Test1 a=2 b=-1 c=3 x=-2	y = 13

(2) 向量输入法：把上面的 4 个数作为一个向量的元素。

例 3.6　以下的 Test2.m 文件中，只有一句输入语句，赋给向量 ***p***。

```
%Name:  Test2.m,  改为输入向量 p=[a,b,c,x]
%调用函数子程序 Qudr.m 的测试程序
p=input('p=[a,b,c,x]=');
y=Qudr(p(1), p(2), p(3), p(4));
```

这里向量 ***p*** 有 a，b，c 与 x 四个分量。在提示字符串后要输入“[2，−1，3，−2]”。必须用方括号表示向量，各分量之间用逗号或空格来分隔。此时，a=p(1)=2，b=p(2)=−1，c=p(3)=3，x=p(4)=−2。所以，实参是 ***p*** 的 4 个分量，用它们代入 4 个形参。指令窗口上显示的全过程为：

输入指令	输出结果
>> Test2; p=[a, b, c, x]=[2, -1, 3, -2] >> y　% Test2.m 中调用语句后有分号！	% “p=[a, b, c, x]=” 是指令窗口显示的 y =13

(3) 用指令“load ＋ 输入文件名”来输入数据。

例 3.7　打开“文本文件”，新建一个名为“Test3Data.txt”(存为 **txt**)的输入文件，其中与输入数据有关的第 2 行内容为“2，−1，3，−2”(或用空格分隔)，而第 1 行是以“%”开头的说明，写上是为了以后能知道这个文件的功能，输入指令不会读入，见图 3.7。

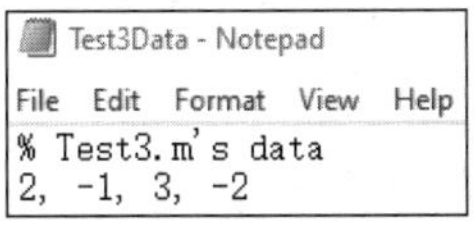

图 3.7　名为“Test3Data.txt”的数据文件

这 4 个数值是以输入文件名(去掉扩展名)为向量名(即 Test3Data)的 4 个分量。然后创建 M 文件 Test3.m(第 2 个语句最后无分号时才会自动输出 y 的值)。

```
%Name:  Test3.m,  用 load Test3Data.txt 输入向量 Test3Data
%调用函数子程序 Qudr.m 的测试程序
load Test3Data.txt
y=Qudr(Test3Data (1), Test3Data (2), Test3Data (3), Test3Data (4))
```

注意，Test3Data.txt 与 Test3.m 要存放在同一个子目录(文件夹)中。运行时，在命令窗口中输入“>> Test3”，马上得到答案：y=13。

用这种方法，在需要根据不同数据来计算函数值的时候，只要把有关的数据文件复制为 Test3Data.txt，然后运行 Test3.m。

习　题

X3.1　创建以下矩阵，然后做后面的习题。

$$\boldsymbol{A}=\begin{bmatrix}1 & 1 & 2\\3 & 5 & 6\\-1 & -1 & 0\end{bmatrix},\quad \boldsymbol{B}=\begin{bmatrix}-2 & 3 & 2\\2 & -1 & -2\\0 & 2 & 0\end{bmatrix},\quad \boldsymbol{C}=\begin{bmatrix}0 & -4\\-2 & 1\\3 & 0\end{bmatrix},\quad \boldsymbol{D}=\begin{bmatrix}1\\-3\end{bmatrix}$$

X3.2　求 $\boldsymbol{A}$ 的秩 r，行列式 d；若 $d\neq 0$，求 $\boldsymbol{P}=\boldsymbol{A}^{-1}$ 与逆阵元素为分数值的矩阵。

X3.3　求 $\boldsymbol{F}=\boldsymbol{A}^{\mathrm{T}}$(转置)；乘积 $\boldsymbol{X}=\boldsymbol{A}\boldsymbol{A}^{\mathrm{T}}$ 及其行列式 d_2，并验证 $d_2=d^2$(X3.2 中的行列式 d)；再求 $\boldsymbol{A}$ 与 $\boldsymbol{A}^{\mathrm{T}}$ 对应元素乘积所成的矩阵 $\boldsymbol{Y}$，以及 $\boldsymbol{A}$ 的各元素平方所成的矩阵 $\boldsymbol{Z}$ 与 $\boldsymbol{U}=\boldsymbol{A}^{2.}$。

X3.4　用乘法结合律，手算 $\boldsymbol{V}=\boldsymbol{ACD}$。先算 $\boldsymbol{AC}$ 还是先算 $\boldsymbol{CD}$ 的计算次数少？用指令串来验证 $\boldsymbol{A}(\boldsymbol{CD})$，$(\boldsymbol{AC})\boldsymbol{D}$ 的结果相同。

X3.5　计算 $\boldsymbol{D}_1=\boldsymbol{D}\boldsymbol{D}^{\mathrm{T}}$ 与 $\boldsymbol{D}_2=\boldsymbol{D}^{\mathrm{T}}\boldsymbol{D}$；并验证 $\boldsymbol{D}_1$ 的秩为 1，$\boldsymbol{D}_1$ 的行列式值为 0。再计算 $\boldsymbol{D}_1$ 的零次幂。

X3.6　求矩阵 $\boldsymbol{A}$ 的各行元素之和 Sr，各列元素之和 Sc，以及所有元素之和 rA。

X3.7　求由 $\boldsymbol{A}$ 与 $\boldsymbol{B}$ 对应元素的最大者形成的矩阵 $\boldsymbol{M}$，对应元素的最小者形成的矩阵 $\boldsymbol{N}$；再求 $\boldsymbol{A}$ 各行元素的最大者形成的列向量 Mr，$\boldsymbol{A}$ 各列元素的最小者形成的行向量 Nc；以及由矩阵 $\boldsymbol{B}$ 的各元素和 1 的最大者形成的矩阵 $\boldsymbol{B}1$。

X3.8　已知 $\boldsymbol{b}=[1,-1/2,1/4]$(行向量)，用两种方法(除以或除，和逆矩阵)求解方程组 $\boldsymbol{xA}=\boldsymbol{b}$。并把解转换为分数。

X3.9　求 2016 年 3 月 1 日是星期几？

X3.10　已知列向量 $\boldsymbol{a}=[1;2;3]$与 $\boldsymbol{b}=[-1;4;-2]$，用多种方法求出它们的内积。

X3.11　已知 $\boldsymbol{A}=[1,4;3,-2;-1,0]$。

(1) 验证秩$(\boldsymbol{A})$=秩$(\boldsymbol{A}^{\mathrm{T}}\boldsymbol{A})=2$，$\boldsymbol{A}$ 的列无关，$\boldsymbol{A}^{\mathrm{T}}\boldsymbol{A}$ 是可逆方阵。$(\boldsymbol{A}^{\mathrm{T}}\boldsymbol{A})^{-1}\boldsymbol{A}^{\mathrm{T}}$。

(2) 求 $\boldsymbol{X}1=(\boldsymbol{A}^{\mathrm{T}}\boldsymbol{A})^{-1}\boldsymbol{A}^{\mathrm{T}}$ 与 $\boldsymbol{X}2=$ pinv(A)(pinv 是求广义逆的内置函数，详见第 8 章)。

(3) 验证 $\boldsymbol{X}1*\boldsymbol{A}=\boldsymbol{I}_2$，X2 $*\boldsymbol{A}=\boldsymbol{I}_2$。

(4) 用 sum 与 abs 来检查 $\boldsymbol{X}1$ 与 $\boldsymbol{X}2$ 的误差。

X3.12　产生区间 [-10,10] 内 1000 个一致分布的随机数(不显示)并作直方图。

X3.13　产生期望值为 1，标准差为 2 的 1000 个正态分布的随机数(不显示)并作直方图。

第 4 章 分块矩阵

MATLAB 是一种矩阵运算语言,即操作对象是矩阵。矩阵之所以在多变量分析中成为强有力的工具,其原因之一是把一张 $m\times n$ 的"表"作为一个整体、一个量来参加运算。

在考虑矩阵本身时,常常把不必过细划分或特殊的部分当作一个整体来处理。也就是把矩阵划分为若干个较低阶的矩阵,称为子阵或子块,来处理。或者说,矩阵的元素也可以为别的数学对象,例如,也可以为向量或矩阵。划分为子块的矩阵称为分块矩阵。

在现代科学与工程技术计算中,所涉及的矩阵阶数可以大到以百万计。而且,矩阵常常是稀疏的,即大部分元素是 0。此时使用分块矩阵可以节省大量的存储和计算时间。而且,有的问题本身的解决过程,只能先形成各个子块,最后才能"拼成"整个矩阵[2]。

这里介绍的分块矩阵知识,在 MATLAB 中有大量的应用。

4.1 矩阵的分块

矩阵中有某些特点的部分,例如,全为 0 元素的一块,或单位矩阵的一块,常常划分为一个子块,可以简化运算。矩阵按行分块、按列分块也是一种常用的分块矩阵。

例 4.1 将矩阵 $\boldsymbol{A}$ 划分为 2×2 分块:

$$\boldsymbol{A}=\begin{bmatrix} 3 & 6 & \cdots & 0 & 0 & 0 \\ -1 & -2 & \cdots & 0 & 0 & 0 \\ \vdots & \vdots & \ddots & \vdots & \vdots & \vdots \\ 1 & 0 & \cdots & -3 & 0 & 2 \\ 0 & 1 & \cdots & 5 & 7 & -1 \end{bmatrix}=\begin{bmatrix} \boldsymbol{C} & \boldsymbol{O} \\ \boldsymbol{I}_2 & \boldsymbol{D} \end{bmatrix} \tag{4.1}$$

其中,右上角分块为零矩阵 $\boldsymbol{O}_{2\times 3}$,左下角为 2 阶单位阵 $\boldsymbol{I}_2$,而其他两个分块为:

$$\boldsymbol{C}=\begin{bmatrix} 3 & 6 \\ -1 & -2 \end{bmatrix},\quad \boldsymbol{D}=\begin{bmatrix} -3 & 0 & 2 \\ 5 & 7 & -1 \end{bmatrix}$$

4.2 分块矩阵的运算

4.2.1 分块矩阵的加法、数乘与转置

(1) 分块矩阵的转置等于把各子块看作元素时的转置,再代入各子块转置的元素

表达。

(2) 数 r 乘分块矩阵，等于数 r 乘各子块，再代入数 r 乘各子块的元素表达。

(3) 两个阶数相同且分法一致的分块矩阵的加法，等于把各子块看作元素时的加法，再代入各子块加法的元素表达。

分块矩阵的重要性体现在分块矩阵的乘法中。

4.2.2 分块矩阵的乘法

分块矩阵乘法定理：在计算矩阵乘法 $\boldsymbol{AB}$ 时，若把 $\boldsymbol{A}$ 与 $\boldsymbol{B}$ 做如下的分块：使得左边矩阵 $\boldsymbol{A}$ 对列的划分与右边矩阵 $\boldsymbol{B}$ 对行的划分一致，则把每个子块视作元素时做出的形式乘积等于真乘积 $\boldsymbol{AB}$。

定理严格证明可以参考文献[3]。

例 4.2 设矩阵 $\boldsymbol{A}$ 是 4×5 矩阵，其分块如式 (4.1) 所示，$\boldsymbol{B}$ 是 5×3 矩阵。要用分块乘法计算 $\boldsymbol{AB}$ 时，此时左边的矩阵 $\boldsymbol{A}$ 对列的分法为前 2 列，后 3 列各为一块，则右边的矩阵 $\boldsymbol{B}$ 对行的分法必须为前 2 行，后 3 行各为一块。这样，$\boldsymbol{A}$ 的任一子块左乘 $\boldsymbol{B}$ 的相应的子块的乘法才相容，因为前者的列数等于后者的行数。例如，矩阵 $\boldsymbol{B}_{5\times3}$ 及其分块为：

$$\boldsymbol{B}=\begin{bmatrix}-7 & 8 & \cdots & 0\\ 11 & 0 & \cdots & 0\\ \vdots & \vdots & \ddots & \vdots\\ 0 & 0 & \cdots & 9\\ 0 & 0 & \cdots & 1\\ 0 & 0 & \cdots & 0\end{bmatrix}=\begin{bmatrix}\boldsymbol{P}_{2\times2} & \boldsymbol{O}_{2\times1}\\ \boldsymbol{O}_{3\times2} & \boldsymbol{Q}_{3\times1}\end{bmatrix}\text{，其中，}\boldsymbol{P}=\begin{bmatrix}-7 & 8\\ 11 & 0\end{bmatrix}\text{，}\boldsymbol{Q}=\begin{bmatrix}9\\ 1\\ 0\end{bmatrix}\text{。}$$

用分块乘法可得：$\boldsymbol{AB}=\begin{bmatrix}\boldsymbol{C}_{2\times2} & \boldsymbol{O}_{2\times3}\\ \boldsymbol{I}_{2\times2} & \boldsymbol{D}_{2\times3}\end{bmatrix}\begin{bmatrix}\boldsymbol{P}_{2\times2} & \boldsymbol{O}_{2\times1}\\ \boldsymbol{O}_{3\times2} & \boldsymbol{Q}_{3\times1}\end{bmatrix}=\begin{bmatrix}\boldsymbol{CP} & \boldsymbol{O}\\ \boldsymbol{P} & \boldsymbol{DQ}\end{bmatrix}$。

上式右端有两个分块 $\boldsymbol{O}$ 与 $\boldsymbol{P}$ 已知，而其他两个子块的乘积为：

$$\boldsymbol{CP}=\begin{bmatrix}3 & 6\\ -1 & -2\end{bmatrix}\begin{bmatrix}-7 & 8\\ 11 & 0\end{bmatrix}=\begin{bmatrix}45 & 24\\ -15 & -8\end{bmatrix}\text{，}\boldsymbol{DQ}=\begin{bmatrix}-3 & 0 & 2\\ 5 & 7 & -1\end{bmatrix}\begin{bmatrix}9\\ 1\\ 0\end{bmatrix}=\begin{bmatrix}-27\\ 52\end{bmatrix}$$

把四个子块的元素代入，可得真乘积为：

$$AB=\begin{bmatrix}CP & O\\ P & DQ\end{bmatrix}=\begin{bmatrix}45 & 24 & \cdots & 0\\ -15 & -8 & \cdots & 0\\ \vdots & \vdots & \ddots & \vdots\\ -7 & 8 & \cdots & -27\\ 11 & 0 & \cdots & 52\end{bmatrix}$$

矩阵分块乘法只要求左边矩阵对列的分法与右边矩阵对行的分法一致。至于左边矩阵对行如何再细分，右边矩阵对列如何再细分，不影响分块乘法的可行性与结果。读者自己可以试试，改变左边矩阵对行的分法，以及右边矩阵对列的分法，其结果是一样的。但比这里的分法要增加很多计算量，因为这里的分法充分利用了子块的特殊性质：子块 $\boldsymbol{O}$ 与任何矩阵的乘积为 $\boldsymbol{O}$，而单位阵 $\boldsymbol{I}$ 与任何矩阵的乘积还是那个矩阵。

4.3　矩阵的分块表达式与子块的抽取

4.3.1　一般子块的抽取

若矩阵 **A** 的某些行序号所成(行)向量名为 **iA**,某些列序号所成(行)向量名为 **jA**,则这些行、列交叉点上的元素所成的子块的表达式为 **A**(**iA**, **jA**)。取 **A** 的所有行或所有列时,**iA** 或 **jA** 就简化为冒号":"。

例 4.3　输入例 4.1 的矩阵 **A**(简单的输入法见例 4.6 方法 3)。下面是抽取子块的例子。

输入指令	输出结果
>> A=[3,6,0,0,0; -1,-2,0,0,0; 1,0,-3,0,2;0,1,5,7,-1] % 定义矩阵 A	A =　3　6　0　0　0 -1　-2　0　0　0 1　0　-3　0　2 0　1　5　7　-1
M=A([2,4],[1,3,4]) % A 的第 2,4 行,1,3,4 列的元素形成子块	M =　-1　0　0 0　5　7
N=M(:,[1,3]) % M 的所有行,1,3 列的元素形成子块	N =　-1　0 0　7
P=N(2,:) % N 的第 2 行,所有列的元素形成子块	P =　0　7

4.3.2　行或(与)列序号连续的子块的抽取

抽取矩阵 **A** 的第 i_1 行至第 i_2 行与第 j_1 列至第 j_2 列交叉点上的元素所成的子块,表达式为 **A**(**i1**:**i2**,**ji**:**j2**)(回忆一下,**i1**:**i2** 表示从 **i1** 到 **i2** 步长为 1 的整数串,或行向量)。如果是取所有行与第 $j_1 \sim j_2$ 列,则表达式为 **A**(:, **ji**:**j2**)。如果是取第 $i_1 \sim i_2$ 行与所有列,则表达式为 **A**(**i1**:**i2**,:)。

例 4.4　输入例 4.1 的矩阵 **A**。下面是抽取行或(与)列序号连续的子块的例子。

输入指令	输出结果
>> A=[3,6,0,0,0; -1,-2,0,0,0; 1,0,-3,0,2;0,1,5,7,-1] % 定义矩阵 A	A =　3　6　0　0　0 -1　-2　0　0　0 1　0　-3　0　2 0　1　5　7　-1
X=A(2:4,1:3) % A 的第 2~4 行,1~4 列的元素形成子块	X =　-1　-2　0 1　0　-3 0　1　5
Y=X(:,2:3) % X 的所有行,2~4 列的元素形成子块	Y =　-2　0 0　-3 1　5

续表

输入指令	输出结果
Z=Y(1:2,:) %N 的 1~2 行,所有列的元素形成子块	Z = -2 0 0 -3

4.3.3 一行或一列的抽取

线性代数中对矩阵做初等变换,需要抽取矩阵的一行或一列。取矩阵 **A** 的第 i 行,就是取矩阵 **A** 的第 i 行与所有列,所以表达式为 A(i,:)。取矩阵 **A** 的第 j 列,表达式为 A(:,j)。

例 4.5 下面是抽取矩阵的一行或一列的例子。

输入指令	输出结果
>> D=[11, 12, 13; 21, 22, 23]; S=D(2, :), T=D(:, 3) %S 为 D 的第 2 行 %T 为 D 的第 3 列	S = 21 22 23 T = 13 23

4.3.4 分块矩阵的形成

1. 用分块矩阵拼接形成矩阵

形成一个分块矩阵,可以先输入各个子块,然后把它们一块一块"贴上去"。

例 4.6 为形成例 4.1 中的矩阵 **A**,可以用以下 3 种方法。

方法 1 以下程序先输入子块 ***C*** 与 ***D***,然后"拼成"**A**。

输入指令	输出结果

>> C=[3,6;-1,-2]; D=[-3,0,2;5,7,-1]; %产生子块 C 与 D
A(1:2,1:2)=C;   %A 的 1~2 行,1~2 列子块为 C
A(1:2,3:5)=zeros(2,3);   %A 的 1~2 行,3~5 列子块为零矩阵
A(3:4,1:2)=eye(2);   %A 的 3~4 行,1~2 列子块为单位阵
A(3:4,3:5)=D   %A 的 3~4 行,3~5 列子块为 D
	A = 3 6 0 0 0
	      -1 -2 0 0 0
	      1 0 -3 0 2
	      0 1 5 7 -1

如果去掉上面的分号,可以看到 **A** 是怎样一步一步形成的。

方法 2 以下程序先产生一个与 **A** 同阶的零矩阵,然后在相应的位置上由相应的 **A** 的子块替代。

输入指令	输出结果

>> A=zeros(4,5);   %产生 4x5 零矩阵 A
A(1:2,1:2)=[3,6;-1,-2]; %A 的 1~2 行,1~2 列子块由 C 替代
A(3:4,1:2)=eye(2); %A 的 3~4 行,1~2 列子块由单位阵替代
A(3:4,3:5)=[-3,0,2;5,7,-1] %A 的 3~4 行,3~5 列子块由 D 替代
	A = 3 6 0 0 0
	      -1 -2 0 0 0
	      1 0 -3 0 2
	      0 1 5 7 -1

只是这种方法仅输入整个矩阵,没有保留各个子块,以后要调用它们时,还需要重新形成。

方法 3　前面已经说过，分块矩阵是元素为子矩阵的矩阵，所以，可按照元素输入法来形成分块矩阵。以下程序先输入子块 ***C*** 与 ***D***，然后把它们与单位阵子块、零矩阵子块都作为“元素”形成矩阵 ***A***。

输入指令	输出结果
>> C=[3,6;-1,-2];　D=[-3,0,2;5,7,-1];　　% 产生子块 C 与 D A=[C,　zeros(2,3);　eye(2), D] % 4 个子块作为 2x2 分块矩阵 A 的元素	A =　3　6　0　0　0 　-1　-2　0　0　0 　1　0　-3　0　2 　0　1　5　7　-1

这种方法最简单明了。

2. 用分块矩阵乘积形成矩阵

例 4.7　用分块矩阵乘法来计算乘积 ***AB***，其中，***A*** 如例 4.1 所示，***B*** 如例 4.2 所示。

输入指令	输出结果
>> C=[3,6;-1,-2];　D=[-3,0,2;5,7,-1];　% 产生子块 C 与 D A=[C,　zeros(2,3);　eye(2) , D] P=[-7,8;11,0];　Q=[9,1,0]';　　% 产生 B 的子矩阵 P 与 Q % 4 个子块作为 2x2 分块矩阵 B 的元素 B=[P,　zeros(2,1);　zeros(3,2),　Q] CP=C * P;　DQ=D * Q;　　% 乘积 AB 中要计算的分块 AB=[CP, zeros(2,1); P, DQ]　　% 按子块形成 AB	B = -7　8　0 　11　0　0 　0　0　9 　0　0　1 　0　0　0 AB =　45　24　0 　-15　-8　0 　-7　8　-27 　11　0　52

3. 应用转置运算及矩阵分块拼接法

例 4.8　已知两个长度为 3 的行向量 ***a***、***b***，应用转置运算及矩阵分块拼接法产生长度为 6 的行向量 ***c***、列向量 ***d***，以及 3×2 矩阵 ***M*** 与 2×3 矩阵 ***N***。

输入指令	输出结果
>> a=[1,2,3];　b=4:6;　% a 与 b 是长度为 3 的行向量(不显示) c=[a, b];　% c 为 a 与 b 拼接的长度为 6 的行向量(不显示) d=[a'; b'];　% d 为 a 与 b 转置后拼接的长度为 6 的列向量(不显示) M=[a', b'],　N=[a; b]　% M 和 N 分别为 a 与 b 及转置后拼接的矩阵	M =　1　4 　2　5 　3　6 N =　1　2　3 　4　5　6

4.3.5　删去矩阵的某些行或列

在行列式降阶化简时，把某行或某列的元素转换为就剩一个非 0 元，然后对该行或该列展开。这就需要删去这唯一的非 0 元素所在的行，再删去它所在的列。

删去矩阵 ***A*** 的第 $i_1,i_2,\cdots,i_k$ 行或列的指令串是：先把要删去的行(列)下标形成一个行向量“iA=[i1,i2, …,ik];”再删去这些行——让它们等于“[]（空）”：“A(iA, ：)=

[]”或删去这些列“A(:, iA)=[]”。

如果这些行下标或列下标是一个等差数列，则可用冒号(:)来形成下标行向量。

例 4.9 删去例 4.6 的矩阵 **A** 的第 3、4 行，再删去它的第 2、4 列。

输入指令	输出结果
>> C=[3,6;-1,-2]; D=[-3,0,2;5,7,-1]; A=[C, zeros(2,3); eye(2), D]; % 用前面方法 3 形成 A(不输出) % 抽取 A 的前 2 行, 即删去 A 的第 3, 4 行 A1=A; % 保存 A S1=A(1:2,:); T1=S1 % 等价于直接删去 A 的第 3, 4 行 A1(3:4,:)=[]; T2=A1 T1(:,[2,4])=[] % 再删去它的第 2, 4 列(必须从现有变量中删除)	A = 3 6 0 0 0 -1 -2 0 0 0 1 0 -3 0 2 0 1 5 7 -1 T1 = 3 6 0 0 0 -1 -2 0 0 0 T2 = 3 6 0 0 0 -1 -2 0 0 0 T1 = 3 0 0 -1 0 0

4.4 应用分块行向量的一种输出方法

前面已经说过，一个字符串是一个行向量。而从例 4.8 可以看出，我们可以把多个字符串连接成一个更长的字符串。所以，可以用一个字符串来输出计算的结果。

例 4.10 在例 3.1 中，我们输入年、月、日：$y=2017, m=1, d=28$，用求余的方法算出 $r=6$，即那天是星期六。怎样来输出“y 年 m 月 d 日是星期 r”这句话呢？其中除了 y、m、d 与 r 是数字外，其他都是字符。所以关键是如何把数字转换成字符。

1. 内置函数 int2str 与 num2str

内置函数 int2str 是把整数(integer) 转换成字符(串)，而 num2str 是把任何数值(number 包括整数)转换成字符(串)。

例 4.11 下面是调用内置函数 int2str 与 num2str 的例子。

输入指令	输出结果
>>y =2020, % 定义 y 为一个数值 s1=**int2str**(y), % 将整数 y 转换为字符(串) t1=**num2str**(y), % 将任何数值 y 转换为字符(串) s2=**num2str**(log(10)) % 将计算数值 log(10) 转换为字符(串)	y = 2020 s1 = '2020' t1 = '2020' s2 = '2.3026'

2. 用字符串显示结果的三种方法

(1) 直接用字符串名，后面不加分号。

例 4.10 的解：下面的例子是根据某年某月 1 日是星期 J(如果是星期天，$J=7$)，用字符串来显示这个月的任何一天是星期几。函数子程序 Ex4_10Rem 输入形参是：y(年)、m(月)、d(日)，以及计算“这月任何一天是星期几”要用到的常数 K：$K=J-1$。例如，下面是用于 2020 年 5 月的具体例子，这月的 $K=4$，因为 2020 年 5 月 1 日是星期 5。

函数子程序中调用的内置函数 rem()是根据 K 与 d 的值，计算 $r=[(K+d)\div 7]$ 的余数。除了 $r=0$ 表示是星期"天"之外，r 是几，就是星期几。给出年月日(y,m,d)，不用输入 K 值，直接可求星期几的程序见第 7 章。

我们把指令串写成如下函数子程序 Ex4_10Rem.m。

输入指令	输出结果
>>Ex4_10Rem(2020,5,3,4) Ex4_10Rem(2020,5,13,4)	S =　'2020 年 5 月 3 日是星期天' S =　'2020 年 5 月 13 日是星期 3'

函数子程序 Ex4_10Rem.m

```
function Ex4_10Rem(y,m,d,K)          % 求一个月的某一天为星期几的函数
s1=int2str(y);  s2=int2str(m);       % 年(y)与月(m)转换成字符串
s3 =int2str(d);                      % 日(d)转换成字符串
r=rem(K+d,7);       % rem ()为 MATLAB 求余函数。K 为每个月的一个常数,2020 年 5 月 K=4。
if r==0             % r 是星期几,0 表示本日为星期日
    s4='天';        % 如果 r 为 0,该天为星期 '天'
else
    s4=int2str(r);  % 否则,把 r 的值转换成字符串
end
S=[s1,'年', s2, '月', s3, '日是星期', s4]   % 将字符串"拼"成要输出的句子(不加分号才能显示)
```

其中，"if-else-end"的结构为"**if** 条件语句"，将在第 7 章中详细讲解。

(2) 字符串名后面加分号，再用内置函数 disp。

如果子程序 Ex4_10Rem 的最后一行形成字符串 **S** 的指令后加上分号，则再加一个指令"disp(S);"可同样显示(但不显示"**S**=")。这里 **disp** 是用来显示字符串的内置函数。

(3) 直接用 disp(['字符串'])。

若用"disp([s1,'年', s2, '月', s3, '日是星期', s4]);"来替代子程序 Ex4_10Rem 最后一行指令，也显示同样的内容(但不显示"**S**=")。

3. 其他输出与输入方法

用 lookfor output 与 lookfor input 或参考文献[4]来获得详情。

4.5　求和式的内积与矩阵表达

机器学习的各种算法的数学表达式，有不少的求和式。它们的内积或矩阵表达式，不仅简洁紧凑，而且容易编制 MATLAB 程序。

4.5.1　一重求和式

这里一重求和式是指只对一个下标求和，带下标的变量有一个或两个。

1. 一个变量

例 4.12　这是最简单的求和式：$\sum_{k=1}^{n} a_k$ 或 $a_1+a_2+\cdots+a_n$。令列向量 $\boldsymbol{a}=(a_1,a_2,\cdots,$

$a_n)^{\mathrm{T}}$ 和 n 个分量全为 1 的列向量为 $\boldsymbol{b}=(1,1,\cdots,1)^{\mathrm{T}}$，则 $\sum_{k=1}^{n} a_k=\boldsymbol{a}^{\mathrm{T}}\boldsymbol{b}$。

输 入 指 令	输 出 结 果
>>a = [1,3,4,6,8]; b=**ones**(length(a),1); d=a * b	d = 22

2. 两个变量

例 4.13 一重两个变量的求和式：$\sum_{k=1}^{n} a_k x_k$ 或 $a_1x_1+a_2x_2+\cdots+a_nx_n$。此时令列向量 $\boldsymbol{a}=(a_1,a_2,\cdots,a_n)^{\mathrm{T}}$ 和列向量 $\boldsymbol{x}=(x_1,x_2,\cdots,x_n)^{\mathrm{T}}$，则 $\sum_{k=1}^{n} a_k x_k=\boldsymbol{a}^{\mathrm{T}}\boldsymbol{x}$。

输 入 指 令	输 出 结 果
>>a = [1,3,4,6,8]; x=[2;3;4;5;6]; d=a * x	d = 105

3. 三维空间线性函数

三维空间的线性函数 $z=c_1x+c_2y+c_0$ 的内积形式为 $z=\boldsymbol{g}^{\mathrm{T}}\boldsymbol{w}+c_0$，其中，**梯度向量**(gradient)$\boldsymbol{g}=(c_1,c_2)^{\mathrm{T}}$，自变量向量 $\boldsymbol{w}=(x,y)^{\mathrm{T}}$。

梯度向量是函数 z 对自变量的偏导数所成的(列)向量。对于线性函数而言，它的分量正是自变量的系数。$\boldsymbol{g}^{\mathrm{T}}\boldsymbol{w}+c_0(=c_1x+c_2y+c_0)=0$ 是 OXY 平面上的一条直线。此时梯度 $\boldsymbol{g}$ 垂直于该直线。为什么呢？因为直线 $\boldsymbol{g}^{\mathrm{T}}\boldsymbol{w}+c_0=0$ 上从任何一点 $\boldsymbol{w}_1$ 指向另一点 $\boldsymbol{w}_2$ 的方向($\boldsymbol{w}_2-\boldsymbol{w}_1$)就是该直线的方向，而这两点满足 $\boldsymbol{g}^{\mathrm{T}}\boldsymbol{w}_2+c_0=0$ 与 $\boldsymbol{g}^{\mathrm{T}}\boldsymbol{w}_1+c_0=0$，两式相减得 $\boldsymbol{g}^{\mathrm{T}}(\boldsymbol{w}_2-\boldsymbol{w}_1)=0$，这就表明 $\boldsymbol{g}$ 垂直于该直线。这一性质在机器学习中起重要作用。

4. 梯度

直线 $-x+2y-4=0$ 过 $\boldsymbol{w}_2=(0,2)^{\mathrm{T}}$ 与 $\boldsymbol{w}_1=(-4,0)^{\mathrm{T}}$ 两点，直线的方向($\boldsymbol{w}_2-\boldsymbol{w}_1$)$=(4,2)^{\mathrm{T}}$，它的梯度为 $\boldsymbol{g}=(-1,2)^{\mathrm{T}}$。$\boldsymbol{g}^{\mathrm{T}}(\boldsymbol{w}_2-\boldsymbol{w}_1)=-4+4=0$。直线的梯度垂直于它，见图 4.1。

本书把三维空间的线性函数写为 $z=c_1x+c_2y+c_0$ 或 $z=\boldsymbol{g}^{\mathrm{T}}\boldsymbol{w}+c_0$，即函数 z 写在等式左边，包含两个自变量 x、y 的函数表达式写在等式右边。几何上，它是三维空间的一个平面。如果把右边的函数表达式写到左边，右边为 0($z=0$)，即 $c_1x+c_2y+c_0=0$ 或 $\boldsymbol{g}^{\mathrm{T}}\boldsymbol{w}+c_0=0$，则是平面上的一条直线。实际上是三维空间的平面 $z=\boldsymbol{g}^{\mathrm{T}}\boldsymbol{w}+c_0$ 在 OXY 平面上的投影(因为 $z=0$)直线。

机器学习有两大类问题：回归问题和分类问题。

对于一个回归问题，给出的数据集为 $\{(x_j,y_j,z_j);j=1,2,\cdots,k\}$，此时是寻找一个线性函数 $z=\boldsymbol{g}^{\mathrm{T}}\boldsymbol{w}+c_0$，即寻找一个回归平面。对于一个分类问题，给出的数据集(正类点集与负类点集)为$\{(x_{+j},y_{+j});(x_{-j},y_{-j});j=1,2,\cdots,k\}$，此时是寻找一条分划直线 $\boldsymbol{g}^{\mathrm{T}}\boldsymbol{w}+c_0=0$。

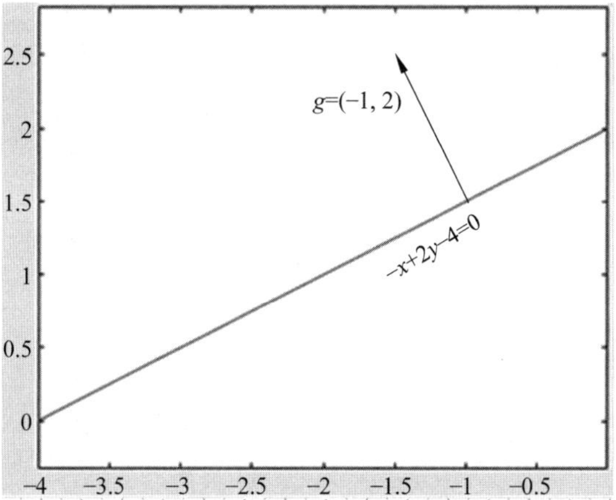

图 4.1 平面上的直线及垂直于它的梯度

上面的分划直线 $\boldsymbol{g}^{\mathrm{T}}\boldsymbol{w}+c_0=0$ 中,$\boldsymbol{g}$ 与 $\boldsymbol{w}$ 都是二维向量。如果它们都是三维向量,即 $\boldsymbol{g}^{\mathrm{T}}\boldsymbol{w}+c_0=0$,$\boldsymbol{g}=(c_1,c_2,c_3)^{\mathrm{T}}$,$\boldsymbol{w}=(x,y,z)^{\mathrm{T}}$,那么它就是一个三维空间的平面,梯度 $\boldsymbol{g}$ 就是这个平面的法向,即垂直于这个平面(上的每一个向量)。如果 $\boldsymbol{g}$ 与 $\boldsymbol{w}$ 都是三维以上的向量,就称为(分划)超平面。超平面只是个代数概念,几何上表达不出来。就像四维向量,它只是 4 个有序数的数组。

平面 $x-y+2z=0$ 过 $\boldsymbol{w}_2=(-10,10,10)^{\mathrm{T}}$、$\boldsymbol{w}_1=(10,-10,-10)^{\mathrm{T}}$ 与 $\boldsymbol{w}_0=(-10,-10,0)^{\mathrm{T}}$ 三点。从 $\boldsymbol{w}_2$ 到 $\boldsymbol{w}_0$ 的直线 $\boldsymbol{l}_2$ 与 $\boldsymbol{w}_1$ 到 $\boldsymbol{w}_0$ 直线 $\boldsymbol{l}_1$ 的方向分别是 $\boldsymbol{w}_2-\boldsymbol{w}_0$ 与 $\boldsymbol{w}_1-\boldsymbol{w}_0$,它的梯度为 $\boldsymbol{g}=(1,-1,2)^{\mathrm{T}}$。

容易验证 $\boldsymbol{g}^{\mathrm{T}}(\boldsymbol{w}_2-\boldsymbol{w}_0)=\boldsymbol{g}^{\mathrm{T}}(\boldsymbol{w}_1-\boldsymbol{w}_0)=0$。所以梯度垂直于此平面的两条相交直线 $\boldsymbol{l}_2$ 与 $\boldsymbol{l}_1$,从而垂直于此平面,见图 4.2。此平面在 OXY 上的投影直线为 $x-y=0$,在图上,被平面遮住了,所以用虚线表示。

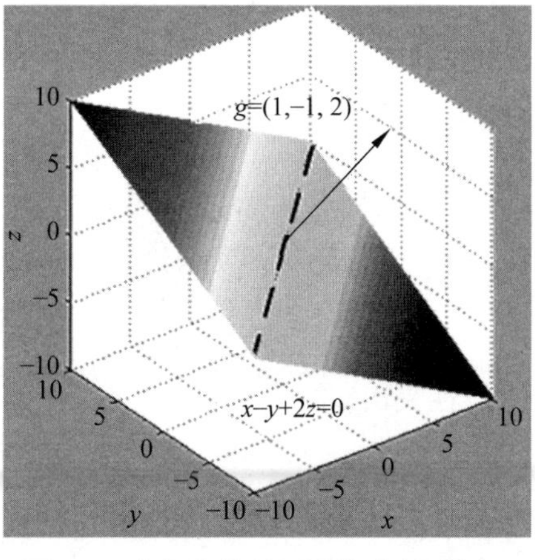

图 4.2 空间上的平面及其法向(梯度)

5. 线性方程组

一个有 m 个方程 n 个变量的线性方程组可以写为

$$\sum_{j=1}^{n} a_{ij}x_j = b_i,\quad i=1,2,\cdots,m$$

令 $\boldsymbol{a}_i^{\mathrm{T}}=(a_{i1},a_{i2},\cdots,a_{in})$，$\boldsymbol{x}=(x_1,x_2,\cdots,x_n)^{\mathrm{T}}$ 上式可写为

$$\boldsymbol{a}_i^{\mathrm{T}}\boldsymbol{x}=b_i,\quad i=1,2,\cdots,m \tag{4.2}$$

4.5.2 矩阵的按行按列分块

设矩阵 $\boldsymbol{A}_{m\times n}=(a_{ij})$（即 $m\times n$ 矩阵 $\boldsymbol{A}$，它的第(i,j)元素为 a_{ij}），第 i 个行向量为 $\boldsymbol{a}_i^{\mathrm{T}}$，第 j 个列向量为 $\boldsymbol{u}_j$：

$$\boldsymbol{a}_i^{\mathrm{T}}=(a_{i1},a_{i2},\cdots,a_{in});\boldsymbol{u}_j=(a_{1j},a_{2j},\cdots,a_{mj})^{\mathrm{T}} \tag{4.3}$$

则 $\boldsymbol{A}$ 的列分块表示与行分块表示分别为：

$$A=[\boldsymbol{u}_1\quad \boldsymbol{u}_2\quad \cdots\quad \boldsymbol{u}_n],\ A=\begin{bmatrix}\boldsymbol{a}_1^{\mathrm{T}}\\ \boldsymbol{a}_2^{\mathrm{T}}\\ \vdots\\ \boldsymbol{a}_{\mathrm{k}}^{\mathrm{T}}\end{bmatrix}=(\boldsymbol{a}_1^{\mathrm{T}},\boldsymbol{a}_2^{\mathrm{T}},\cdots,\boldsymbol{a}_m^{\mathrm{T}})^{\mathrm{T}} \tag{4.4}$$

矩阵的列分块表示与行分块表示，不仅用在线性代数证明题上显得清晰简洁（参见文献[3]），而且可以把机器学习的算法中那些内积式进一步简化为矩阵表达式。由于那些用来解算法所导出的最优化问题的内置函数，其形参往往是矩阵和向量，简化为矩阵表达式显得十分必要。

1. 线性方程组求解

定理：线性方程组 $\boldsymbol{Ax}=\boldsymbol{b}$ 有解的充分必要条件是右端常数向量 $\boldsymbol{b}$ 可用系数矩阵 $\boldsymbol{A}$ 的列向量来线性表出。

证明：设 $\boldsymbol{Ax}=\boldsymbol{b}$ 有解向量 $\boldsymbol{x}=\boldsymbol{c}=(c_1,c_2,\cdots,c_n)^{\mathrm{T}}$，即 $\boldsymbol{b}=\boldsymbol{Ac}$。把 $\boldsymbol{A}$ 按式(4.4)进行列分块，$\boldsymbol{c}$ 按其元素分块，用分块乘法乘出 $\boldsymbol{Ac}$ 就得到：

$$\boldsymbol{b}=A\boldsymbol{c}=[\boldsymbol{u}_1\ \boldsymbol{u}_2\ \cdots\ \boldsymbol{u}_n]\begin{bmatrix}c_1\\ c_2\\ \vdots\\ c_n\end{bmatrix}=c_1\boldsymbol{u}_1+c_2\boldsymbol{u}_2+\cdots+c_n\boldsymbol{u}_n, \tag{4.5}$$

即 $\boldsymbol{b}$ 可用 $\boldsymbol{A}$ 的列向量来线性表出。

反之，若存在表出系数（向量）$\boldsymbol{c}=(c_1,c_2,\cdots,c_n)^{\mathrm{T}}$ 使得 $\boldsymbol{b}=c_1\boldsymbol{u}_1+\cdots+c_n\boldsymbol{u}_n$（这就是式(4.5)的最右端表达式），把式(4.5)从右到左反推，就得到 $\boldsymbol{Ac}=\boldsymbol{b}$，即线性方程组 $\boldsymbol{Ax}=\boldsymbol{b}$ 有解向量 $\boldsymbol{x}=\boldsymbol{c}$。

2. 有条件极小值问题

例 4.14 在机器学习的一个算法导出的最优化问题（有条件极小值问题）中，有一个

条件是自变量 $\boldsymbol{g}$ 与 c_0 满足 $\boldsymbol{g}^{\mathrm{T}}\boldsymbol{w}_j+c_0\geqslant 1,(j=1,2,\cdots,k)$，其中，$\boldsymbol{w}_j$ 是 l 维的数据(列)向量 $\boldsymbol{w}_j=(w_{j1},w_{j2},\cdots,w_{jl})^{\mathrm{T}}$。如何把这 k 个不等式简化为矩阵表达式 $\boldsymbol{Ax}\geqslant\boldsymbol{b}$($\boldsymbol{Ax}$ 的每个元素$\geqslant\boldsymbol{b}$ 的对应元素)？这里，自变量 $\boldsymbol{x}=(g_1,g_2,\cdots,g_l,c_0)^{\mathrm{T}}$。

解：首先把 $\boldsymbol{x}$ 分为两块 $\boldsymbol{x}=(\boldsymbol{g}^{\mathrm{T}},c_0)^{\mathrm{T}}$，再记 k 个分量全为 1 的列向量为 $\boldsymbol{1}$。注意到 $\boldsymbol{g}^{\mathrm{T}}\boldsymbol{w}_j$ 是一个数，它等于自身的转置，即 $\boldsymbol{g}^{\mathrm{T}}\boldsymbol{w}_j=(\boldsymbol{g}^{\mathrm{T}}\boldsymbol{w}_j)^{\mathrm{T}}=\boldsymbol{w}_j^{\mathrm{T}}\boldsymbol{g}$。根据式(4.4)，把以 $\boldsymbol{w}_j^{\mathrm{T}}$ 作为行块的矩阵记为 $\boldsymbol{W}_{k\times l}=(w_1^{\mathrm{T}},w_2^{\mathrm{T}},\cdots,w_k^{\mathrm{T}})^{\mathrm{T}}$($\boldsymbol{W}$ 是 k 个行块 1 个列块的分块矩阵，第 j 行是 $1\times l$ 行向量)。由分块乘法，k 个不等式 $\boldsymbol{g}^{\mathrm{T}}\boldsymbol{w}_j+c_0\geqslant 1$ 可以写为：

$$[\boldsymbol{W}\quad \boldsymbol{1}]\begin{pmatrix}\boldsymbol{g}\\ c_0\end{pmatrix}=\begin{bmatrix}\boldsymbol{w}_1^{\mathrm{T}} & 1\\ \boldsymbol{w}_2^{\mathrm{T}} & 1\\ \vdots & \vdots\\ \boldsymbol{w}_k^{\mathrm{T}} & 1\end{bmatrix}\begin{pmatrix}\boldsymbol{g}\\ c_0\end{pmatrix}=\begin{bmatrix}\boldsymbol{w}_1^{\mathrm{T}}\boldsymbol{g}+c_0\\ \boldsymbol{w}_2^{\mathrm{T}}\boldsymbol{g}+c_0\\ \vdots\\ \boldsymbol{w}_k^{\mathrm{T}}\boldsymbol{g}+c_0\end{bmatrix}\geqslant\begin{bmatrix}1\\ 1\\ \vdots\\ 1\end{bmatrix}=\boldsymbol{1}\rightarrow \boldsymbol{A}=[\boldsymbol{W}\quad \boldsymbol{1}],\quad \boldsymbol{b}=\boldsymbol{1}$$

熟悉了分块矩阵及其乘法，上式的中间过程可以略去。

4.5.3 二重求和式

二次型是二重求和式，用前面的化一重和式为内积式与矩阵的按行、列分块的方法容易把二重求和式转换为矩阵表达式。机器学习的线性支持向量机的算法实现经常用到二次型的矩阵表达式。

例 4.15 已知二重求和式 $\dfrac{1}{2}\sum\limits_{i=1}^{n}\sum\limits_{j=1}^{n}a_{ij}x_ix_j,(a_{ij}=a_{ji})$；如何把它转换为矩阵表达式？

解：根据式(4.2)，里层的和式可写成内积式 $\boldsymbol{a}_i^{\mathrm{T}}\boldsymbol{x}$，从而原式$=\dfrac{1}{2}\sum\limits_{i=1}^{n}x_i(\boldsymbol{a}_i^{\mathrm{T}}\boldsymbol{x})$。这是 n 个两数(x_i 与 $\boldsymbol{a}_i^{\mathrm{T}}\boldsymbol{x}$) 乘积之和，根据式(4.2)，它可以写为内积式 $\dfrac{1}{2}\boldsymbol{x}^{\mathrm{T}}\boldsymbol{w}$，其中，$\boldsymbol{w}=(\boldsymbol{a}_1^{\mathrm{T}}\boldsymbol{x},\boldsymbol{a}_2^{\mathrm{T}}\boldsymbol{x},\cdots,\boldsymbol{a}_n^{\mathrm{T}}\boldsymbol{x})^{\mathrm{T}}=(\boldsymbol{a}_1^{\mathrm{T}},\boldsymbol{a}_2^{\mathrm{T}},\cdots,\boldsymbol{a}_n^{\mathrm{T}})^{\mathrm{T}}\boldsymbol{x}=\boldsymbol{Ax}$，最后一步见式(4.4)。这样，

$$\frac{1}{2}\sum_{i=1}^{n}x_i\sum_{j=1}^{n}a_{ij}x_j=\frac{1}{2}\boldsymbol{x}^{\mathrm{T}}\boldsymbol{Ax}\tag{4.6}$$

式(4.6)中的对称矩阵 $\boldsymbol{A}$ 称为海森(Hessian)矩阵，通常用 $\boldsymbol{H}$ 表示。

至此，希望学习如何用 MATLAB 编程或调用 MATLAB 的内置函数攻克线性代数的难关，例如：

(1) 把增广矩阵转换为简约的行阶梯形矩阵。

(2) 做矩阵的行初等变换求向量组的秩与行列式的值。

(3) 求逆矩阵。

(4) 求齐次线性方程组的基础解的读者，可以关注第 11 章攻克线性代数的难点的内容。

习　题

X4.1　给出矩阵 $\boldsymbol{S}$ 与 $\boldsymbol{T}$，把它们适当分块，用分块乘法求出乘积 $\boldsymbol{ST}$。

$$\boldsymbol{S}=\begin{bmatrix} 2 & 1 & -1 & 1 & 0 \\ -2 & 3 & 0 & 0 & 1 \\ 0 & 0 & 0 & 1 & 1 \\ 0 & 0 & 0 & 1 & 1 \end{bmatrix},\quad \boldsymbol{T}=\begin{bmatrix} 1 & 1 & 0 & 0 \\ 1 & 0 & 1 & 0 \\ 1 & 0 & 0 & 1 \\ 0 & -4 & 2 & -3 \\ 0 & -1 & 0 & 5 \end{bmatrix}$$

X4.2　对 X4.1 题所给 $\boldsymbol{S}$ 与 $\boldsymbol{T}$：①取出 T 的第 1～3 行、2～4 列的子块；②取出 $\boldsymbol{S}$ 的第 2、4 行，1、3、5 列的子块；③删去 $\boldsymbol{S}$ 的第 2、4 行，再删去所得子块的第 2～3 列。

X4.3　把求和式 $\sum_{k=1}^{100} k$ 写成内积，并(编程）求出它的和。

第5章

数据可视化

本章讨论数据可视化问题。数据可视化是 MATLAB 的一个特色，可以将计算结果直接以图形的形式直观地显示出来。例如，单变量函数 $y=f(x)$的图像是二维(2D)的，也就是平面的，而空间曲线与曲面显示的是三维(3D)的图形。

5.1 二维作图

计算机作图实际上是逐点描绘的，需要给出一系列的点对$(x_i,y_i)(i=1,2,\cdots,n)$。其中，数据 $x_i(i=1,2,\cdots,n)$ 作为一个 n 维的向量，需要我们录入或产生。而 y_i 则是根据函数表达式与 x_i 计算出来的值。作图需要的数据 x_i 有它的特殊性。其前后两个数值的差是一样的。也就是说，x_i 是一个等差数列，即线性等距(linear squally spaced)数据。2.2 节已经介绍，有两种方法产生线性等距数据：用带冒号的指令与用内置函数 linspace。

5.1.1 用内置函数 plot 作图

MATLAB 函数"plot"是一个功能非常强大的作"线状"图形(linear plot)，即平面图形的工具。它的形参可以是一个、两个或多个。它除了可以作通常的实线条以外，还可以作出多种样式的线条，如由小点、冒号、小短线形成的线条，或由小方块、"+"号、"*"号、小菱形和字母"x"形成的线条，等等，还可以使画出的线条带各种颜色。

plot 命令的基本用法如下。

(1) plot(X,Y)；创建 Y 中数据对 X 中对应值的二维线图。

- 如果 X 和 Y 都是向量，则它们的长度必须相同。plot 函数绘制 Y 对 X 的图。
- 如果 X 和 Y 均为矩阵，则它们的大小必须相同。plot 函数绘制 Y 的列对 X 的列的图。
- 如果 X 或 Y 中的一个是向量 $\boldsymbol{b}$ 而另一个是矩阵 $\boldsymbol{A}$，则矩阵 $\boldsymbol{A}$ 的行、列向量的长度中必须有一个与向量的长度相等。如果 $\boldsymbol{A}$ 的行向量的长度等于 $\boldsymbol{b}$ 的长度，则 plot 函数绘制 $\boldsymbol{A}$ 中的每一行对 $\boldsymbol{b}$ 的图。如果 $\boldsymbol{A}$ 的列数等于 $\boldsymbol{b}$ 的长度，则该函数绘制 $\boldsymbol{A}$ 的每一列对向量 $\boldsymbol{b}$ 的图。如果 $\boldsymbol{A}$ 为方阵，则该函数绘制 $\boldsymbol{A}$ 的每一列对 $\boldsymbol{b}$ 的图。
- 如果 X 或 Y 之一为标量，而另一个为标量或向量，则 plot 函数会绘制离散点。但是，要查看这些点，必须指定标记符号，例如，plot(X,Y,'o')。

(2) **plot**(X,Y,LineSpec)；LineSpec 设置线型、记号与颜色属性。

(3) **plot**(X1,Y1,…,Xn,Yn)；用同一个坐标轴绘制多条曲线。

(4) **plot**(X1,Y1,LineSpec1,…,Xn,Yn, LineSpec$n$) ; LineSpec$n$ 用来设置不同的线型、记号与颜色以绘制多条曲线。

(5) **plot**(Y) ; 创建 Y 中数据的二维折线图。

(6) **plot**(Y,LineSpec) ; LineSpec 指定 Y 中数据的二维折线图的线型、记号与颜色绘制。

如要详细了解指令 plot 的用法,可以使用 plot 的帮助命令“help plot”。

1. 绘制一般曲线

指令 plot(x, y) 绘制以首末相连直线段连接而成的(折线)图形,$\boldsymbol{x}$ 与 $\boldsymbol{y}$ 都是 n 个分量的向量。用此指令绘制由 n 个点对 $(x_i, y_i)(i=1,2,\cdots,n)$ 连接而成的曲线。

例 5.1 由默认值 100 个点对 linspace(−pi, pi) 和指定值 10 个点对 linspace(−pi, pi, 10)作出的不同光滑度的二维“曲线”图,如图 5.1 所示。

```
>>x = linspace(-pi, pi); y = sin(x);
  plot(x, y);
```

```
>>x = linspace(-pi, pi, 10); y = sin(x);
plot(x, y);
```

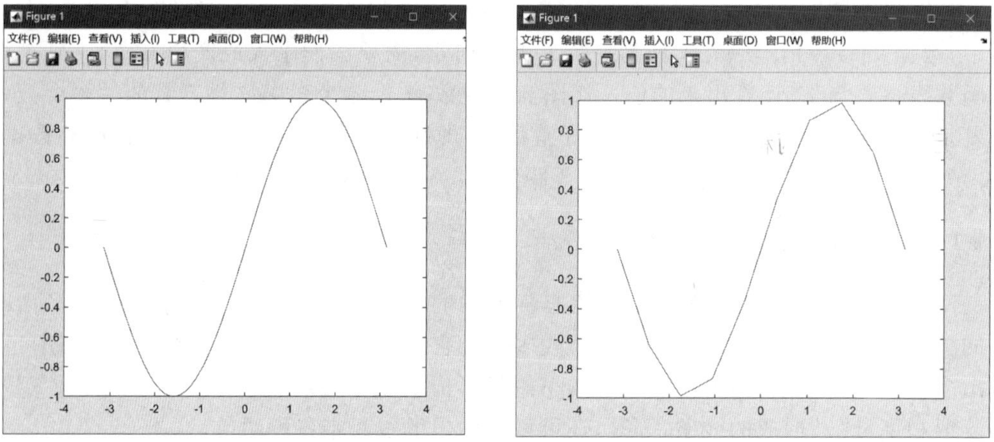

(a) 默认值100个点对绘制的正弦曲线图

(b) 10个点对绘制的正弦曲线图

图 5.1 曲线图

对比图 5.1(a)和图 5.1(b),图 5.1(a)看上去是一条曲线,而图 5.1(b)明显是一条折线。这是因为,绘制图 5.1(b)的指令串 b 指定了(−pi, pi) 间绘制 10 段线,逼近 sin 曲线的精度较低。而绘制图 5.1(a)的指令串 a 没有指定(−pi, pi)间绘制线段的数目,此时采用默认逼近段数 100,逼近 sin 曲线的精度较高,看起来更像曲线。只有当点的个数足够多,即点足够密时,逐点描绘的图才能像一条曲线。

2. 图片窗口名字的命名

绘制指令产生的图形将在一个默认的图片窗口名“Figure 1”中显示。例如例 5.1 中绘制的 sin 曲线,输入 (产生图 5.1(a) 的) 指令串 a 后,图 5.1(a) 左边顶上标有默认的图片窗口名“Figure 1”。如果紧接着输入 (产生图 5.1(b) 的) 指令串 b 后,新产生的图形将仍在名为“Figure 1”原图片窗口中显示,前一个图就被指令串 b 产生的图形替代了。

如果想同时保留这两个图形，则可在指令串 a 与 b 的最前面分别加上图片窗口命名指令“figure(1) ;”与“figure(2) ;”。这样，两个指令产生的图形将在不同的图片窗口中显示。此时，两个指令就会分别变成：

- 指令串 a：“figure(1) ; x = linspace(−pi, pi)；y = sin(x)；plot(x, y)；”(在 Figure 1 窗口中显示图形)。
- 指令串 b：“figure(2) ; x = linspace(−pi, pi, 10)；y = sin(x)；plot(x, y)；”(在 Figure 2 窗口中显示图形)。

仅用指令“figure(1) ;”或“figure(2) ;”本身，则会创建一个新的图片窗口。如果在指令串 a 的最后加上指令“hold on ;”，则保持当前的图形，此后接着输入的绘图指令把新的内容加到现有的图形上，即所产生的图形都在 Figure 1 窗口中显示。

最好在最后一个绘图指令后加上一个指令“hold off ;”，表示在当前图片窗口的绘图指令已结束。

3. 绘制向量(直线)

指令 plot([x1, x2], [y1, y2]) 是 plot(x, y) 在向量 ***x*** 和 ***y*** 都只有两个分量时的特殊情况。它给出一条连接(x1, y1)与(x2, y2)的直线段。

例 5.2 在例 5.1 的曲线图 5.1(*a*) 上再画两条直线段：从(−4,0) 到(4,0) 和从(0, −1)到(0,1)，这两条直线段相当于两条坐标轴，如图 5.2 所示。

```
>>x = linspace(-pi, pi);  y = sin(x);
plot(x, y);  hold on;
%绘制两条直线段(坐标轴)。
plot([-4,4],[0,0]);  plot([0,0],[-1,1]);
hold off;
```

```
>>x = linspace(0,2*pi,100);
y = sin(x) ;    plot(x,y);
%标记坐标区并添加标题。
xlabel('x');  ylabel('sin(x)');
title('Plot of the Sine Function');
```

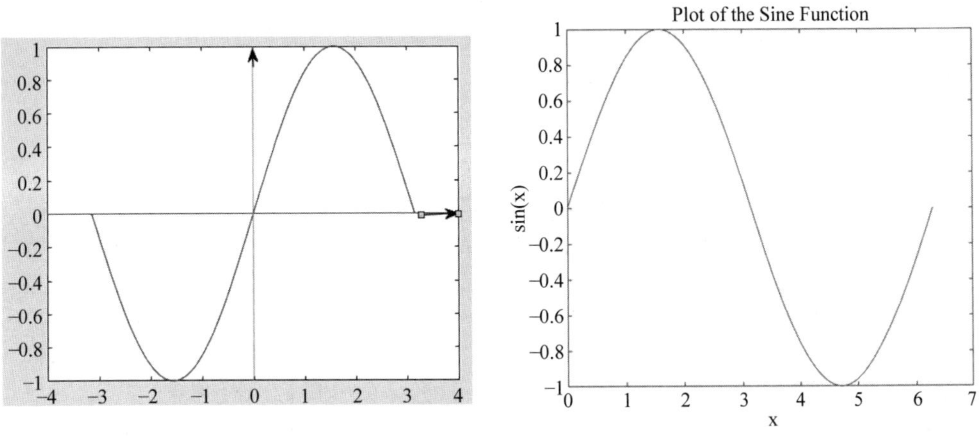

(a) 加了坐标轴　　(b) 标记坐标区并添加标题

图 5.2 绘制正弦曲线

这里，图 5.2(a) 用了“hold on;⋯ hold off;”指令保证了 sin 曲线与后加的两条直线段显示在同一个窗口内。图 5.2(b)用了 xlabel 和 ylabel 指令分别作了横向和竖向标记，用 title 指令加了标题。

图 5.2(a)中的向上与向右的箭头是这样画上去的：在 MATLAB 作图上方的菜单中，单击 Insert→Arrow，此时鼠标会变成"＋"字。把鼠标移到要画箭头的直线段附近，顺着直线移动。如果所画的箭头不对，右键单击箭头，在打开的菜单，单击 Delete，即可删去箭头。图 5.2(b) 中的"xlable(x 轴标记)""ylable(y 轴标记)"与"title (标题)"也可以在作出的图上单击 Insert 再选择有关项来完成。

4. 设置绘制属性

指令 plot(x, y, s) 中 *s* 是字符串，它用来指定线条的颜色和/或类型。代码的格式见后面的例子。

(1) *s* 指定线条的颜色。

MATLAB 可供选择的线条颜色有以下几种，字符所表示的颜色写在括号中。除 k 表示黑色(black 的字尾)以外，其他字符都是所表示的颜色的英文首字母。

b (blue, 蓝)； g (green, 绿)； r (red, 红)； y (yellow, 黄)； c(cyan,青)；m(magenta, 洋红)；k(black, 黑)。

(2) *s* 指定线条的类型。

线条的主要类型有以下几种(其他类型可用指令"help plot"来查找)。

- (solid, 实线)。

: (dotted, 小点组成的虚线)。

O (大小写均可，circle, 小圆圈)。

-- (dashed,小短线组成的虚线)。

. (point, 点)。

-. (dashdot,小短线与小点组成的虚线)。

* (star,星号)。

s (square,小方块)。

d (diamond, 菱形)。

(3) *s* 指定字符串的写法。

线条的类型与颜色要写在单引号(')内的字符串 *s* 中，表示类型与颜色的字符，其先后次序是任意的。例如，绿色的菱形线条，可以写为'gd'或'dg'。

例 5.3 以下指令串画出了图 5.3，程序中有简单说明，作完图后有详细说明。

```
>>x=linspace(0,2*pi,200);                          %[0,2*pi] 中 200 个分点
y=sin(x); z=cos(x); v=sin(x-pi/2);                 %3 个函数在 200 个分点上的值
plot(x,y,'r:');                                    %作 sin(x) 曲线
hold on;                                           %要继续作图
ix=[1,40,80,120,160,200];                          %要描的 6 个点的 x 的下标向量
plot(x,z,'b.'); plot(x,v,'gd');                    %作另外 2 条曲线
plot(x(ix),z(ix),'sk');                            %黑色小方块描出 6 个离散点
legend('sin(x)', 'cos(x)', 'sin(x-pi/2)','6 points');   %图例
hold off;                                          %作图结束
```

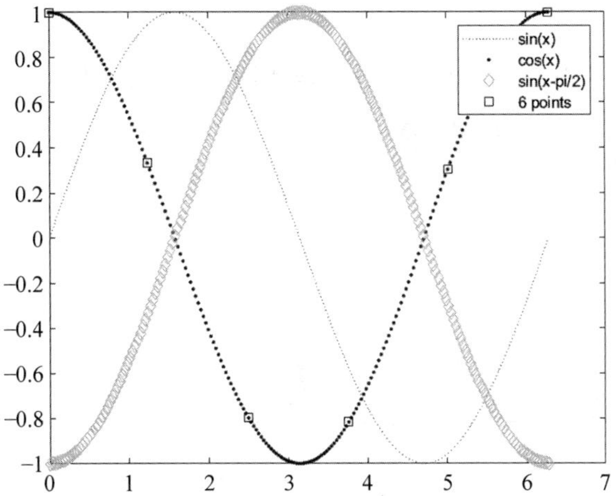

图 5.3　三种类型与颜色不同的曲线及 6 个离散点

(1) 上面最后一个 plot 指令描出的 6 个离散点中,横坐标是下标为 **ix** 分量的 x 值,而纵坐标为对应的余弦值。在数据拟合的图示中,常常需要这样来描出观察(实验)数据的离散值。

(2) 指令 legend() 是给出图例,括号内的字符串的个数应与曲线的个数相同,而且字符串的次序与 plot 曲线的次序一致。在图上显示在小方框内。把鼠标移入小方框内,按住鼠标,这时可将小方框拖移到任何地方(例如不挡住曲线的地方)。

例 5.4　以下的指令串画出了图 5.4。它与图 5.3 是同样的三条曲线,只是线条的类型与 **s** 中的字符次序不同。这里还把绘图 5.3 的三个 plot 指令合并成一个。而且,那些使用实参 y、z、v 的地方,这里直接用它们的表达式来代替。所以,两者画出了三条同样的曲线。

```
>> x=linspace(0,2*pi,200);
plot(x, sin(x),'-ro', x, cos(x),'-.b',x, sin(x-pi/2),'--g');
legend('sin(x)', 'cos(x)', 'sin(x-pi/2)');
```

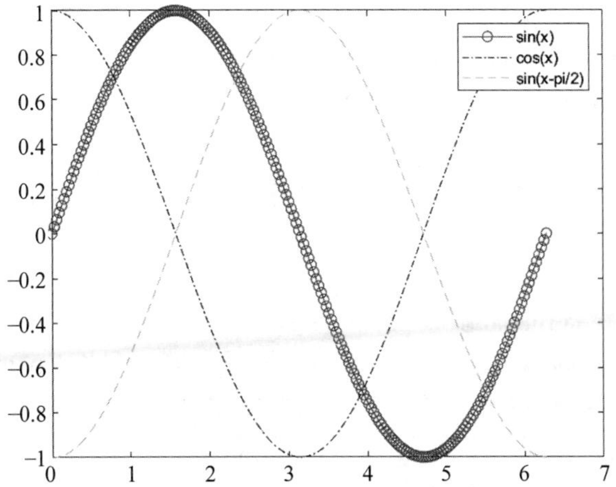

图 5.4　三种线条类型与图 5.3 不同的曲线

5. 绘制数列

指令 plot(y)用于创建 Y 中数据的二维折线图。一个数列 $y_n(n=1,2,\cdots)$可以看作 y 是它的下标 n 的函数。此时，plot(y) 是 plot(n,yn)的特例。另外，当 y 是 ·个复向量时，plot(y)等价于 plot(real(y),imag(y))。其中，指令 real(y)与 imag(y)分别取 y 的实部与虚部。

(1) 实数列 y。

例 5.5 绘制实数列 $y_n=\ln(n)$ $(n=1,2,\cdots,10)$，如图 5.5 所示。

```
>>n=1:10;    y=log(n);    plot(y);
```

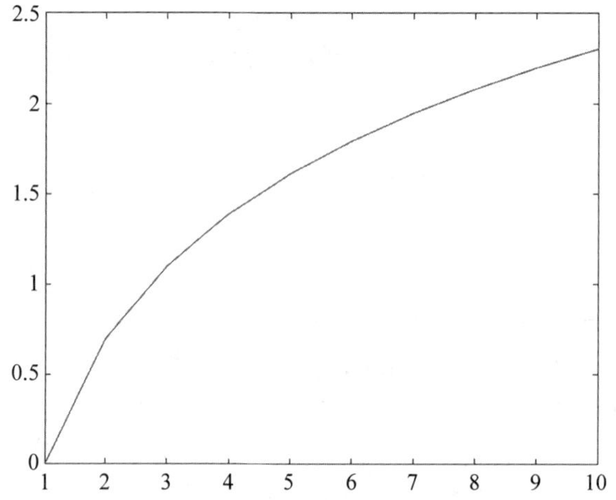

图 5.5 数列 $y_n=\ln(n)$ 相对于下标 n 的图形

(2) 复向量 $\boldsymbol{y}$。

例 5.6 指令串"x = linspace(−pi, pi); y = x+i * sin(x); plot(y);"也可以得到图 5.1(a)。

这里可以用"sum(abs(real(y)−x))"与"sum(abs(imag(y)−sin(x)))"的答案是否都等于 0 来检查 $\boldsymbol{y}$ 的实部 real(y)是否等于 x，以及 $\boldsymbol{y}$ 的虚部 imag(y) 是否等于 sin(x)。回忆一下：其中内置函数 abs(z)是求 z 的绝对值；而 sum(a)当 a 是向量时，是求它的各分量的和。

例 5.7 以下三行指令串都得到图 5.6，只是在 Figure1、Figure2 和 Figure3 这 3 个窗口里。

```
>>figure(1);  x=linspace(0, pi/2);  y=cos(x)+i * sin(x);    plot(y);
figure(2);  x=linspace(0, pi/2);  y=exp(i * x);           plot(y);
figure(3);  x=linspace(0, pi/2);  x1=cos(x); y1=sin(x);  plot(x1,y1);
```

以上第 1、2 行指令串的等价性说明了欧拉公式($e^{ix}=\cos(x)+i\sin(x)$)的正确性；

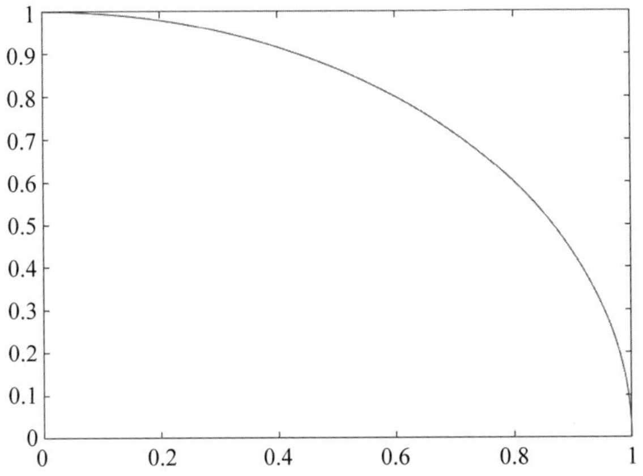

图 5.6 复向量 e^{ix} 的实部与虚部点对所描绘的图形

而第 1、3 行指令串的等价性说明了 plot(y)在 y 为复向量时,图形是实数点对 (cos(x_i), sin(x_i))描绘出的曲线。

5.1.2 辅助作图的内置函数与参数

1. 绘制网格

内置函数 grid 在图上加上网格,见例 5.8;而 grid minor 加上细网格,见例 5.9。

2. 加图标题

内置函数 title('') 在图顶上加上标题,见例 5.8。标题内容写在单引号内,可以是中文。写中文内容时要注意,先在英文状态下写好单引号,再切换到中文状态后,在单引号内打印中文。

3. 水平或垂直标记

内置函数 xlabel('') 与 ylabel('') 分别在 X 轴与 Y 轴上写上标记,见例 5.2 与例 5.8。其内容写在单引号内,可以是中文。

4. 绘制坐标轴

内置函数 axis 是画坐标轴的,可用 help 指令来查看详情。

例 5.8 以下是添加网格、水平与垂直标记以及标题的作图例子(见图 5.7)。

```
>> x = linspace(-pi, pi);    y = sin(x);       plot(x, y);
grid; xlabel('弧度');     ylabel('正弦值');    title('Graph of y = sin(x)');
```

例 5.9 以下是添加细网格的作图例子(见图 5.8)。

```
>>x = linspace(-pi, pi);   y = sin(x);   plot(x, y);   grid minor;
```

5. 曲线"宽度"的设置

参数 LineWidth(一个词)控制曲线的"宽度",其后必须写上宽度值,用","号分开。

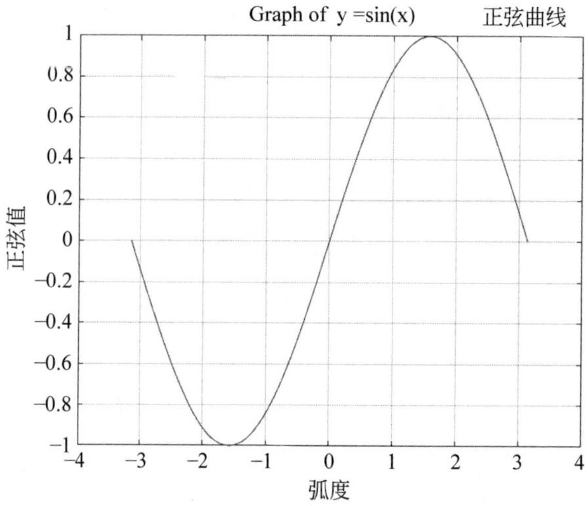

图 5.7 加了网格,x、y 坐标轴标记等的正弦曲线图

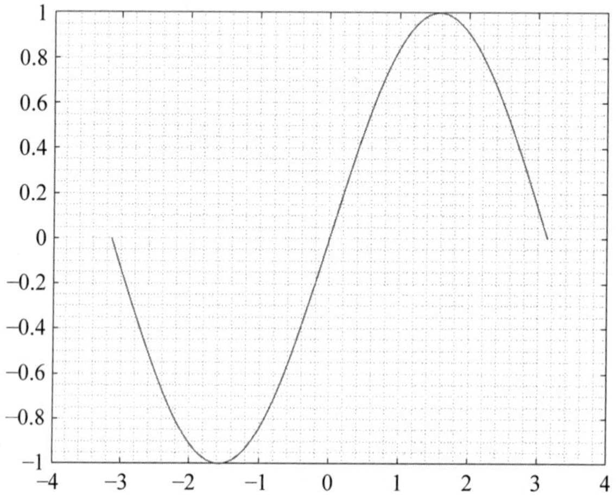

图 5.8 加上细网格的正弦曲线图

下例是用不同的宽度绘制两条曲线。

例 5.10 以下指令串画出了例 5.3 中的两条曲线,线条的类型与颜色与前例相同。这里只是加了参数,并给出不同的宽度值。从图 5.9 可以看出,宽度值为 4 的曲线比值为 3 的粗曲线。

```
>> x=linspace(0,2*pi,200);
plot(x, cos(x),'-.b','LineWidth',3);            %颜色 blue,宽度值为 3
hold on;
plot(x, sin(x-pi/2),'--g','LineWidth',4);       %颜色 green,宽度值为 4
hold off;
```

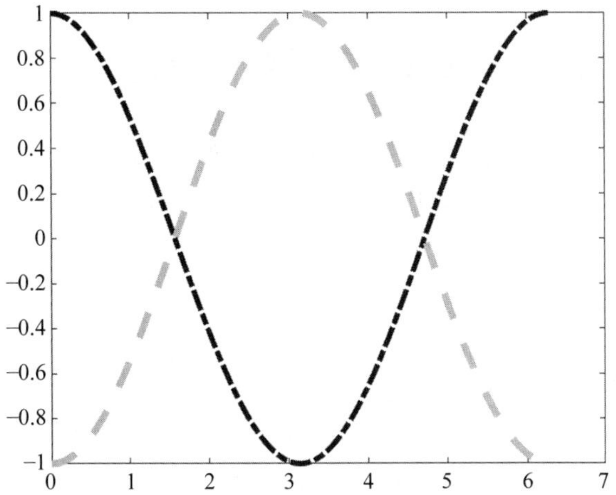

图 5.9 宽度值为 3 与 4 的两条曲线

5.1.3 用矩阵作为 plot 的参数作图

内置函数 plot(x,y)当 x、y 中 x 为向量，y 为矩阵时，且 x 的长度等于 y 的行(列)数，则 x 相对于 y 的每一行(列)作出一条曲线。

例 5.11 我们把例 5.3 中生成的三个向量合成一个矩阵，然后用来画出三条曲线。即用如下的程序画出图 5.10。注意，在程序中，并不设置曲线的颜色与类型。这里用的是默认值，曲线类型都用实线。

```
>> x=linspace(0,2*pi,200);        %产生 200 个 x 点
y=sin(x);     z=cos(x);           %计算 3 个向量的值
v=sin(x-pi/2);
Y=[y',z',v'];                 %用此指令，把这 3 个向量作为列，合并成矩阵 Y
%Y=[y;z;v];                   %或用此指令，把这 3 个向量作为行，合并成矩阵 Y。结果相同
plot(x,Y) ;                   %同时画出 3 条曲线
legend('sin(x)', 'cos(x)', 'sin(x-pi/2)') %图例
```

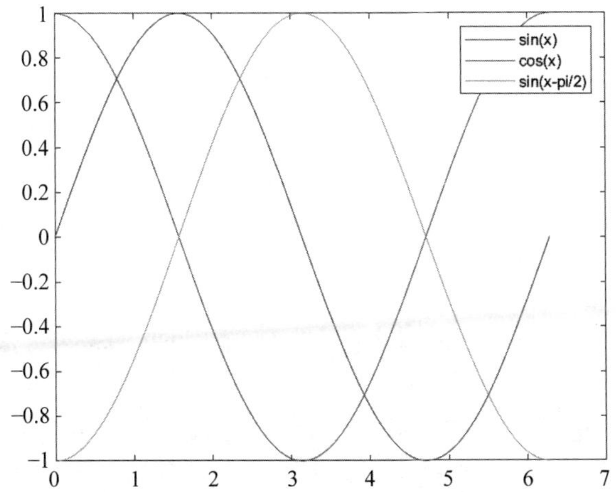

图 5.10 用矩阵表达式同时画出 3 条曲线

5.2 三 维 作 图

三维(3D)作图包括空间曲线与曲面作图。3D 作图也可以用单变量函数作图时用的内置函数 grid、title、xlabel、ylabel(加上 zlabel)、legend 等。

5.2.1 空间曲线作图

1. 曲线方程

空间曲线作图时,所用的曲线方程应为参数方程:$x=f(t)$,$y=g(t)$,$z=h(t)$。与单变量函数作图时一样,数据 $t_i(i=1,2,\cdots,n)$作为一个 n 维的向量,需要我们录入或产生。三列向量$(x_i|y_i|z_i)(i=1,2,\cdots,n)$则是根据参数方程与 t_i 计算出来的值。

2. 曲线作图用的内置函数

空间曲线作图时,所用的内置函数与单变量函数作图的内置函数类似,有 plot3(x,y,z) 与 plot3(x,y,z,s),其中,s 是用来设置曲线的类型、所用的画线符号与颜色的符号串。

3. 用内置函数 plot3(x,y,z,s) 作曲线

例 5.12 以下指令串作出在参数区间$[0,10\pi]$内的一条螺旋线,其参数方程为 $x=\sin(t)$,$y=\cos(t)$,$z=t$。以及过 $a(-1,1,0)$与 $b(1,-1,20)$ 两点的直线,其参数方程为 $x=t/(5\pi)-1$,$y=-t/(5\pi)+1$,与 $z=2t/\pi$。

得到图 5.11。指令串中的 legend 是两个分量都是字符串的向量。另外,这里的两个 plot3 指令可以合并为一个指令(可去掉 hold on;与 hold off;)。

```
>> t = 0:pi/50:10 * pi;                                    %产生数据 t,步长 pi/50
plot3(sin(t),cos(t),t, 'r * ');                            %用红色 * 作螺旋线
grid; xlabel('x=sin(t)');                                  %加网格与 X 轴的标记
ylabel('y=cos(t)'); zlabel('z=t');                         %加 Y、Z 轴的标记
hold on;                                                   %准备加上另一个图
%以下用蓝实线画过 a(-1,1,0), b(1,-1,20) 两点的直线
plot3([-1,1],[1,-1],[0,20], 'b- ');                        %也可以用下一参数方程
%plot3(t/(5 * pi)-1,-t/(5 * pi)+1,2 * t/pi,'b-');
title('Helix & straight line ');                           %加上标题
legend('螺旋线','直线');                                   %加上图例
hold off;
```

5.2.2 曲面作图

给出两个变量的曲面方程 $z=f(x,y)$,如何作出在区域 $a<x<b$,$c<y<d$ 内的曲面图呢?

首先,用冒号“:”或“linspace”生成向量 x 与 y 的数据,再用“[X,Y] = meshgrid(x,y)”(注意,左边是大写的 X、Y)生成用来计算函数值 z 的矩阵 $\boldsymbol{X}$ 与 $\boldsymbol{Y}$。其中,$\boldsymbol{X}$ 的行向量

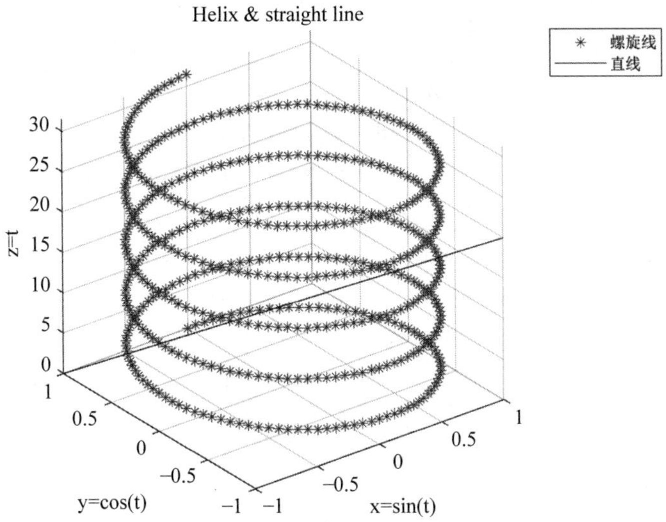

图 5.11 螺旋线与空间直线

都是 $\boldsymbol{x}$，而 $\boldsymbol{Y}$ 的列向量都是 y。最后用 mesh 或 surf 指令作图。下面给出主要的曲面作图用的内置函数以及例子。

(1) [X,Y] = meshgrid(x,y)：这一指令把向量 $\boldsymbol{x}$ 与 $\boldsymbol{y}$ 转换为把行向量重复为 $\boldsymbol{x}$ 的矩阵 $\boldsymbol{X}$，以及把列向量重复为 $\boldsymbol{y}$ 的矩阵 $\boldsymbol{Y}$。此时，若 $\boldsymbol{x}$ 与 $\boldsymbol{y}$ 的长度(维数)分别为 m 与 n，则 $\boldsymbol{X}$ 与 $\boldsymbol{Y}$ 均为 $n\times m$ 矩阵。

例 5.13 用 meshgrid(x,y)根据已知的向量 $\boldsymbol{x}$ 和 $\boldsymbol{y}$ 产生矩阵。

输入指令	输出结果

>>x=[1,2,3]; y=[4,5];
[X,Y]=meshgrid(x,y)
 	
m = length(x), n=length(y)
[rX,cX]=size(X), [rY,cY]=size(Y)
	X = 1 2 3
	      1 2 3
	Y = 4 4 4
	      5 5 5
	m=3, n=2
	rX=rY=2, cX=cY=3

例 5.14 这是为了理解 meshgrid(x，y)产生的矩阵，是如何被用来计算二元函数 $z=-x^2-y^2/2^2$ 的函数值的例子。

输入指令	输出结果

>>x=[1,2,3]; y=[4,5];
[X,Y]=meshgrid(x,y)
z=-X.*X-Y.*Y/4   %用点乘“.*”！
	X = 1 2 3
	      1 2 3
	Y = 4 4 4
	      5 5 5
	z = -5.0000 -8.0000 -13.0000
	     -7.2500 -10.2500 15.2500

可见 z 是一个与 $\boldsymbol{X}$,$\boldsymbol{Y}$ 一样大小的矩阵,且它的 (i,j) 元素的值,是根据 $\boldsymbol{X}$,$\boldsymbol{Y}$ 的对应元素与函数表达式计算出来的。例如,$\boldsymbol{X}$ 与 $\boldsymbol{Y}$ 的(1,2)元素分别为 2 与 4,根据函数表达式 $z=-2^2-4^2/2^2=-8$,这正是矩阵 z 的(1,2)元素。

(2) 曲面绘制命令 mesh 或 surf:如果数据由指令 [X,Y] = meshgrid(x,y) 产生,而 $\boldsymbol{Z}$ 由 $\boldsymbol{X}$ 与 $\boldsymbol{Y}$ 的数据及曲面方程得到,则 mesh(X,Y,Z)、mesh(x,y,Z)、surf(X,Y,Z) 与 surf(x,y,Z)作出同样的曲面图。但 mesh 与 surf 作出的图着色不同。如果 $\boldsymbol{Z}$ 的数据由其他方式得到,而且 [n,m]=size(Z),则只有在 n=length(y)、m=length(x) 的情况下,才可以用指令 mesh(x,y,Z) 或 surf(x,y,Z) 来作图。

例 5.15 作出开口向下的旋转抛物面 $z=-x^2-y^2/2^2$ 与过点 $M(1,2)$的切平面。切平面方程应(写)为 $z=-2x-y+2$(点 M 上的 z 值为-2)。下面的程序画出图 5.12。

```
>> x=linspace(-10,10,200);     %200(=length(x))个点
y=linspace(-20,20,400);        %400(=length(y))个点
[X,Y]=meshgrid(x,y);           %size(X)=size(Y)=[400,200]
z=-X.*X-Y.*Y/4;                %计算旋转抛物面上 z 值,用点乘!
mesh(X,Y,z);                   %作出旋转抛物面
title('旋转抛物面与过点 M(1,2)的切平面');
xlabel('x'); ylabel('y'); zlabel('z');
hold on;
zp=-2*X-Y+2;                   %过点 M(1,2)的切平面方程
mesh(X,Y,zp)
%surf(X,Y,zp);                 %若换为 surf(X,Y,zp);则改变颜色(切平面变黑色了)
hold off;
```

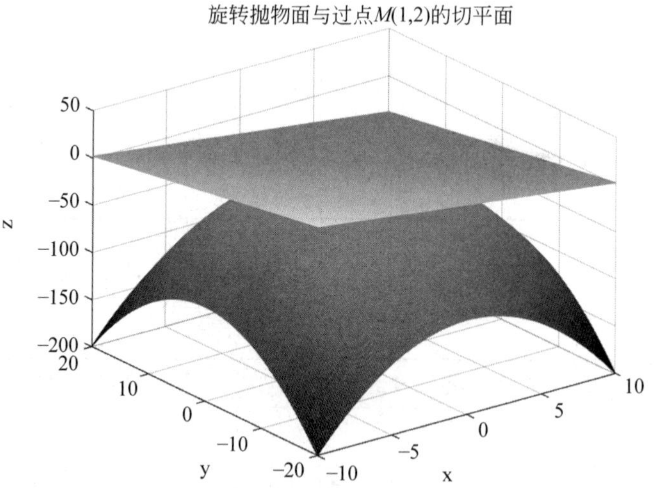

图 5.12 开口向下的旋转抛物面与过点 $M(1,2)$的切平面

(3) 绘制曲面时同时绘出等高线(内置函数 meshc 或 surfc):meshc 或 surfc 这两个内置函数都在作出曲面图的同时,在 OXY 平面上画出等高线(把 z 值看作高度值)的投

影。函数名里的 c 不是 colour(着色)而是 contour(等高线)。meshc 与 surfc 的不同在于对图的着色不同。

例 5.16 画出由二元函数 $z=\sin\sqrt{x^2+y^2}/\sqrt{x^2+y^2}$ 在区域 $-6<x<6$、$-6<y<6$ 内所定义的曲面与等高线。以下的程序画出了该曲面与等高线。如用 meshc 画出了图 5.13(a),而用 surfc 则画出了图 5.13(b)。

```
>> x=linspace(-6,6);                              %生成数据 x
y=x;                                              %y 与 x 是一样的数据
[X,Y]=meshgrid(x,y);                              %重复 x 的行与 y 的列
z=sin(sqrt(X.^2+Y.^2))./sqrt(X.^2+Y.^2);          %用.^ 与./ !
%下面的指令如由 surfc(X,Y,z); 代替,则图的着色不同
meshc(X,Y,z);                                     %画出了图 5.13(a)
%surfc(X,Y,z);                                    %画出了图 5.13(b)
title('曲面与它的等高线');
xlabel('x in [-6,6]');     ylabel('y in [-6,6]');   zlabel('z:函数值');
```

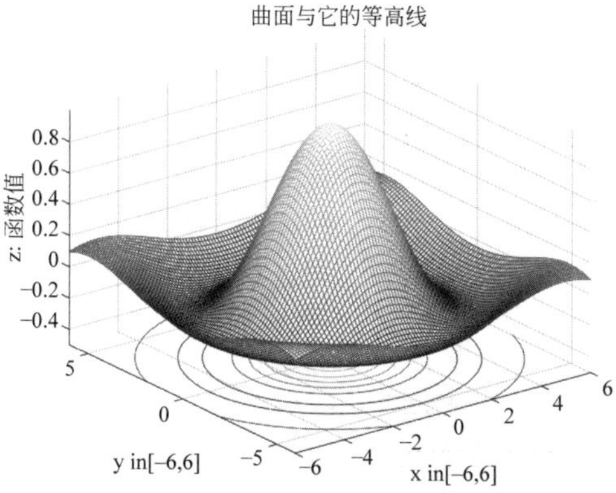

(a) 用meshc作出的图

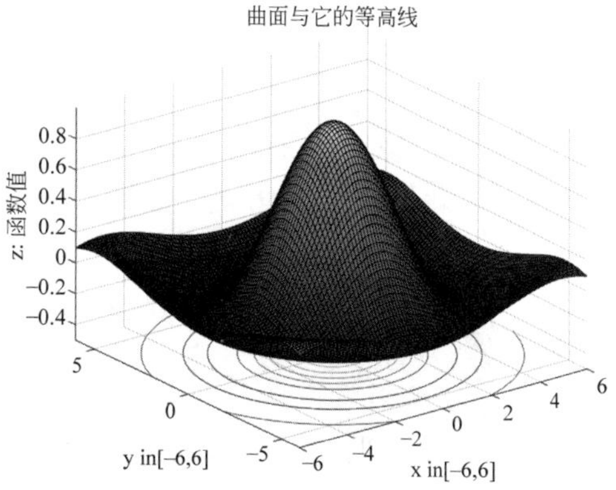

(b) surfc作出的图(着色不同)

图 5.13 曲面与等高线

(4) 调整视角 view([x,y,z]):内置函数 view 为当前坐标区设置照相机视线的方位角和仰角,用来调整视角。这里的参数 x、y、z 是给出观察 3D 图像时笛卡儿坐标轴 x、y、z 的视角。用 help view 来查看详情。新版本也可以不用内置函数,而在得到的图的顶上的菜单中选择 view 来调整。

例 5.17 画出马鞍面 $z=x^2-y^2/4$ 以及等高线。如图 5.14(a)所示,使用默认视角;如图 5.14(b)所示,使用所设视角。哪个图看上去更像马鞍呢?

```
>>clear; clc;                                     %Name: Ex5_17.m
x=linspace(-10,10,200);                           %200 个 x 点
y=linspace(-20,20,400);                           %400 个 y 点
```

```
[X,Y]=meshgrid(x,y);                              %重复 x 的行与 y 的列
z=X.*X-Y.*Y/4;                                    %计算 z 的值
meshc(X,Y,z);                                     %画出马鞍面及等高线
title('马鞍面');
xlabel('x'); ylabel('y'); zlabel('z');
%分别以 60°,120°,30°的视角观察时的图像
view([60,120,30]);                                %无这一句,默认视角
```

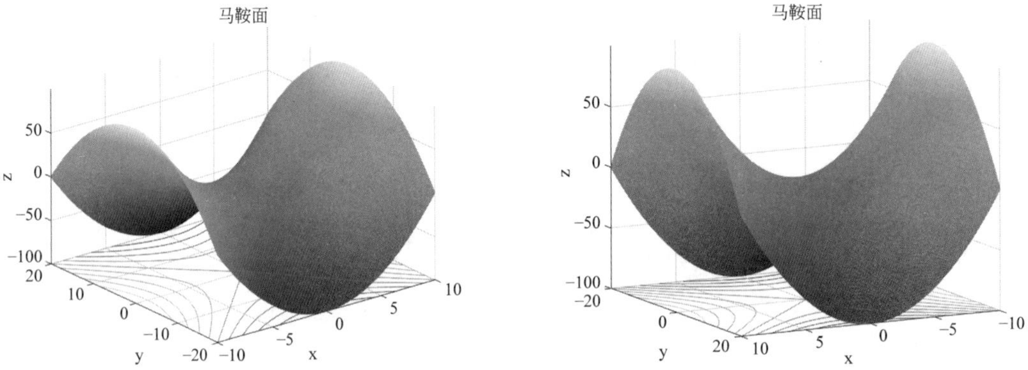

(a) 使用默认视角下的观察图 (b) 使用所设视角下的观察图

图 5.14 马鞍面及等高线

5.2.3 用矩阵作为 plot3 的参数

当 ***X***、***Y***、***Z*** 三者均为 $n\times k$(行数 n 也是作图点的个数)矩阵时,内置函数 plot3(X,Y,Z)同时画出 k 条曲线。但与二维曲线不同,若 ***X***、***Y***、***Z*** 三者均为 $k\times n$ 矩阵(即为前者转置)时,作出的图不同。

例 5.18 把图 5.11 中从螺旋线方程得到的 3 个坐标值 x1、y1、z1(向量)与对应的从直线方程得到的 3 个坐标值 x2、y2、z2(向量)合并为 1 个矩阵 ***X***、***Y***、***Z*** 后就可以用 plot3(X,Y,Z) 同时画出螺旋线与直线。其线条的类型与颜色用的是与例 5.11 一样的默认值,见图 5.15。

```
>>t = 0:pi/50:10*pi;                                %产生数据 t,步长 pi/50
x1=sin(t); y1=cos(t); z1=t;                         %计算螺旋线的 3 个坐标值
x2= t/(5*pi)-1; y2=-t/(5*pi)+1; z2=2*t/pi;          %计算直线的 3 个坐标值
%形成有 2 列的 3 个矩阵
X=[x1',x2'];     Y=[y1',y2'];     Z=[z1',z2'];      %3 个都是 2 列的矩阵
%如果生成以下的都是 2 行的矩阵,则作出的图不同。X=[x1;x2]; Y=[y1;y2]; Z=[z1;z2];
plot3(X,Y,Z);                                       %同时画出螺旋线与直线
grid; xlabel('x=sin(t)');                           %加网格与 X 轴的标记
```

```
ylabel('y=cos(t)');  zlabel('z=t');               %加 Y、Z 轴的标记
title('Helix & straight line ');                   %加上标题
legend('螺旋线','直线');                            %加上图例
```

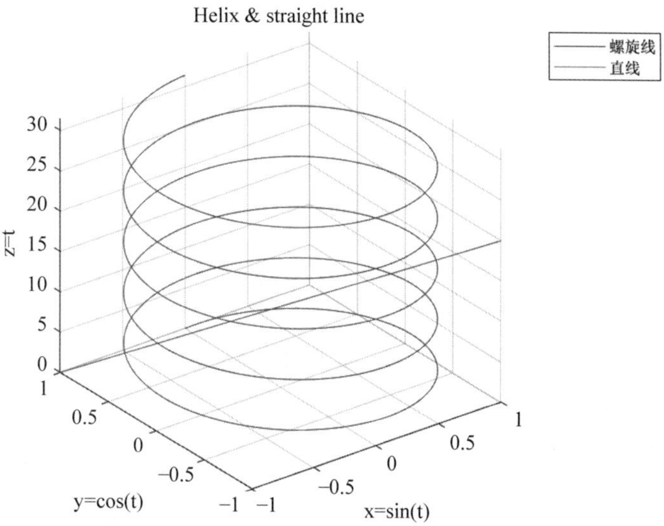

图 5.15　用矩阵作参数，plot3(X,Y,Z) 同时画出的两条空间曲线

5.3　几种三维作图内置函数

5.3.1　曲面简易绘制函数 ezmesh

内置函数 ezmesh 是用三维 mesh 作图的简易方法。它的参数很少;title、(x, y, z)－label、legend、grid 等在它内部已经设置好。当我们不想控制这些设置的时候，使用它十分方便。

1. ezmesh('函数表达式的字符串')

这是最简单的一种，只要把**函数表达式的字符串**写在'　'中即可。

例 5.19　作出曲面 $z=xe^{-x^2-y^2}$ 的图：只有一个指令，如图 5.16 所示。

```
>>ezmesh('x.*exp(-x.^2 - y.^2)');
```

例 5.20　作出例 5.15 的旋转抛物面与过点 $M(1,2)$ 的切平面，如图 5.17 所示。

```
>>ezmesh('-x.^2 - y.^2/4');  hold on;              %作旋转抛物面
ezmesh('-2*x-y+2');  hold off;                    %作过点 M(1,2) 的切平面
```

2. ezmesh('函数表达式的字符串', domain)

显然，图 5.17 与图 5.12 的定义域(domain)不一样。可以在 ezmesh 中加一个参数

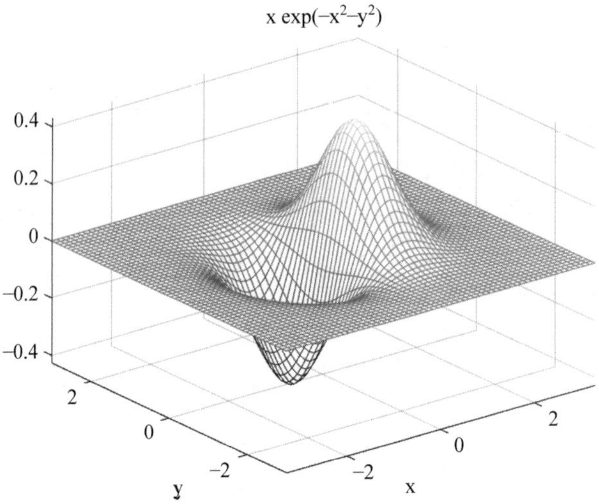

图 5.16　用 ezmesh 画出的曲面图

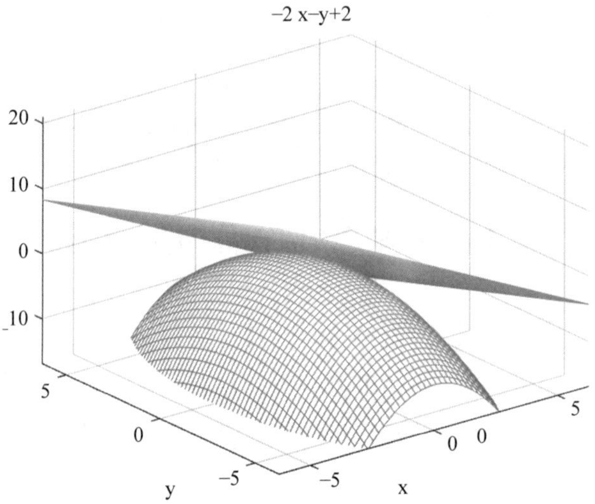

图 5.17　用 ezmesh 画出的旋转抛物面与切平面

domain,当 x 与 y 的定义域相同时,用行向量[min,max]来确定；否则用行向量 [Xmin, Xmax, Ymin, Ymax] 来确定。

例 5.21　取例 5.15 的作图定义域画出旋转抛物面与切平面,结果如图 5.18 所示。

```
>>ezmesh('-x.^2 - y.^2/4', [-10, 10, -20, 20]);  hold on;     %作旋转抛物面
ezmesh('-2*x-y+2',  [-10, 10, -20, 20]);  hold off;           %作切平面
```

与图 5.12 比较，最大的不同是图 5.18 的图标(title)是输入的切平面方程表达式的字符串。实际上,在执行第 1 行指令串后,得到的图标是旋转抛物面表达式的字符串;但在执行第 2 行指令串后,它被第 2 行指令中的字符串所替代。所以,内置函数 ezmesh 作

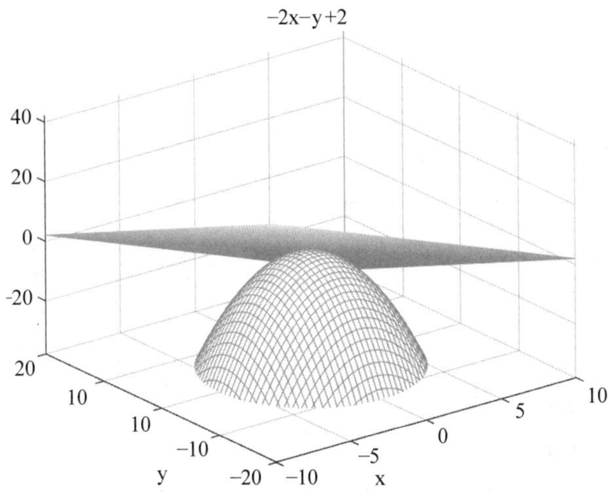

图 5.18 加上定义域后作出的旋转抛物面与切平面

出的图不受控制。当它不能满足一些必要的作图要求，或同时作出两个以上曲面时，还是用前面讲过的内置函数。

5.3.2 圆柱面与椭圆柱面的作图

垂直于 OXY 平面的单位圆柱面(cylinder)方程与该平面上的圆(即圆柱面在坐标平面上的投影或截口)方程一样为 $x^2+y^2=1$，只是作图时，限制 z 的范围为 [0,1] 区间。这不同于以前的三维作图，需要用参数方程 $\boldsymbol{x}=\cos(t)$，$y=\sin(t)$来产生数据 X 与 Y。

例 5.22 以下指令串①是作出单位圆周的 21 个首尾重合的等分点$(x_k,y_k)(k=1,2,\cdots,21)$。指令串②是画出连接原点与这些等分点的直线段，它们把单位圆平分为 20 个小扇形，见图 5.19。

```
%① 作出单位圆周的 21 个首尾重合的等分点 (x_k,  y_k) (k =1,2,…,21)。
>>t=linspace(0,2 * pi,21);   x=cos(t),   y=sin(t)
```

```
输出数据:
x =
 1.0000    0.9511    0.8090    0.5878    0.3090    0.0000   -0.3090   -0.5878   -0.8090   -0.9511
-1.0000   -0.9511   -0.8090   -0.5878   -0.3090   -0.0000    0.3090    0.5878    0.8090    0.9511
 1.0000
y=
      0    0.3090    0.5878    0.8090    0.9511    1.0000    0.9511    0.8090    0.5878    0.3090
 0.0000   -0.3090   -0.5878   -0.8090   -0.9511   -1.0000   -0.9511   -0.8090   -0.5878   -0.3090
-0.0000
%②画出连接原点与这些等分点的直线段,它们把单位圆平分为 20 个小扇形(图 5.19)
>>  t=linspace(0,2 * pi,21);   x=cos(t);   y=sin(t);              %20 条弦的数据
T=linspace(0,2 * pi); X=cos(T); Y=sin(T);   plot(X,Y,'r');        %作圆周
axis equal;   hold on;
for k=1:20                                                         %作 20 条弦的循环语句
```

```
    plot([0,x(k)],[0,y(k)],'b');
end
plot([x(2),x(2)],[0,y(2)], 'k ');      plot(X(1:6)/2, Y(1:6)/2, 'k ');
p0= text(X(3)/2+ 0.02, Y(3)/2,'t');
set(p0,'fontsize',10);   p1= text(x(2)+ 0.02, y(2)+ 0.01,'(x,y)');
set(p1,'fontsize',10);
```

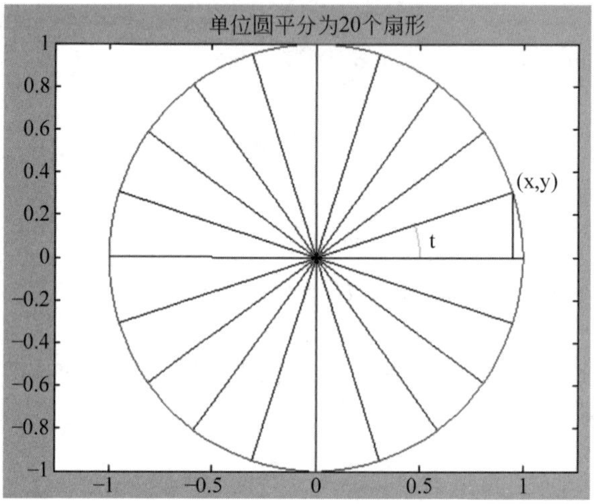

图 5.19　单位圆周的 20 个等分点及它们与原点的连线

1. 圆柱面

内置函数 cylinder 产生画圆柱面的数据。cylinder 通常有两个参数 R 与 N：$R=$[R1,R2]，其中，R1 是底部截圆的半径，而 R2 是顶部截圆的半径；N 是圆周上不同的等分点数(对应于图 5.19，$N=20$)。

例 5.23　以下 3 行指令串(以下矩阵的前 21 列为 $\boldsymbol{X}$，接着的 21 列为 $\boldsymbol{Y}$，最后 21 列为 $\boldsymbol{Z}$)

```
[X,Y,Z]=cylinder([1,1], 20),   A1=[X,Y,Z];     %(输出 X, Y 与 Z);
[X,Y,Z]=cylinder([1,1]);  A2=[X,Y,Z];          %(不输出 X, Y 与 Z)
[X,Y,Z]=cylinder; A3=[X,Y,Z];  SA3=size(A3)    %(不输出 X, Y 与 Z)
```

产生同样的数据[$\boldsymbol{X},\boldsymbol{Y},\boldsymbol{Z}$]。即相同的矩阵 $\boldsymbol{A}1$、$\boldsymbol{A}2$ 与 $\boldsymbol{A}3$。

其中，$\boldsymbol{Z}$ 是 2 行 21 列的矩阵，即 Z=[zeros(1, 21); ones(1, 21)]。它的第 1 行(底部截圆上 $\boldsymbol{Z}$ 的值)全是 0，而第 2 行(顶部截圆上 $\boldsymbol{Z}$ 的值)全为 1。

矩阵 $\boldsymbol{X}$、$\boldsymbol{Y}$ 与 $\boldsymbol{Z}$ 的尺寸一样。它们与例 5.22 的第 1 行指令串：

```
t=linspace(0,2*pi,21);  x=cos(t);  y=sin(t);%(改为不输出 x 与 y)
```

所产生的行向量 $\boldsymbol{x}$、$\boldsymbol{y}$ 有以下关系：$\boldsymbol{X}$ 的第 1 行与第 2 行都是 $\boldsymbol{x}$；$\boldsymbol{Y}$ 的第 1 行与第 2 行都是 $\boldsymbol{y}$。

以下不打印 $\boldsymbol{X}$、$\boldsymbol{Y}$ 以及 $\boldsymbol{x}$、$\boldsymbol{y}$，用内置函数 abs 与 sum 验证以上事实。

输 入 指 令	输 出 结 果
>>[X,Y,Z]=cylinder([1,1], 20); A1=[X,Y,Z]; [X,Y,Z]=cylinder([1,1]); A2=[X,Y,Z]; [X,Y,Z]=cylinder; A3=[X,Y,Z]; SA3=size(A3) t=linspace(0,2 * pi,21); x=cos(t); y=sin(t); DIF12=sum(sum(abs(A1-A2))) DIF23=sum(sum(abs(A2-A3))) X1=[x;x]; Y1=[y;y]; XY1=[X1,Y1]; size(XY1) DIFxy=(sum(sum(abs(XY1-A1(:,1:42))))) Z1=[zeros(1, 21); ones(1, 21)]; DIFZ=sum(sum(Z-Z1))	X=[x;x], Y=[y;y], Z=[zeros(1, 21); ones(1, 21)] SA3= 2 63 DIF12=0 DIF23=0 ans = 2 42 DIFxy=2.5993e-015 DIFZ=0

例 5.24 从以上验证的事实,可知以下两组指令都得到图 5.20。

```
%以下两组指令都得到图 5.20,如用 surf(最后一句)作图,着色不同。
>> figure(1);     t=linspace(0,2 * pi,40);
x=cos(t);       y=sin(t); X=[x;x]; Y=[y;y];     Z=[zeros(1,40); ones(1,40)];
mesh(X,Y,Z);     axis equal;
figure(2);          [X,Y,Z]=cylinder([1,1],40);
mesh(X,Y,Z) ;   axis equal;       %用 mesh 得图 5.20(a)
surf (X,Y,Z) ;    axis equal;       %用 surf 得图 5.20(b)
```

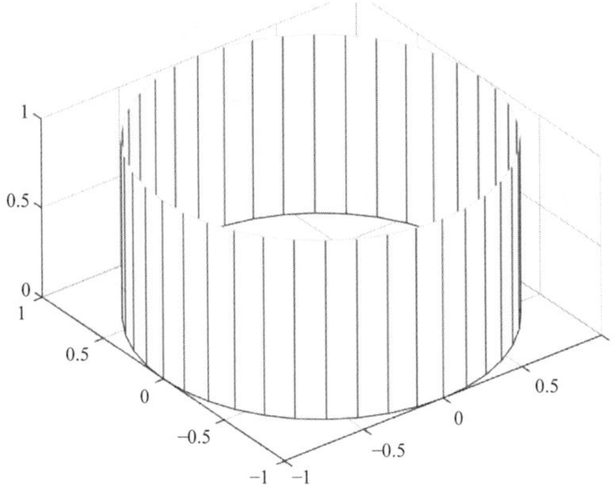

(a) 单位圆柱面(mesh作图)

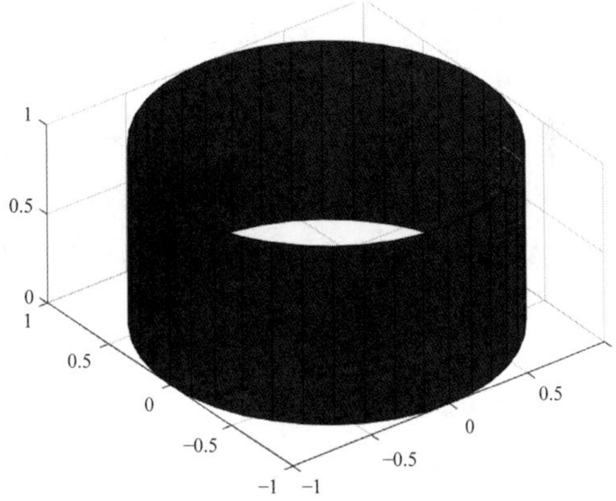

(b) 单位圆柱面(surf作图)

图 5.20 单位圆柱面作图

2. 椭圆柱面

例 5.25 作出长、短半轴各为 2 与 1, z 在 [0,1] 区间的椭圆柱面。

解: 它的底部与顶部的截面椭圆周边(参数)方程是 $x=2\text{con}(t)$, $y=\sin(t)$。从而把例 5.24 的"x=cos(t)"改为"x=2 * cos(t)",就可作出图 5.21(a)。以下指令串①作出图 5.21(a),指令串②中,figure(1) 部分作出图 5.21(b);而 figure(2)部分,把前面产生的

数据 $\boldsymbol{X}$ 与 $\boldsymbol{Y}$ 经过改变，也能作出图 5.21(a)，见后面说明。

①
```
>> t=linspace(0,2*pi,40);
x=2*cos(t);  y=sin(t);
X=[x;x];  Y=[y;y];
Z=[zeros(1,40); ones(1,40)];
mesh(X,Y,Z);  axis equal;
```

②
```
>>[X,Y,Z]=cylinder([2,1],40);
figure(1);    mesh(X,Y,Z);    axis equal;
figure(2);
X=[X(1,:);  X(1,:)];  Y=[Y(2,:); Y(2,:)];
mesh(X,Y,Z);    axis equal;
```

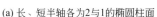

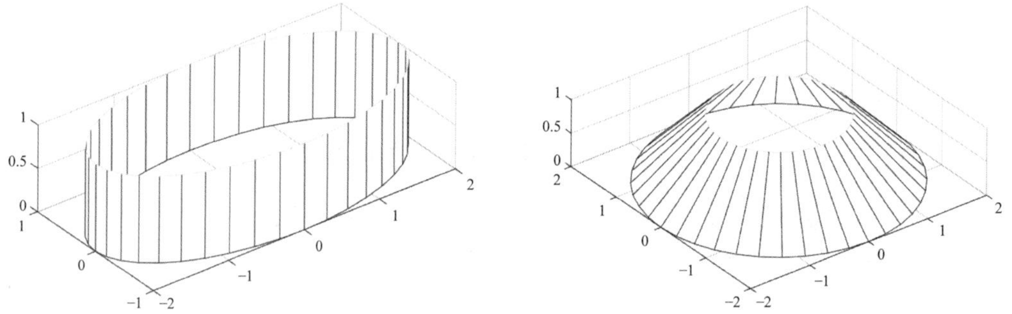

(a) 长、短半轴各为2与1的椭圆柱面　　(b) 直接用cylinder的数据作出的图

图 5.21　椭圆柱面作图

为何 cylinder([2,1],40) 产生的数据直接作出的图是“灯罩形状”，而不是椭圆柱呢？实际上，cylinder 的参数 [2,1] 并不是指底部与顶部的截面椭圆长、短半轴分别为 2 与 1（椭圆柱的底部与顶部的截面都是同样尺寸的椭圆），而是底部与顶部的截面都是圆，但圆的半径各为 2 与 1。把 cylinder([2,1],40) 产生的 $\boldsymbol{X}$、$\boldsymbol{Y}$ 矩阵显示出来，就会发现：$\boldsymbol{X}$、$\boldsymbol{Y}$ 的第 1、2 行分别是底部圆周（半径为 2）与顶部圆周（半径为 1）上的 40 个不同的等分点的坐标。第 2 行向量是第 1 行向量的一半。这样，要用它们来作上下截面一样的椭圆柱面，必须把 $\boldsymbol{X}$ 的第 2 行改为它的第 1 行，而把 $\boldsymbol{Y}$ 的第 1 行改为它的第 2 行。

5.3.3　单位球面与椭球面的作图

1. 单位球面的作图

作单位球面 $x^2+y^2+z^2=1$ 时，可用内置函数 sphere 产生数据。它只有一个参数 n，产生 $(n+1)\times(n+1)$ 的 3 个矩阵 $\boldsymbol{X}$、$\boldsymbol{Y}$、$\boldsymbol{Z}$。当 $n=20$ 时，可以省略（图 5.22）。

例 5.26　作单位球面（见图 5.22）。

```
>>[X,Y,Z]=sphere;
mesh(X,Y,Z);
```

```
>>[X,Y,Z]=sphere;
surf (X,Y,Z);
```

读者可以加入指令“axis equal”，看看所得的图是何等模样。

如何作中心不在原点，半径不是 1 的球面呢？见习题 X5.3 提示。

2. 椭球面的作图

内置函数 ellipsoid(x0, y0, z0, a, b, c, n) 是产生作椭球面 $(x-x_0)^2/a^2+(y-$

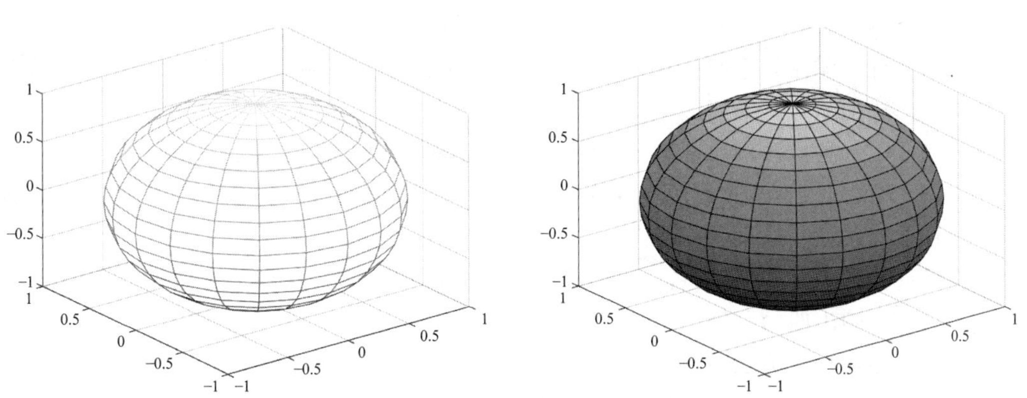

(a) 单位球面(mesh作图)　　(b) 单位球面(surf作图)

图 5.22　单位球面作图

$y_0)^2/b^2+(z-z_0)^2/c^2=1$ 的数据矩阵 $\boldsymbol{X}$、$\boldsymbol{Y}$、$\boldsymbol{Z}$。其中,(x_0, y_0, z_0)是椭球面的中心,而 a、b、c 则是它的 3 个半轴长度。$\boldsymbol{X}$、$\boldsymbol{Y}$、$\boldsymbol{Z}$ 是$(n+1)\times(n+1)$矩阵。当 $n=20$ 时,可以省略。

例 5.27　以下指令串作出中心在$(-1,0,1)$,x、y、z 的半轴长度分别为 3、2、1 的椭球面(图 5.23)。

```
>>[X,Y,Z]=ellipsoid(-1,0,1,3,2,1);  mesh(X,Y,Z); axis equal;
```

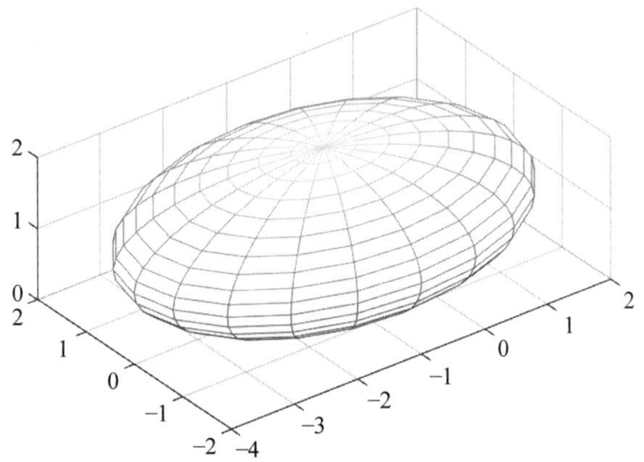

图 5.23　中心在(−1,0,1),半轴长度分别为 3,2,1 的椭球面

习　题

X5.1　①用矩阵参数或多个参数的两种方法在区间$[0,2\pi]$上同时作出 $\sin(2x)$、$\sin(3x)$与$\cos(x)$三条曲线。②加上坐标轴的标记,曲线图例与 title。③用数据光标发现

sin(3x)与cos(x)两条曲线的6个交点中左起第2、3、5、6个交点的坐标，并记录。保留最后一个坐标。④用黑色小方块画出上述4个交点。⑤把图例与显示坐标的小方框移动到不遮盖曲线的地方。

X5.2 用3种方法画出复向量 $\boldsymbol{y}=e^{(i+1)x}$ 的曲线图以及连接该曲线首尾两点的直线。

X5.3 作中心在(1,−1,2)半径为4的球面：$(x-1)^2+(y+1)^2+(z-2)^2=4^2$。以及过上顶点(1,−1, 6)、下顶点(1, −1, −2)以及中心的3个水平的平面。

提示：用ellipsoid作球面；x 数据用区间[−3,5]，y 数据用区间[−5,4]。

X5.4 ①画出曲面 $z=f(x,y)=\ln(1+x^2+y^2)+1-x^3/15-y^3/4$。②此二元函数有极小值 $f(0,0)=1$ 与极大值 $f(795/406,106/203)=2.0945$，另外画一个图，在前一个图上，添加通过极大、极小点的切平面。**提示**：作曲面时 x 数据用区间 [−1,3]，y 数据用区间 [−1,1]；作过极大点的切平面时，x 数据用区间[0,3]，y 数据用区间[0,1]；作过极小点的切平面时，x 数据用区间[−1,2]，y 数据用区间[−1,1]。

X5.5 作抛物面 $z=-x^2-y^2$ 与平面 $x+y-z=1$(截成一椭圆)。

提示：x 数据与 y 数据都用区间 [−3,2]。

第6章 符号数学

MATLAB的符号数学工具或符号运算,能以解析形式求得函数的零点、极限、微分、积分以及方程的解。这与我们在学习数学课程时的演算结果从形式上是一致的。

6.1 符号常量

符号常量和变量是最基本的两种符号对象。与数值常量和变量相比,仅从概念上去理解并无明显区别,符号常量依然是常量,而符号变量依然是变量。但值得注意的是,符号常量和符号变量在被当作符号对象引用时必须有符号对象的说明,这种说明需借助函数 sym()或指令 syms 来完成。

6.1.1 符号常量的创建

用内置函数 sym 并代入数值常量 A,即输入"sym(A)"可以将 A 定义成一个符号常量。这里只介绍最简单的情况。可用"help sym"查看详情。

例如:

输入指令	输出结果
>>P1=pi, P2=**sym**(pi), P3=**sym**('pi')	P1 = 3.1416 P2 = pi P3 = pi
>>Ex1=exp(1), Ex2=**sym**(exp(1))	Ex1 = 2.7183 Ex2 = 3060513257434037/1125899906842624

6.1.2 符号常量与数值常量的区别

从上面两个例子中,看起来似乎 P1 与 P2 两个常量没有什么不同。而实际上,前者是数值常量,后者是符号常量。它们的区别主要有以下几点。

(1) 某些内置函数只能用数值常量,而不能用符号常量作为实参。例如:

输入指令	输出结果
>>A1=**rats**(pi), B1=**num2str**(pi),	A1 = ' 355/113 ' B1 = '3.1416'

续表

输入指令	输出结果
F1=**rats**(exp(1)), G1=**isfinite**(exp(1))	F1 = ' 1457/536 ' G1 = logical 1

以上最后一行用到的内置函数 isfinite 是判别输入的实参是有限(is finite)还是无限,若有限,输出逻辑值 1,表示"是"有限量;否则输出逻辑值 0,表示"不是"有限量,也就是无限量。指令"isfinite([pi NaN Inf 1/0])"的结果是"[1 0 0 0]"。单击显示的信息中的"logical"与输入指令"help logical"得到相同结果:说明内置函数 logical 的功能与调用方法。另外,理论上 e 是无限不循环小数,但计算机表达 exp(1)只能表达有限位,所以 G1=1。

(2) 浮点数值常量的显示结果是近似小数,而符号常量的显示结果是精确的有理数。例如:

输入指令	输出结果
>>c1=sin(pi), c2=sin(sym(pi)), d1=1/3, d2=sym(1/3)	c1 = 1.2246e-16 c2 = 0 d1 = 0.3333 d2 = 1/3

(3) 在指令窗口中,数值常量的显示结果是缩进排印的(indented),而符号常量不是。上面例子中 d1 缩进排印,而 d2 顶格排印。

6.2 符号变量与符号表达式

6.2.1 符号变量的创建

有两种方法创建符号变量:用 sym('变量名') 与 syms 变量名。

(1) 用内置函数 sym('变量名'),例如,指令串"sym('x '), p=sym('rho ')"分别定义了名为 x 的符号变量以及名为 rho 的符号变量,存在存储单元 p 中。

(2) 用指令"syms 变量名1 变量名2 … 变量名n",例如,指令"syms a b c"同时定义了 3 个符号变量"a b c"。

注意,只能用空格分隔各个符号变量,不能在各变量之间加逗号。这种方法比使用内置函数 sym() 简洁高效。

6.2.2 符号表达式

1. 符号表达式的创建

由符号变量、符号常量参与运算的表达式就是符号表达式。它与数值表达式不同,符号表达式中的变量不要求有预先确定的值。符号方程式是含有等号的符号表达式。创建符号表达式时要首先定义符号变量。指令"f3= 'a * x^2+b * x+c'"与"f4='x * sin(a)+

cos(b)'"都不构成符号表达式。f3 与 f4 都是字符串变量。

例如：

输入指令	输出结果
>>syms　a b c x;　f1=a * x^2+b * x+c syms　a b c x;　　f2=sym(a * x^2+b * x+c)	f1 =a * x^2 + b * x + c f2 =a * x^2 + b * x + c

另外，当我们定义 f 等于符号变量 a 与 b 的和时，也就定义了 f 是一个符号变量，但此后如果重新输入"syms　f"，则 a 与 b 的值从 f 中移除。

例如：

输入指令	输出结果
>>syms　a　b;　a=sym(2 * pi), b=sym(pi/2), f=a+b, syms　f；　f	a = 2 * pi b = pi/2 f = (5 * pi)/2 f = f

2. 符号表达式的值

求一个符号表达式 f 的值用内置函数 subs(f,X,C) [substitution]，其中，f 是符号表达式的存储单元或符号表达本身；$X=\{x_1,x_2,\cdots,x_n\}$是 f 中出现的所有符号变量，放在大括号内；$C=\{c_1,c_2,\cdots,c_n\}$是对应的符号变量所取的值或表达式，放在大括号内或放在方括号内。当只有一个变量时，就省去 X，直接用变量的值代替 C(不用括号)。它还有其他功能，可用"help subs"查看详情。

下例显示一个二次三项式的符号表达式，如何用 subs 代入三个常数得到关于 x 的表达式和(直接)代入 x 的值后得到的值。

输入指令	输出结果
>>syms　a b c x; f=sym(a * x^2+b * x+c)　% 定义符号表达式 f sf1=subs(f,{a, b, c},{1, -2, -3})　　　% f 中 a, b, c 分别代以 1, -2, -3 得 sf1 sf2=subs(sf1, 3)　% sf1 中 x 代以 3, 得 sf2 sf3=subs(f, {a, b, c, x}, {1,- 2, -3, 3}) % f 中 a,b,c,x 分别代以 1,-2,-3,3 得 sf3	f =a * x^2 + b * x + c sf1 =x^2 - 2 * x - 3 sf2 =0 sf3 =0

6.3　符号矩阵

在 MATLAB 中，符号矩阵的元素可以是符号常量、符号变量和符号表达式。

6.3.1　符号矩阵的创建

有以下两种方法创建符号矩阵。

1. 用函数 sym 直接创建符号矩阵

此时函数 sym('符号矩阵') 的符号矩阵部分与创建普通数值矩阵的方法类似：方括号表示矩阵，行向量之间用分号隔开，而每行的元素之间用逗号或空格分隔。

输入指令	输出结果
>>syms t; A1=sym([cos(t), -sin(t); sin(t), cos(t)]) A2= [cos(t), -sin(t); sin(t), cos(t)] [r1,c1]=size(A1), [r2,c2]=size(A2)	A1 =[cos(t), -sin(t)] [sin(t), cos(t)] A2 =[cos(t), -sin(t)] [sin(t), cos(t)] r1 = 2, c1 = 2 r2 = 2, c2 = 2
>> syms a b c; C = [a, b ,c; c, a ,b; b ,c, a]	C =[a, b, c] [c, a, b] [b, c, a]

2. 数值矩阵转换成符号矩阵

由数值矩阵转换为符号矩阵时，首先创建数值矩阵，然后用函数 sym 把它转换为符号矩阵。如果数值矩阵的元素可以指定为小的整数之比，则函数 sym() 将采用有理分式表示。如果元素是无理数，则 sym() 将用符号浮点数表示元素。

例如：

输入指令	输出结果
>>T=[1.1, pi; 2/3, 0.75], %生成数值矩阵 S=sym(T) %转换为符号矩阵	T = 1.1000 3.1416 0.6667 0.7500 S =[11/10, pi] [2/3, 3/4]
>>C=[sin(pi/2), cos(pi/4)] %生成数值行向量 C1=sym(C), %转换为符号行向量 L=length(C1)	C = 1.0000 0.7071 C1 =[1, 2^(1/2)/2] L = 2
>>H3=hilb(3) %生成3阶希尔伯特(Hilbert)数值矩阵 H=sym(H3) %转换成符号矩阵	H3 =1.0000 0.5000 0.3333 0.5000 0.3333 0.2500 0.3333 0.2500 0.2000 H =[1, 1/2, 1/3] [1/2, 1/3, 1/4] [1/3, 1/4, 1/5]

6.3.2 符号矩阵的分块

符号矩阵的分块及其运算与数值矩阵相同。

1. 形成分块矩阵

以下指令串先定义符号矩阵 **A** 的 3 个行向量，再“拼”成 **A**。

输入指令	输出结果
>>syms a11 a12 a13 a21 a22 a23 a31 a32 a33; a1=sym([a11,a12,a13]);　a2=sym([a21,a22,a23]); a3=sym([a31,a32,a33]);　A= [a1;a2;a3]	A =[a11, a12, a13] [a21, a22, a23] [a31, a32, a33]

这种拼写法很有用，特别是在矩阵的表达式很长，一行写不下的时候。

2. 抽取分块与删去行列

例如：

输入指令	输出结果
>>syms a11 a12 a13 a21 a22 a23 a31 a32 a33; a1=sym([a11,a12,a13]);　a2=sym([a21,a22,a23]); a3=sym([a31,a32,a33]);　A= [a1;a2;a3]; A1=A([1,3],[2:3])　%取A的1、3行,2、3列元素所成子阵 B=A;　B([1,3], :)=[];　A2=B　%删去A的1,3行	A1 = [a12, a13] [a32, a33] A2 = [a21, a22, a23]

6.4　符号算术运算

MATLAB 的符号算术运算主要是针对符号对象的加减、乘除运算，其运算法则和运算符号与前面介绍的数值运算相同，其不同点在于参与运算的对象和运算所得结果是符号而非数值。

已知两个多项式 $f(x)=x^2+x-2$，$g(x)=x+2$；求它们的和、差、积与商。

例如：

输入指令	输出结果
>>syms　x　fx　gx;　fx=x^2+x-2;　gx=x+2; FpG = fx+gx FmG = fx-gx FtG = fx * gx FdG = fx/gx	 FpG =x^2 + 2 * x FmG =x^2 - 4 FtG =(x + 2) * (x^2 + x - 2) FdG =(x^2 + x - 2)/(x + 2)

从上面的答案可以看出：加减运算尚能合并同类项；而乘除运算等于什么也没有做，只在 fx 与 gx 中间放上运算符。fx * gx 的结果需要展开。fx/gx 的结果需要化简：消去公因子 x+2，这就需要因式分解。MATLAB 内置了具有这些功能的函数。

6.4.1　按某变量的幂次降幂排列且合并同类项

格式 R=collect(P,x)是对符号函数 P 按变量 x 的幂次降幂排列，且合并同类项。

已知 $f=x^2y+3y^2x-x^2-2x$，$g=x^2\mathrm{e}^x+2x\mathrm{e}^x+(\mathrm{e}^x)^2$；试将 f 按变量 x，g 按 e^{-x} 进行降幂排列。例如：

输入指令	输出结果
>>syms x y; f=x^2 * y+3 * y^2 * x-x^2-2 * x; % 生成 f 表达式 g=x^2 * exp(-x)+2 * x * exp(-x)+exp(-x)^2; % 生成 g 表达式 % f 按 x 降幂排列 fx=collect(f,x) % 得到 fx= (y-1) * x^2+(3 * y^2-2) * x % g 按 e^(-x) 降幂排列 gexp=collect(g,exp(-x))	fx =(y - 1) * x^2 + (3 * y^2 - 2) * x gexp =(x^2 + 2 * x) * exp(-x) + exp(-2 * x)

以上是把 e^x 看成一个整体，才得到的答案。但是，$(e^{-x})^2=e^{-2x}$，若把 exp(−x) 看成一个整体，则结果会把 exp(−2 * x) 这一项排在最前面。

6.4.2 乘积展开

R=expand(S)是对符号表达式 *S* 中每个因式的乘积进行展开计算。该命令通常用于计算多项式、三角函数、指数函数与对数函数等表达式的展开式。展开一个矩阵表达式，就是对它的每一个元素展开。例如：

输入指令	输出结果
>>syms x y fx gx; fx=x^2+x-2; gx=x+2; expand(fx * gx)	ans =x^3 + 3 * x^2 - 4
Ex1 = expand([cos(x+y), sin(2 * x)]) Ex2 = expand(exp((x+y)^2)) Ex3 = log((x * y)^2)	Ex1 =[cos(x) * cos(y) - sin(x) * sin(y), 2 * cos(x) * sin(x)] Ex2 =exp(x^2) * exp(y^2) * exp(2 * x * y) Ex3 =log(x^2 * y^2)

6.4.3 因式分解

factor(P)是对符号表达式矩阵或(符号)整数矩阵 ***P***(的每一个元素)进行因式分解。若 ***P*** 为后者，得到每个元素的质数分解式。若整数矩阵中有一元素位数超过 16 位，必须用指令 sym 生成符号整数。例如：

输入指令	输出结果
>>syms x fx gx; fx=x^2+x-2; gx=x+2; fx1=factor(fx), % 表示 (x+2) * (x-1) q1=factor(fx/gx)	fx1 =[x + 2, x -1] q1 =x -1
>>H= factor(924) % 输出 5 个因子	H = 2 2 3 7 11
>>F = factor(sym('12345678901234567890')) % 给出这个 20 位整数的因式分解	F = [2, 3, 3, 5, 101, 3541, 3607, 3803, 27961]

6.4.4　化简

R=simplify(S)是对符号表达式 S 的化简函数。内置函数 simplify()充分考虑了符号表达式的各种运算法则与各种特殊函数(如三角函数、指数函数、对数函数等)的运算性质,经计算机比较后给出认为表达式相对简单的一种化简方法(注意：三角函数有很多不同表达式)。

例如：把以下表达式化简：

S1：$\sin^4 x+\cos^4 x$ 与 $\sin^2 x+3x+\cos^2 x-5$

S2：$(x^2+x-2)/(x+2)$

S3：$e^{x^2}(e^{xy})^2 e^{y^2}$

S4：$e^{x\ln\sqrt{x+y}}$

输入指令	输出结果
>>syms x y; S1 = simplify([sin(x)^4 + cos(x)^4, sin(x)^2+3 * x+cos(x)^2-5]) S2 = simplify((x^2+x-2)/(x+2)) S3 = simplify(exp(x^2) * exp(x * y)^2 * exp(y^2)) S4= simplify(exp(x * log(sqrt(x+y))))	S1 =[cos(4 * x)/4 + 3/4, 3 * x -4] S2 =x -1 S3 =exp((x + y)^2) S4 =(x + y)^(x/2)

6.4.5　通分

[N,D] = numden(A)是将符号或数值矩阵 **A** 中的每一元素转换成整系数多项式的有理式形式,其中,分子与分母是没有公因子的。输出的参量 ***N*** 为分子(**num**erator)的符号矩阵,输出的参量 ***D*** 为分母(**den**ominator)的符号矩阵。例如：

输入指令	输出结果
>>[n1,d1] = **numden**(sym(sin(4/5))) % 得到的最接近 sin(4/5)的有理式形式	n1 =6461369247334093 % 分子 d1 =9007199254740992 % 分母
>>S1=rats(sin(4/5)) % 得到的最接近 sin(4/5)的有理数	S 1= '　1769/2466　'
>>format short; s1=sin(4/5) , s2=6461369247334093 / 9007199254740992, s3=1769 / 2466	s1 = 0.7174 s2 = 0.7174 s3= 0.7174
>>format long; S2=sin(4/5) , S3=6461369247334093 / 9007199254740992, S4=1769 / 2466	S2 = 0.717356090899523 S3 = 0.717356090899523 S4 = 0.717356042173560
>>syms x y u v ; A = [x/y + y/x, u; 1/v, 2/3+1/2]; [N,D] = numden(A),	N =[x^2 + y^2, u] [1, 7] D =[x * y, 1] [v, 6]

续表

输 入 指 令	输 出 结 果
A1=N./D %点除!	A1= [(x^2+y^2)/y/x, u] [1/v, 7/6]

6.5 符 号 微 分

极限、微分和积分是微积分学研究的核心。求符号极限、微分和积分是 MATLAB 符号运算能力的重要和突出的表现。

MATLAB 的符号运算对大学生来说,是学习微积分与线性代数的直观辅助工具,可帮助理解数学概念,模拟手算过程,检查手算的结果是否正确。

6.5.1 符号极限

用内置函数 limit() 来求符号表达式 F 的极限。其调用的格式如下。

(1) limit(F,x,a):求 $x\to a$ 时 F 的极限,当 a 为∞时,写为 limit(F, x, inf)。

(2) limit(F, a):当上述 F 有符号变量 x 或只有一个符号变量时,x 或此变量可省略。

(3) limit(F):当情况(2)中的 $a=0$ 时,a 也可以省略。

(4) limit(F,x,a, 'right'):求 $x\to a^+$时 F 的极限(右极限)。

limit(F,x,a, 'left'):求 $x\to a^-$时 F 的极限(左极限)

情况(4)中,x 与 a 都不能省略。另外,格式(2)是用于对默认的"独立变量"(例如有符号变量 x 或只有一个符号变量时),详见参考文献[4]求极限部分。

手算极限的关键是分清极限的"型号"(把 a 形式上代入 F 而得到)。当所求极限 $\lim\limits_{x\to a} f(x)$的函数 $f(x)$在任何有限点上连续,而且 a 是有限数时,极限值就是函数在 a 点的值 $f(a)$。除此以外,还有以下几种不定式类型。

① 有理分式"0/0"型:通常用因式分解消去分子分母的"零因子"。

② 包含三角函数在内的"0/0"型:化为$\lim\limits_{x\to 0}\sin(x)/x$ 的形式。

③ 有界函数(例如三角函数,反三角函数)× 无穷小,极限是 0。通常写为"有界函数/无穷大"的形式。

④ 有理分式"∞/∞"型:当分子的首项次数 < 分母的首项次数,极限为 0;当分子的首项次数 > 分母的首项次数,极限为∞;当分子的首项次数 = 分母的首项次数,极限为首项系数之比。"根式/根式"的"∞/∞"型有类似的结论。

⑤ (根式 1－根式 2)的"$\infty-\infty$"型,用下列"分子有理化"方法转换为"∞/∞":

[(根式 1－根式 2) (根式 1＋根式 2)]/(根式 1＋根式 2)

⑥ "1^∞"型:能转换为$\lim\limits_{x\to\infty} c\left(1+\dfrac{1}{R(x)}\right)^{R(x)}$,其中,$\lim\limits_{x\to\infty} R(x)=\infty$, 而 c 与 x 无关。

⑦ 其他的 0^0、∞^0、$0\cdot\infty$、∞/∞或 0/0 型,可试用洛必达法则,详见第 12 章。

例 6.1 求下列极限。

极限类型	输入指令	输出结果
	>>syms x a t; %定义符号变量	
① $\lim\limits_{x\to 2}(x-2)/(x^2-4)$	L2=limit((x-2)/(x^2-4),2)	L2 =1/4
② $\lim\limits_{x\to 0}(\tan x)^2/(3x^2)$	L3=limit(tan(x)^2/(3 * x^2))	L3 =1/3
③ $\lim\limits_{x\to\infty}\sin x/x$	L4=limit(sin(x)/x, inf)	L4 =0
④ $\lim\limits_{x\to\infty}\sqrt[3]{8x^3+x^2+1}/\sqrt[3]{5x^3+2}$	L9=limit((8 * x^3+x^2+1)^(1/3)/… (5 * x^3+2)^(1/3),x,inf) L=simplify(L9) %=首项系数之比	L9 =(2 * 5^(2/3))/5 L=(2 * 5^(2/3))/5
⑤ $\lim\limits_{x\to\infty}(\sqrt{x^2+x+1}-\sqrt{x^2-x+1})$	L7=limit(sqrt(x^2+x+1)-… sqrt(x^2-x+1), inf)	L7 =1
⑥ $\lim\limits_{x\to\infty}(1+2t/x)^{3x}$	L1=limit((1+2 * t/x)^(3 * x),x,inf)	L1=exp(6 * t)
⑦ $\lim\limits_{x\to\infty}(1-a/x)^x$ $\lim\limits_{x\to\infty}\mathrm{e}^{-x}$	v = [(1- a/x)^x, exp(-x)],… L6=limit(v,x,inf) %矩阵求极限,即对它每个元素求极限	v =[(1 - a/x)^x, exp(-x)] L6 =[exp(-a), 0]
⑧ $\lim\limits_{x\to 0-}(-x)^x$	L8=limit((-x)^x,x,0,'left')	L8 =1
⑨ $\lim\limits_{x\to 0+}x\ln x$	L5=limit(x * log(x),x,0,'right')	L5 =0

例 6.2 已知：$y_n=(n+1)^{(n+1)}/n^n-n^n/(n-1)^{(n-1)}$，求 $\lim\limits_{n\to\infty}y_n$。

解：用 y_n 的“$\infty-\infty$”未定式或通分变换为“∞/∞”未定式均可。

输入指令	输出结果

>>syms n;
y1=sym((n+1)^(n+1)/n^n-n^n/(n-1)^(n-1));
L1=limit(y1, inf)
y2=sym(((n+1)^(n+1) * (n-1)^(n-1)-n^(2 * n))/(n^n * (n-1)^(n-1)));
L2=limit(y2, inf)
	
	L1 =exp(1)
	
	L2 =exp(1)

要证明 y_n 的极限是 e 是不容易的。另外，不能直接用程序中 y_1 或 y_2 的表达式产生数据来作图，因为 y_1 在 $n=143$，y_2 在 $n=81$ 时，第一项就不存在(结果为“Inf”)。应该把 y_n 转换为 $y_n=n\{[(n+1)/n]^{(n+1)}-[n/(n-1)]^{(n-1)}\}$。

作图程序如下。从作出的图 6.1 也可以看出，y_n 的极限是 e。

```
>>n=10:1000; y=n.*(((n+1)./n).^(n+1)-(n./(n-1)).^(n-1));
plot(n,y); grid; hold on;
```

```
plot([10,1000],[exp(1),exp(1)],'r-');
E1=text(20,2.71825, 'y=e');
set(E1, 'fontsize', 16);
```

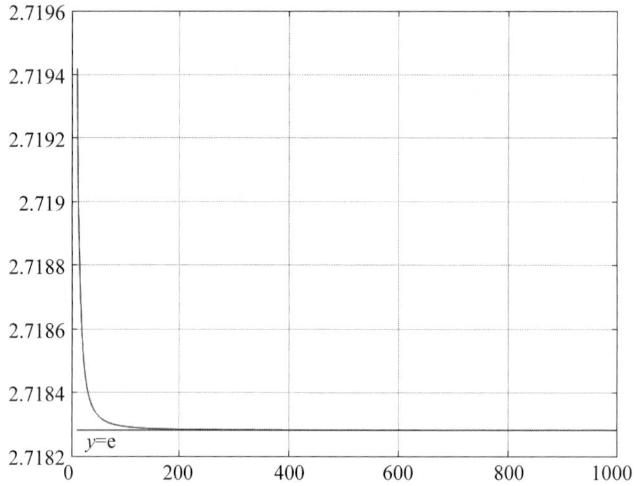

图 6.1 极限为 e 的一个数列与直线 y＝e

6.5.2 符号微分

内置函数 diff 的调用格式与示例如下。

MATLAB 提供的函数 diff()可用来求解符号对象的微分(还可以用来求差分,本书不涉及)。其调用的格式如下。

(1) diff(S, v):对符号对象 S 中指定的符号变量 v 求其 1 阶导数。

(2) diff(S):对符号对象 S 中变量 x 或仅有的变量求 1 阶导数。

(3) diff(S, n):对符号对象 S 中变量 x 或仅有的变量求 n 阶导数。

(4) diff(S, v, n):对符号对象 S 中指定的符号变量 v 求其 n 阶导数。

例 6.3 求 $y=\sin^n x\ \cos(nx)$分别对 x 与对 n 的导函数。

解:以下 yd1 是按导数的定义 $f'(x)\triangleq\lim\limits_{h\to 0}[f(x+h)-f(x)]/h$ 求解,与直接用函数 diff 的结果(用 simplify)化简后,两者完全一致。

输入指令	输出结果
>>syms x n h;	
y= sin(x)^n * cos(n * x); yd= diff(y, x);	
yds= simplify(yd) %以下按导数定义求解	yds =n * cos(x * (n + 1)) * sin(x)^(n - 1)
yh= subs(y, x, x+h) %函数增量	yh =cos(n * (h + x)) * sin(h + x)^n
yd1= limit((yh-y)/h,h,0),	yd1 =n * cos(x * (n + 1)) * sin(x)^(n - 1)
yd1s= simplify(yd1)	yd1s =n * cos(x * (n + 1)) * sin(x)^(n - 1)

续表

输入指令	输出结果
% 以下 y 对 n 求导 >>Nd=diff(y, n),　Nds=simplify(Nd) % Nd 的两项提出公因子-sin(x)^n 后,就成为 Nds	Nd=log(sin(x)) * cos(n * x) * sin(x)^n-x * sin(n * x) * sin(x)^n Nds=sin(x)^n * (log(sin(x)) * cos(n * x)-x * sin(n * x))

同一个三角函数的表达式可以有完全不同的形式。例如,MATLAB 7.1 版本得到的 yds 值为 yds1=-sin(x)^(n-1) * n * (-cos(x) * cos(n * x)+sin(n * x) * sin(x));用手算推导,来证明两者相等比较难。那如何来说明它们相等呢?下面用代入两组不同的 $\{x,n\}$ 的特殊值,来显示两者的函数值相同,x 不用特殊角的值,例如,0,pi,pi/2,pi/3,pi/4,pi/6 等,下面用 pi/7 或 pi/5;n 不用 0,1 下面用 2 或 1/2。

输入指令	输出结果

>> syms　x　n;
yds =n * cos(x * (n + 1)) * sin(x)^(n - 1);
yds1=-sin(x)^(n-1) * n * (-cos(x) * cos(n * x)+sin(n * x) * sin(x));
Y= double (subs(yds,{x,n},{pi/7, 2}))
Y1=double (subs(yds1,{x,n},{pi/7, 2}))
Y= double (subs(yds,{x,n},{pi/5, 1/2}))
Y1= double (subs(yds1,{x,n},{pi/5, 1/2}))
	
	Y=0.1931
	Y1=0.1931
	Y=0.3833
	Y1=0.3833

例 6.4　求 $f(t)=e^t\sin(t)$ 的二次符号微分。

输入指令	输出结果
>>syms　t; f=exp(-t) * sin(t);　f2=diff(f,t,2)	 f2 = -2 * exp(-t) * cos(t)

例 6.5　已知:$f_1=2x^2+\ln x$; $f_2=-2e^{-t}\cos(t)$,求 f'_1 和 f'_2。

解:把 diff 用于符号矩阵时,即为求其各元素的符号微分。

输入指令	输出结果
>>syms　x; f1=2 * x^2+log(x);　f2=1/(x^3+1); F=[f1, f2];　Fd=diff(F,2) Fdd=simplify(Fd)　% 化简 F 的二阶导数	 Fd =[4 -　1/x^2, (18 * x^4)/(x^3 + 1)^3-　(6 * x)/(x^3 + 1)^2] Fdd =[4 -　1/x^2, (6 * x * (2 * x^3 -　1))/(x^3 + 1)^3]

6.6　符号积分

MATLAB 提供的符号积分函数 int(),既可以计算不定积分,又可以计算定积分、广义积分。其运算格式如下。

(1) R=int(S,v):对符号对象 S 中指定的符号变量 v 计算不定积分。要注意的是,

表达式 R 只是函数 S 的一个原函数,后面没有带任意常数 C。

(2) R=int(S):对符号对象 S 中的变量 x 或唯一存在的变量计算不定积分。

(3) R=int(S,v,a,b):对符号对象 S 中指定的符号变量 v 计算从 a 到 b 的定积分。

(4) R=int(S,a,b):对符号对象 S 中的变量 x 或唯一存在的变量计算从 a 到 b 的定积分。

例 6.6 求不定积分 T_1、T_2、T_3、T_4(对矩阵积分,就是对它的每个元素积分)与定积分 T_5,以及广义积分 T_6。

$$T_1=\int\{[\mathrm{e}^{\mathrm{actan}x}+x\ln(1+x^2)]/(1+x^2)\}\mathrm{d}x$$

$$T_2=\int[\sin(\sqrt{tx})/\sqrt{tx}]\mathrm{d}x$$

$$T_3=\int\ln(1+x^2)\mathrm{d}x$$

$$T_4=\int\{[\mathrm{e}^{\mathrm{actan}x}]/(1+x^2)\}\mathrm{d}x \text{ 和} \int\{[x\ln(1+x^2)]/(1+x^2)\}\mathrm{d}x$$

$$T_5=\int_0^1 x\ln(1+x^2)\mathrm{d}x$$

$$T_6=\int_0^{+\infty}\mathrm{e}^{-x}\sin x\,\mathrm{d}x$$

输入指令	输出结果
>> syms x t;	
T1=int((exp(atan(x))+x * log(1+x^2))/(1+x^2))	T1 =exp(atan(x)) + log(x^2 + 1)^2/4
% 手算时拆成两项 (每项都有分母 (1+x^2)),	
% 第 1 项用变量代换 u=atan(x), 第 2 项用 v=log(1+x^2);	
T2= int(sin(sqrt(t * x))/sqrt(t * x), x) % 手算时令 tx=u2	T2 =-(2 * cos((t * x)^(1/2)))/t
T3= int(log(1+x^2)) % 分部积分:u=ln(1+x2), dv=dx	T3 =2 * atan(x) - 2 * x + x * log(x^2 + 1)
T4=int([exp(atan(x))/(1+x^2), x * log(1+x^2)/(1+x^2)])	T4 =[exp(atan(x)), log(x^2 + 1)^2/4]
T5 =int(x * log(1+x^2), 0, 1) % 直接求定积分	T5 =log(2) - 1/2 % T5=0.1931
% ① 下面对 T5 先求原函数 F5	
F5= simplify(int(x * log(1+x^2)))	F5 =log(x - i)/2 + log(x + i)/2 -x^2/2 +
% 手算时变量代换 t=1+x2,再分部积分:u=ln t, dv=dt	(x^2 * log(x^2 + 1))/2
% ② 下面代入上下限,求出定积分 = F5(1)-F5(0)	
T51=subs(F5,'1')-subs(F5,'0') % 用字符串!	T51 =log(2)/2 + log(1 -i)/2 + log(1 + i)/2 -1/2
T52=subs(F5,1)-subs(F5,0) % 用数值	T52 =log(2)/2 + log(1 -i)/2 + log(1 +i)/2 -1/2
T51 =log(2)/2 + log(1 - i)/2 + log(1 + i)/2 -1/2	T51 = 0.1931
T52 =log(2)/2 + log(1 -1i)/2 + log(1 + 1i)/2 -1/2	T52 = 0.1931
T6=int(exp(-x) * sin(x), 0, inf)	T6=1/2

这里得到的是:T51=T52=log(2)/2+log(1−i)/2+log(1+i)/2−1/2;而且用内置函数 simplify 不把它化简。但是把答案复制到指令窗口,得到"T51=T52=0.1931"。

实际上,指令串"L1=log(1−1i)/2,L2=log(1+1i)/2,L1+L2"得到"L1=0.1733−0.3927i,L2=0.1733+0.3927i,ans=0.3466";再用指令"ans+log(2)/2−1/2"就得出"ans=0.1931"。

积分比微分复杂得多。原函数不一定能表示为初等函数的和差积商与复合的形式，即使能，用内置函数 int 或许也找不到，或者运行时超过内存或时间限制。当 MATLAB 不能找到积分表达时，它将返回未经计算的函数形式。

例 6.7　原函数不是初等函数的不定积分。

输入指令	输出结果
>>int(' log(x)/exp(x^2) ') % 试图对 log(x)/exp(x^2)求积分运算	int(' log(x)/exp(x^2) ') 检查对函数 'int' 的调用中是否缺失参数或参数数据类型不正确

习　题

X6.1　求下列极限。先手算，再用 MATLAB 指令验证。

(1) $\lim\limits_{x\to\pi/2}(1+\cos x)^{3\sec x}$。

(2) $\lim\limits_{x\to 0}(\tan x-\sin x)/x$。

(3) $\lim\limits_{x\to 0}(1/x)\ln\sqrt{(1+x)/(1-x)}$。

(4) $\lim\limits_{x\to 1}[1/(1-x)]-[3/(1-x^3)]$。

(5) $\lim\limits_{x\to 4}(\sqrt{2x+1}-3)/(\sqrt{x-2}-\sqrt{2})$。

(6) $\lim\limits_{x\to\infty}\cos x/(e^x-e^{-x})$。

X6.2　求下列微分。先手算，再用 MATLAB 指令验证。

(1) 按导数的定义求符号极限与符号微分求 $y=\tan(x^2)$ 的一阶导数。

(2) 用符号微分验证函数 $y=ae^{kx}+be^{-kx}$(k、a、b 是常数)满足：

$$y''-k^2y=0$$

(3) 直接用符号微分与先取对数再按符号微分求 $y=\tan x^{\sin x}$ 的导数。

X6.3　求下列积分。先手算，再用 MATLAB 指令验证。

(1) $T_1=\int[\cos 2x/(\cos x-\sin x)]\mathrm{d}x$。

(2) $T_2=\int[e^{3\sqrt{x}}/\sqrt{x}]\mathrm{d}x$。

(3) $T_3=\int[x^3/\sqrt{1+x^2}]\mathrm{d}x$。

(4) $T_4=\int[x\ln(1+x)]\mathrm{d}x$。

(5) $T_5=\int[1/(1+\tan x)]\mathrm{d}x$。

(6) $T_6=\int_0^{\pi/4}[x/(1+\cos 2x)]\mathrm{d}x$。

第7章

控制结构

前面已经学会编制简单的程序，调用内置函数来计算函数值，绘制平面与空间的曲线、空间曲面等，但这远远不够。例如，我们常常需要对指定的一个条件进行评估计算或由程序进行测试。

7.1 if 语句

例 7.1 已知一个分段函数：

$$f(x)=\begin{cases}x+1, & x\leqslant 1\\ -x^2+3x, & 1<x<2\\ -3x+8, & x\geqslant 2\end{cases} \tag{7.1}$$

任意给定 x_0，计算它的函数值 $f(x_0)$ 以及绘制函数曲线时，首先需要判断 x_0 落在哪个分段（区间）中，然后再用相应的该段的函数表达式来计算函数值 $f(x_0)$。这就要用到 if 条件（执行）语句。

7.1.1 if 条件语句的一般结构

同大多数程序设计语言的表达一样，MATLAB 的 if 条件语句的一般结构是：

一般结构	扩展结构

if 逻辑(条件)表达式
    执行语句 1
else
    执行语句 2
end
	if 逻辑(条件)表达式
	    一个或多个执行语句
	elseif 逻辑(条件)表达式
	    一个或多个执行语句
	else
	    一个或多个执行语句
	end

对于一般结构，如果表达式的条件满足（条件为真），则执行语句 1（可以有多个执行语句）；如果表达式的条件不满足（条件为假），则执行语句 2（可以有多个执行语句）。如果表达式为假时，不需要执行任何语句，则可以去掉 else 和语句 2。

但以上“一般结构”无法解决式(7.1)的问题。因为 if 后的条件表达式若为“x≤1”的话，不满足的情况还有两种（总共有三个分段区间）。此时需要用扩展结构，当 if 条件不满足，则检查紧跟的 elseif 后面的条件。当 elseif 还是失败，就作 else 后面的执行语句。这种紧跟 if 后面的 elseif 可以使用一次或多次，但 else 必须始终被放置在末端，只出现一次。所以，“if … end”表达 IF 条件语句的整体：if 相当于左括号，end 相当于右括号，当中可以有若干个判断和执行语句。

7.1.2　逻辑表达式

逻辑表达式的结构是：

<算术表达式> <关系运算符> <算术表达式>

两边的算术表达式可以是一个变量或一个数。MATLAB 的关系运算符有以下 6 种。

==(等于)，>(大于)，<(小于)

~=(不等于)，>=(大于或等于)，<=(小于或等于)

逻辑表达式的计算过程是：先算两边的算术表达式的值，再比较两边的值的大小，若逻辑表达式为真(成立)，则值为 1，否则为 0。整个逻辑表达式可以赋给一个(逻辑)变量。

例 7.2　逻辑表达式值的计算。

输入指令	输出结果
>> x=2;　z=x^2+3 * x+2> x^3+3　　% z=12>11? →=1(成立)	z =　logical　1
x=-1;　y=x^2+3 * x +2 > x^3+3　　% y=0>2? →y=0(不成立)	y =　logical　0
U=3>2,　　% 成立	U =　logical　1
V=-1< -3　　% 不成立	V =　logical　0

一个逻辑表达式里只能出现一个关系运算符。像式(7.1)中的第 2 段函数表达式的条件不能直接写成 1<x<2，因为这里出现了两个关系运算符。这种情况要用到逻辑运算符。

7.1.3　逻辑运算符

1. 逻辑运算符及其运算结果

表 7.1 给出了逻辑运算符及其运算结果。

表 7.1　逻辑运算符

<table>
<tr><th>运算符</th><th>名称</th><th>示例</th><th>运算规则</th></tr>
<tr><td>&</td><td>与</td><td>A&B</td><td>只当 A 与 B 的对应元素均为 1 时，结果为 1，其他均为 0</td></tr>
<tr><td>|</td><td>或</td><td>A|B</td><td>只当 A 与 B 的对应元素均为 0 时，结果为 0，其他均为 1</td></tr>
<tr><td>~</td><td>非</td><td>~A</td><td>当 A 的元素为 0 时，结果为 1，否则为 0</td></tr>
<tr><td>&&</td><td>标量与</td><td>A&&B</td><td>只当 A 与 B 均为 1 时，结果为 1，其他均为 0</td></tr>
<tr><td>||</td><td>标量或</td><td>A||B</td><td>只当 A 与 B 均为 0 时，结果为 0，其他均为 1</td></tr>
</table>

2. 运算法则

逻辑运算符遵循以下运算法则。

(1) 标量与(&&)、标量或(||)是只针对标量的运算。

(2) (逻辑)与(&)、或(|)运算中,A、B 之一可以为标量,另一为矩阵。也可以两者均为尺寸相同的矩阵(标量看成 1×1 矩阵),此时结果为同样尺寸的矩阵。这里所指的矩阵是元素仅为 0 或 1 的(逻辑)矩阵。

(3) 逻辑非是一元运算,对象 **A** 是矩阵(包括标量),其他都是二元运算。

例 7.3 标量与(&&)及标量或(||)的逻辑运算。

输入指令	输出结果
>> A=1; B=0; x=A&B, y=A&&B, u=A| B, v=A| | B	x = logical 0 y = logical 0 u = logical 1 v = logical 1

例 7.4 逻辑与(&)及逻辑或(|)的逻辑运算。

若以下的"&"换成"&&","|"换成"||"就会显示出错信息。

输入指令	输出结果
>> A=[1,0,1;0,0,1], B=[0,1,1;1,0,1],	A = 1 0 1 0 0 1 B = 0 1 1 1 0 1
C=A&B,	C = 2×3 logical 数组 0 0 1 0 0 1
D=A| B,	D = 2×3 logical 数组 1 1 1 1 0 1
C=A&&B, % 若"&"换成"&&",显示出错信息 D=A| | B % 若"| "换成"| | ",显示出错信息	|| 和 && 运算符的操作数必须能够转换为逻辑标量值

3. 运算符的优先次序

逻辑运算符遵循以下运算次序。其中,(1)为最高,依次下降,(10)为最低;在同一优先层的,从左到右运算。

(1) '(共轭转置)、^(矩阵乘幂)、.'(转置)、.^(矩阵各元素乘幂)。

(2) ~(逻辑非)。

(3) *、/(除以)、\(除)、.*(矩阵对应元素乘)、./(矩阵对应元素除以)、.\(矩阵对应元素除)。

(4) +、-。

(5) :(冒号运算)。

(6) <、<=、>、>=、= =、~= (关系运算符)。

(7) & (逻辑与)。

(8) | (逻辑或)。

(9) && (标量与)。

(10) || (标量或)。

例 7.1 的解：下面以分段函数表达式(7.1)为例编制程序。因为逻辑运算符"&"(或"|")以及算术运算符".^"(点乘方)对向量(绘图时用到)与标量(计算一个点的函数值时用到)都适用，所以在程序中用这些运算符，而不用"&&"与"^"，因为它们仅适用于标量。

输入指令	输出结果
>> x1=0; y1= Ex7_1piecef(x1), x2=1.5; y2= Ex7_1piecef(x2), x3=2; y3= Ex7_1piecef(x3), X=[0.9, 1.0, 1.1]; Y=Ex7_1piecef(X)	y1 = 1 y2 = 2.2500 y3 = 2 Y = 5.3000 5.0000 4.7000

函数子程序 Ex7_1piecef.m

```
function y= Ex7_1piecef (x)   % 例 7.1 调用
% 求分段函数的值: y, x 是自变量
% 调用指令:y= Ex7_1piecef (x)
if x<=1
    y=x+1;
elseif  x>1 & x<2      % 用 "&" 而不用 "&&"
    y=-x.^2+3 * x;     % 用 ".^" 而不用 "^"
else
    y=-3 * x+8;
end
return;
```

在最后一行指令串为什么会得到这样的 $\boldsymbol{Y}$(向量)值呢？看上去每个分量都是根据第3区段的表达式($-3x+8$，若 $x\geqslant 2$)来计算的。这是因为，对于向量(或矩阵)$\boldsymbol{X}$ 来说，一个逻辑表达式是否为真，是要这个逻辑表达式对 $\boldsymbol{X}$ 的每个分量都是真，否则为假。这样，$\boldsymbol{X}$ 的分量 1.1 对"if"判断来说，是假；而它的分量 0.9 与 1.0 对"elseif"判断来说，也是假，所以就执行"else"以下的语句。总之，如果自变量向量的分量跨区段的话，最后都会执行"else"以下的语句。

再将式(7.1)的分段函数绘制成曲线(区间 [0,3])，编制名为 Ex7_1 的主程序，输入"Ex7_1"，得到如图 7.1 所示的曲线。

主程序 Ex7_1.m

```
clc; clear;                  % 文件名:Ex7_1.m
x1=0:0.01:1;                 % 第 1 段包括点 1,步长 0.01
y1=Ex7_1piecef(x1);          % 调用函数
x2=1+0.01:0.01:2-0.01;       % 第 2 段不包括点 1 与 2
y2=Ex7_1piecef(x2);          % 调用函数
x3=2:0.01:3;                 % 第 3 段包括点 2
y3=Ex7_1piecef(x3);          % 调用函数
x=[x1,x2,x3];    % 3 个行向量依次连接成行向量 x
y=[y1,y2,y3];    % 3 个行向量依次连接成行向量 y
plot(x,y,'r-'); hold on;
% 绘制函数曲线,描绘连接点(1,f(1))与(2,f(2))
plot([1,1],[Ex7_1piecef(1),Ex7_1piecef(1)],' * b');
plot([2,2],[Ex7_1piecef(2),Ex7_1piecef(2)],'o');
hold off;
```

图 7.1 显示，$f(x)$在节点 $x=1,2$ 均连续。而且曲线在 $x=1$ 处光滑连接，即导函数在该处连续。但 $x=2$ 处是个尖点，即此处导函数不存在。

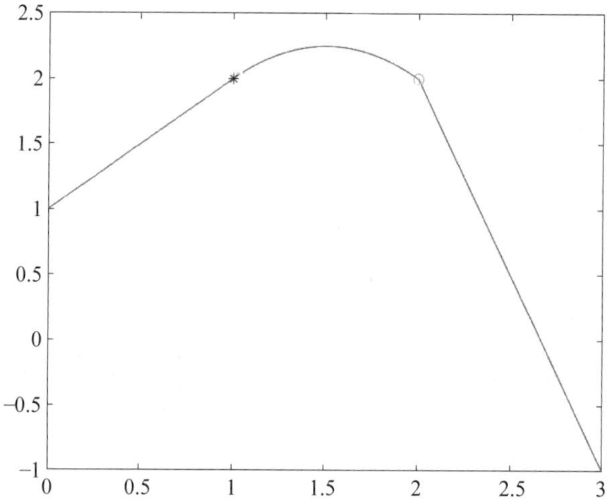

图 7.1　分段函数 *f*(*x*)的图像

例 7.5　给定年份 *y*，判断那年是不是闰年。

解：基本算法是，能被 400 整除，或能被 4 整除却不能被 100 整除的年份是闰年，否则是平年。平年的二月份有 28 天，它除以 7 余 r2＝0；而闰年的二月份有 29 天，它除以 7 余r2＝1。另外，*y* 能被 *t* 整除，余数 r＝y－fix(y/t) * t 为 0。所以，可以编制以下函数子程序。

输入指令	输出结果
>> Ex7_5LeapYear(1600,1); Ex7_5LeapYear(1900,1); Ex7_5LeapYear(2017,1); Ex7_5LeapYear(2020 ,1);	r2=1,　State =　'1600 年是闰年' r2=0,　State =　'1900 年是平年' r2=0,　State =　'2017 年是平年' r2=1,　State =　'2020 年是闰年'

函数子程序 Ex7_5LeapYear.m

```
function r2= Ex7_5LeapYear(y,OUT)    % Ex7_7.m 调用,  r2 是二月份天数除以 7 的余数
s1= int2str(y);                      % 把整数值 y 转换成字符串
s2='年是闰年';   s3='年是平年';        % 为显示而设的两个字符串
% 显示英文,只要把上面 3 个字符串 s1, s2, s3 改为以下语句即可:
% s0= int2str(y);    s1= ['Year ',s0];    s2=' is a leap year. ';
% s3=  ' is a nonleap year.';
if y= = fix(y/400) * 400                          % 能被 400 整除
     r2= 1                                        % 闰年的二月份有 29 天,除以 7 余 1
State= [s1,s2]                                    % 字符串 s1 与 s2 连成一句话
elseif y= = fix(y/4) * 4 && y~= fix(y/100) * 100  % 能被 4 整除却不能被 100 整除
     r2= 1                                        % 闰年的二月份有 29 天,除以 7 余 1
State= [s1,s2]
else
     r2= 0                                        % 平年的二月份有 28 天,除以 7 余 0
State= [s1,s3]
```

续表

```
end
if   OUT==1
     r2, State
end
return;
```

其中，State=[s1,s3] 后没有分号，所以能显示结果。如果加了分号，后面加一个指令"disp(State)"能显示同样的结果。

7.2 循环语句

我们在学习微积分的时候，首先接触到数列，例如，$x_n=1/n^2(n=1,2,\cdots)$。要计算 x_n 的一系列值时，就要用到循环语句。MATLAB 中的循环结构语句有两种：for 循环语句和 while 循环语句。

7.2.1 for 循环语句

for 循环允许一组命令以固定的和预定的次数重复。for 循环的一般形式是：

```
for 循环控制变量=表达式
    执行语句
end
```

上述"表达式"的常见形式是以冒号(：)运算符生成的向量，例如，n=n1:s:n2。其中，s 为步长，步长为 1 时，可以省略。而执行语句中，有以 n 为下标的向量。程序进入 for 循环语句，n 取首值 n_1，对执行语句中的向量的具有 n_1 下标或通过 n_1 计算出来的(例如 $2\times n_1+1$)那个下标的分量赋值或运算。遇到 end 时 n_1+s，然后，再对具有与 n_1+s 有关的下标的分量赋值或运算。如此继续，直至 n 取到最后一个值，转出循环，执行 end 的下一个语句。

下面的例子能帮我们理解微积分中的重要概念"极限"的定义。

设 $\{x_n\}$ 为一无穷实数数列的集合。如果存在实数 a，对于任意正数 ε(不论它多么小)，总存在正整数 N，使得当 $n>N$ 时，均有 $|x_n-a|<\varepsilon$ 不等式成立，就称常数 a 是数列 $\{x_n\}$ 的极限。

它指的是变量在一定的变化过程中(这里是 n 无限变大)，其变量逐渐稳定的，与一个常数 a 越来越接近，可以无限接近的这样一种**变化趋势**。在程序中，ε 就是这个变量与常数 a 接近的**精度**(或两者误差要小到一定的程度)。而 N 则是要达到这个精度，变量需要变化到的项数。精度越小，项数越大。而且，不论 ε 多么小，都能找到足够大的 N。

例 7.6 给定数列 $\{x_n=1/n^2\}(n=1,2,\cdots)$，极限值 a 与 EPS=0.001(回忆一下：小写的 eps 是 MATLAB 的常量 2.2204e−016，表示机器零)，求上述定义中的项数 N。并且绘出 $\{x_n\}(n=1,2,\cdots,N)$ 的图。显然，这要用到循环语句，n 就是循环变量。

<table>
<tr><th>输入指令</th><th>>>Ex7_6</th></tr>
<tr><th>主程序 Ex7_6.m</th><th>函数子程序 Ex7_6Limit.m</th></tr>
<tr><td>clear;   clc;   % Name: Ex7_6.m
Nmax=99999;   % 循环终值,要足够大
a=input('极限值 a=');   % 输入 a=0;
EPS=input('精度值 EPS=');   % 输入 EPS=0.001;
[N,x]=Ex7_6Limit(Nmax,a,EPS);
% 分段形成显示用的字符串
s1='对 n>N(='; s2=int2str(N);
s3=')的一切 n, | x(n)-';   s4=num2str(a);
s5='| <';   s6=num2str(EPS);   s7='总成立';
S=[s1,s2,s3,s4,s5,s6,s7];
disp(S);
% 删掉 x(n) 中从 N+1 往后的所有项
x(N+1:Nmax)=[];
plot(x);   % 见图 7.2</td><td>function [N,x]=Ex7_6Limit(Nmax,a,EPS);
x=zeros(1,Nmax);
for n=1:Nmax   % n=1,2,…, Nmax
    % 下面可换上别的数列的通项表达式
    x(n)=1/n^2;
    if abs(x(n)-a)<EPS   % x(n) 满足精度
        N=n;
        break;   % 见后面说明 * 1
    end
    if n==Nmax
        disp('Nmax 太小, 重新输入再运行')
        N=n;
        break;   % 见后面说明 * 1
    end
end
return;</td></tr>
<tr><th>输入数据</th><th>输出结果</th></tr>
<tr><td>a=0
EPS=0.001</td><td>对 n>N(=32)的一切 n, | x(n)-0| <0.001 总成立</td></tr>
</table>

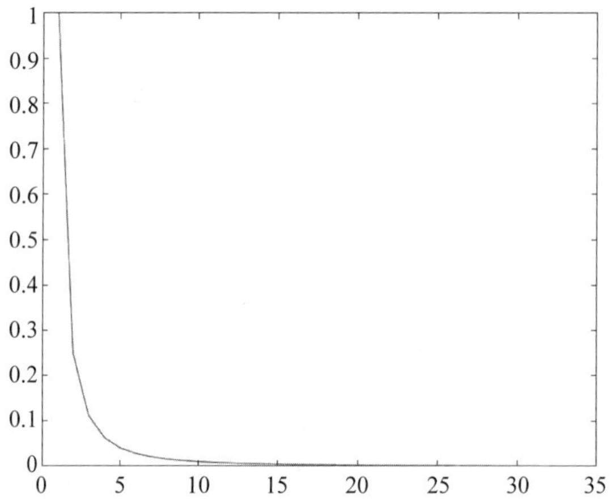

图 7.2 数列 $1/n^2$ 前 $N=32$ 项的曲线图

说明：在上述程序中，以 if 语句实现 for 循环的合理中断。“break”中止本层 for 循环(或下面的 while 循环)，跳转到本层循环结束语句 end 的下一条语句。第 1 个“if…end”因为本例中已找到 N，没有必要再继续。第 2 个“if…end”是循环已结束，但还未找到 N，应该终止当前函数子程序的运行。重新输入加大的 Nmax，再运行。

例 7.7 给出年月日(y，m，d)求星期几。其中，函数子程序 c=Ex7_7FINDc 综合运用了控制语句。

解：在 3.4.2 节中，根据年 y 与从元旦到该日的天数 c 就可以求出星期几。所以这里只要设法根据年月日，求出从元旦到该日的天数 c：如果 $m=1$，$c=d$；否则先累计该月的前几个月的总天数，再加上 d 即可。但 2 月的天数由该年是闰年或平年而定，分别为 29 天与 28 天。得到 c 后，计算

$$s=x+【x/4】-【x/100】+【x/400】+c(\text{其中}, x=y-1) \tag{7.2}$$

然后作带余除法 $s\div7$，余几即为星期几。由于最后要的是余数，求的方法可以简化。容易证明"和的余数等于余数的和(的余数)"，例如，$12\div7$ 的余数与 $13\div7$ 的余数分别为 5 与 6；和 $(12+13)\div7$ 的余数 $=4$，余数的和 $(5+6)=11$，而 $11\div7$ 的余数也是 4。所以如果 $m=1$，c 就是 $d\div7$ 的余数；$m>1$ 时，先累加该月的前几个月的每月天数 $\div7$ 的余数，再加上 $d\div7$ 的余数。这可以用循环语句来实现(参看 Ex7_7FINDc.m)。这里把不同功能的语句，作成函数子程序。它们的调用关系与功能如下。

(1) 主程序 Ex7_7.m 输入年、月、日数据，调用 Ex7_7WhatDay.m 根据年月日与式(7.2)计算到该日的累加天数的 7 余 r。然后调用 Ex7_7Cdisp.m 用中文显示"×年×月×日是星期×"。

(2) 函数子程序 Ex7_7WhatDay.m 调用 Ex7_7FINDc.m 或 Ex7_7FINDcRM.m 根据年月日计算本年到该月该日的累加天数的 7 余 c。

- 函数子程序 Ex7_7FINDc.m 用嵌套"if…else…end"的 for 循环语句根据各月天数的 7 余计算 c。
- 函数子程序 Ex7_7FINDcRM.m 仅用一个表示 1～11 月的天数的 7 余所成的行向量 Rm 及只有一个执行语句的 for 循环来计算 c。

这里共运行 5 次，根据 5 个不同日期来计算星期几，输出结果。

输 入 指 令	>>Ex7_7	
主程序 Ex7_7.m	**输 入 数 据**	**输 出 结 果**

clear; clc; % Name: Ex7_7.m
Date=input('[y, m, d]=');
y=Date(1); m=Date(2); d=Date(3);
r=Ex7_7WhatDay(y,m,d);
Ex7_7Cdisp(r,y,m,d);
	[y,m,d]
	[1900,1,1]
	[2016,3,3]
	[2017,3,31]
	[2019,12,29]
	[2020, 2,12]
		r=1,　1900 年 1 月 1 日是星期 1
		r=4,　2016 年 3 月 3 日是星期 4
		r=5,　2017 年 3 月 31 日是星期 5
		r=0,　2019 年 12 月 29 日是星期天
		r=3,　2020 年 2 月 12 日是星期 3

函数子程序 Ex7_7WhatDay.m	函数子程序 Ex7_7FINDc.m

function r=Ex7_7WhatDay(y,m,d)
% y,m,d: 年,月,日
r2=Ex7_5LeapYear(y,0); % 二月份天数的 7 余
% 调用以下 2 个子程序中的任何一个
% 计算前几个月天数的 7 余之和
c=Ex7_7FINDc(m,d,r2);
% c=Ex7_7FINDcRM(m,d,r2);
% 再加上本月天数除以 7 的余数
c=c+d-fix(d/7) * 7;
x=y-1; s=x+fix(x/4)-fix(x/100)+fix(x/400)+c;
r=s-fix(s/7) * 7; %　r=0, 星期日;r=1-6, 星期 1-6
return;
	function c=Ex7_7FINDc(m,d,r2);
	% 由 Ex7_7WhatDay.m 调用,计算 c 的 7 余
	c=0;
	for k=1:m-1
	　　if k==4 | k==6 | k==9 | k==11
	　　　　c=c+2;
	elseif k==2
	　　　　c=c+r2;
	　　else
	　　　　c=c+3;
	　　end
	end
	return;

续表

函数子程序 Ex7_7Cdisp.m	函数子程序 Ex7_7FINDcRM.m

function Ex7_7Cdisp(r,y,m,d);
% 设置用于显示星期几的字符串(中文)
if r==0
    sr='天';
else
    sr=int2str(r);
end
disp(['*** r=',int2str(r)]);
sy=int2str(y); sm=int2str(m); sd=int2str(d);
disp([sy,'年',sm,'月',sd,'日','是星期',sr]);
return;
	function c=Ex7_7FINDcRM(m,d,r2);
	% Rm 是 1~11 月的天数除以 7 的余数所成的行向量
	c=0;
	Rm=[3,r2,3,2,3,2,3,3,2,3,2];
	for k=2:m
	    c=c+Rm(k-1);
	end
	return;

循环语句可多层嵌套。例 7.8 是给一个矩阵赋值。需要两层循环，分别是它的行、列序号。

例 7.8 作一个函数子程序给一个整数矩阵 **A** 的元素赋值。当它的行、列下标之和为偶数时，赋值为行、列下标之积；否则为行、列下标之差。

设行下标为 r，列下标为 c，它们的和 $k(=r+c)$ 为偶数，即“k==fix(k/2) * 2”。下面用一个 5×4 矩阵来验证。

函数子程序 Ex7_8Assignv.m	输入指令	输出结果

function A=Ex7_8AssignV(m,n)
A=zeros(m,n); % A 赋初值
for r=1:m   % m 行
    for c=1:n   % n 列
        k=r+c;
        if k==fix(k/2) * 2 % k 为偶数
            A(r,c)=r * c;
        else   % k 为奇数
            A(r,c)=r-c;
        end
    end
end
return;
	A=Ex7_8AssignV(5,4)	A=
		1 -1 3 -3
		1 4 -1 8
		3 1 9 -1
		3 8 1 16
		5 3 15 1

7.2.2 while 循环语句

for 循环的循环次数往往是固定的，而 while 循环可不定循环次数，其一般形式为：

```
while 关系表达式
    执行语句
end
```

只要关系表达式为真，就执行 while 和 end 之间的执行语句。通常在 while 前，循环变量要赋初值，而在执行语句中循环变量要有迭代表达式。

例 7.9　给定数列 $x_n = n\sin(1/n)(n=1,2,\cdots)$ 与精度 EPS=0.0001，用 while 循环语句来求极限定义中的项数 N。并且绘出 $x_n(n=1,2,\cdots,N)$ 的图。

这个数列的极限 $a=1$，可以用指令串“n=1:50； xn=n. * sin(1./n)； plot(xn)”作图，观察 x_n 的变化趋势，或用符号运算“syms n； a=limit(n * sin(1/n),n,inf)”得到 a=1。程序如下。

输 入 指 令	输 出 结 果
>> Ex7_9Limit(1.0)	对 n>N(=42)的一切 n,　|x(n)-1|<0.0001 总成立

函数子程序 Ex7_9Limit.m

```
function Ex7_9Limit(a)        % Name: Ex7_9.m
% 设置累计迭代次数 N/循环变量的初值 n
N=1;   n=1;   EPS=0.0001; % 精度 EPS
Nmax=99999;    % 最大迭代次数 Nmax
% 数列的初值,要满足“while”语句的条件
xn=a+1;
while abs(xn-a)>EPS
    % 以下也可用数列 xn=1/n^2
    xn=n * sin(1/n);    ;
    if n==1
        x=[xn]; % 首项存入行向量 x
    else
        x=[x,xn]; % 把新项加入 x
    end;
    n=n+1;    % 迭代得下一个循环变量值
    N=N+1;   % 累计 N 的值
    if N==Nmax % 迭代次数已达所设的最大值
        disp('N=Nmax, 检查程序或输入的极限值 a')
        disp('或输入更大的 N0 值,重新运行')
        return      % 中断运行, 不能用 break!
    end
end
% 已经找到 N,以下是显示运算结果
s1='对 n>N(='; s2=int2str(N);
s3=')的一切 n,   |x(n)-';    s4=num2str(a);
s5='|<'; s6=num2str(EPS);    s7='总成立';
S=[s1,s2,s3,s4,s5,s6,s7];    disp(S);
plot(x);    % 见图 7.3
return;
```

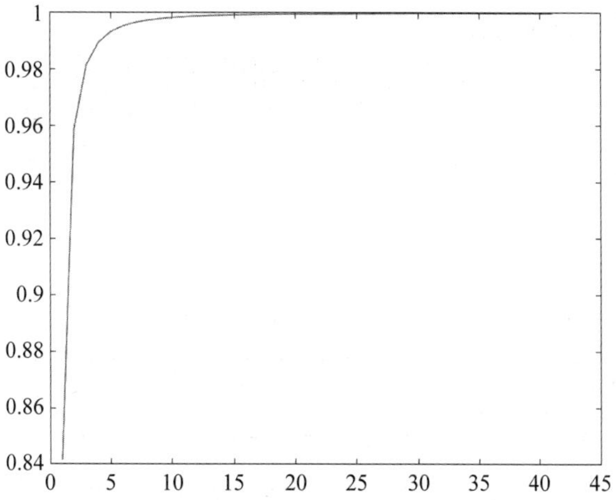

图 7.3　数列 $n\sin(1/n)$ 前 $N=42$ 项曲线图

如果把上面程序中函数表达式“xn=n * sin(1/n)；”(在它前面加上 %)改换成“xn=1/n^2；”(把它前面原有的 % 去掉)，则可用来解例 7.6 的问题。

7.2.3 switch-case 语句

if-else-end 语句所对应的是多重判断选择,而有时也会遇到多分支判断选择的问题。MATLAB 语言为后者提供了 switch-case 语句。switch-case 语句的一般结构是:

```
switch 选择判断量(表达式)
case 选择判断值(表达式)1
    语句 1
case 选择判断值(表达式)2
    语句 2
…
case 选择判断值(表达式) n
    语句 n
otherwise
    语句 n+1
end
```

当选择判断量(表达式)的值等于选择判断值 1 时,执行语句 1;等于选择判断值 2 时,执行语句 2;…;等于选择判断值 n 时,执行语句 n;否则执行语句 $n+1$。当任何一个分支语句执行完后,都直接转到 end 后的下一条语句(在 MATLAB 语言中,即使有多条 case 语句为真,也只执行所遇到的第一条为真的语句。这样就不必像 C 语言那样,在每条 case 语句后加上 break 语句,以防止继续执行后面为真的 case 语句)。

例 7.10 把例 7.7 的中文输出改为英文输出,并用例 7.7 的 5 个日期来计算并输出结果。

解:因为英文表达星期几的是不同的 7 个单词,用 switch-case 结构来编程非常合适。另外,这里用英联邦国家显示日期的次序(不同于美国)"日/月/年":"31/3/2017"表示"2017 年 3 月 31 日"。

函数子程序 Ex7_10Edisp 以及调用它的主程序 Ex7_10.m(仅把例 7.7 的主程序 Ex7-7.m 里的中文输出子程序 Ex7_7Cdisp.m 改换为英文输出子程序 Ex7_10Edisp.m)如下。

输入指令	>>Ex7_10	
主程序 Ex7_10.m	**输入数据**	**输出结果**

clear; clc; % Name: Ex7_10.m
Date=input('[y, m, d]=');
y=Date(1); m=Date(2); d=Date(3);
r=Ex7_7WhatDay(y,m,d);
Ex7_10Edisp(r,y,m,d);
	[y,m,d] = [1900,1,1]
	[y,m,d] = [2016,3,3]
	[y,m,d] = [2017,3,31]
	[y,m,d] = [2019,12,29]
	[y,m,d] = [2020, 2,12]
		r=1, 1/1/1900 is Monday
		r=4, 3/3/2016 is Thursday
		r=5, 31/3/2017 is Friday
		r=0, 29/12/2019 is Sunday
		r=3, 12/2/2020 is Wedneday

函数子程序 Ex7_10Edisp.m		

续表

``function Ex7_10Edisp(r,y,m,d);
sy=int2str(y); sm=int2str(m);
sd=int2str(d);
switch r
    case 1
        sr=' Monday';
    case 2
        sr=' Tuesday';
    case 3
        sr=' Wedneday';
    case 4
        sr=' Thursday';```
	`` case 5
	        sr=' Friday';
	    case 6
	        sr=' Saturday';
	    otherwise
	        sr=' Sunday';
	end
	disp(['*** r=',int2str(r)]);
	disp([sd,'/',sm,'/',sy,' is',sr]);
	return;```

最后,我们试试用学过的各种控制结构语句来解一个趣味数学的问题——高斯八后问题。国际象棋的棋子是下在8×8的格子里(见图7.4)。

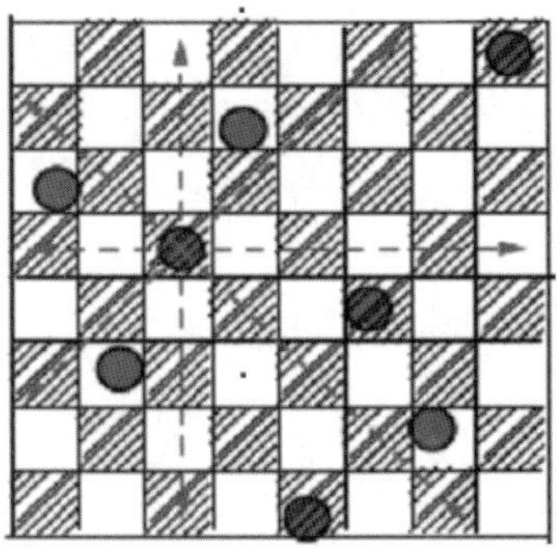

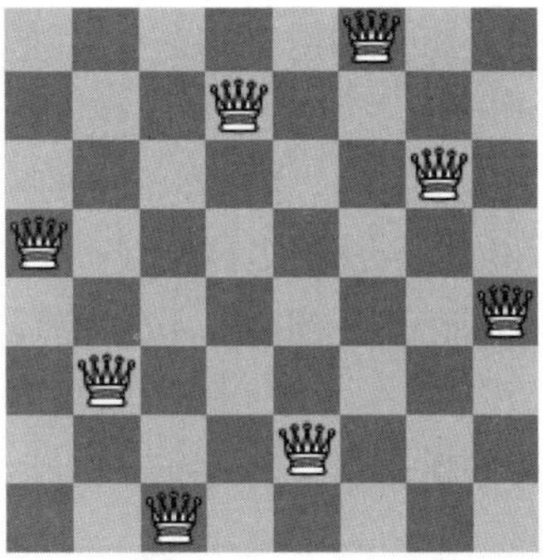

图 7.4 国际象棋里"八面威风"的皇后

国际象棋里的皇后是"八面威风"的"铁女人",它不仅像中国象棋的"车"那样,可以吃掉棋盘上与它同一行或同一列的棋子,还可以吃掉同一条对角线上(与棋盘边框成45°角的斜线)的棋子(见图7.4)。德国著名数学家高斯在1850年提出这样的问题:"现在有八个皇后,要放到8×8的国际象棋的棋盘上,使得她们彼此不受威胁,即没有两个皇后位于同一行、同一列或同一对角线上。问:有几种放法?"图7.4的左右各给出了其中一个解。

此问题应该用图论中的"先深搜索法"来解[5],这里介绍一种穷举方法[6]。每个解可写成1~8这8个数字的排列。排列中第i个数字j表示第i行皇后放在第j列。例如,图7.4的解可写成排列84136275:第一行皇后放在第8列,第二行皇后放在第4列,第三行皇后放在第1列,……

- 因任两个皇后不允许处在同一横排、同一纵列,所以数字1~8各出现一次不能重复,因而解的范围区间应为[12345678,87654321]。注意到数字1~8的任意一个排列的数为9的倍数(因为1累计到8的和为36,被9整除,余数为0),因而穷举的最外面的循环为12345678:9:87654321(步长为9)。这样需要穷举

(87654321－12345678)/9 ＋1 ＝ 8 367 628 个数字。

- 注意这样产生的数 a 中会出现数字 0 或/与 9，或者某数字重复，例如，12345678＋2×9＝12345696，12345678＋5×9＝12345723。所以要检查 a 中数字 1～8 是否各出现一次。这就要把 a 的各数位上的数字撷取出来。

例 7.11 作一个函数子程序，把一个 8 位数 a 各数位上的数字 x 撷取出来。出现数字 0 或/与 9，或者某数字重复，则中断程序运行并输出信息。再用 a_1＝ 12345696，a_2＝12345723，与 a_3 ＝ 12345768 （12345678 ＋ 10 × 9） 来试运行。函数子程序 Ex7_11Extract.m 是一个“while …end”结构和“if…end”结构嵌套的程序。它的输入形参有两个：

（1）形参 a 就是穷举法里的 8 位数，第 k 次撷取的是删掉从右数 a 的第 1→k 个数位上的数字所剩下来的数，在 while 循环一开始用“z= floor(a/10)”语句来实现。

（2）形参 left 控制把 8 位数 a 各数位上的数字 x 撷取出来的顺序：left＝1，撷取 z 的最左边（最高位）数字，用“$g(9-k)=x$”来实现；否则，撷取 z 的最右边（个位）数字，用“$g(k)=x$”来实现。

Ex7_11Extract.m 用于判断 a 中是否会出现数字 0 或/与 9，或者某数字重复的变量有：

（1）$f(x)$是数字 x 出现在 a 中的次数；$f(x)=2$ 时，程序中断，tt＝1。

（2）$x=0$ 或 $x=9$ 时，tt＝1。

（3）tt 的初值赋 0，如果 while 循环进行到底，表示不出现上述情况，最后 tt 保存初值 0。

函数子程序 Ex7_11Extract.m 与运行 3 个例子的结果如下。

输入指令	输出结果	结果分析
>> a1= 12345696; [f,g,tt]= Ex7_11Extract(a1,0); >> a2= 12345723; [f,g,tt]= Ex7_11Extract(a2,1);	### k = 2, z = 123456 x = 9 !!! tt = 1!!! return ### k = 6, z = 12 f(3) = 2 f: 0 1 2 1 1 0 1 0 g: 0 0 0 4 5 7 2 3	因为 a1 的右数第 2 个数字为 9 (x=9)， **while** 循环在 k=2 后中断。 因为 a2 的右数第 1、6 个数字均为 3， while 循环在 k=6，得 f(3)=2 后中断。
>> a3= 12345768; [f,g,tt]= Ex7_11Extract(a3,0);	### k = 8, z = 0 g: 8 6 7 5 4 3 2 1 tt=0	因为 a3 未出现数字 0 或 9，也没有某数字重复，所以 while 循环进行到底。
>> a3= 12345768; [f,g,tt]= Ex7_11Extract(a3,1);	### k = 8, z = 0 g: 1 2 3 4 5 7 6 8 tt=0	因为 a3 未出现数字 0 或 9，也没有某数字重复，所以 while 循环进行到底

函数子程序 Ex7_11Extract.m

```
function [f, g, tt]= Ex7_11Extract(a, left);
% ---------------------------------------------------------------
%   末尾标以“% 调试句”的语句,都是为测试时显示用的
```

续表

```
%   被主程序 Ex7_13Gauss.m 调用时要“屏蔽”掉
%   ------------------------------------------------------------
%   输入参数
%       a       : 输入的八位数
%       left = 0: 用语句 g(k)=x;    记录右数第 k 个数位的数字 x
%            =1: 用语句 g(9-k)=x; 记录左数第 k 个数位的数字 x
%   输出参数
%       f       :  f(x)是数字 x 出现在 a 中的次数;f(x)=2 时,程序中断。
%       g       :  g(k)=x 是数字 x 出现在 a 的第 k 个位置上
%       tt=0: :   初值 0
%         =1   :   a 中出现数字 0 或 9 或数字重复
% ------------------------------------------------------------
tt=0;                    % 赋初值;: 以后出现数字 0、9 或数字重复时设置 tt=1
k=1; f=zeros(1,8);       %   f(x) 是数字 x 出现在 a 中的次数
g=zeros(1,8);            %   g(k)=x 是数字 x 出现在 a 的第 k 个位置上,后面 (3) 用到!
while a>0                % 从个位数(右边)开始把各数位上的数 x 找出来
    z=floor(a/10);       %   z 是右数第 1~k 个数字去掉后所剩的数
x=a-z * 10;              % 右数第 k 个数字(开始是个位数)
s1=int2str(k);  s2=int2str(x);                  % 调试句
    if x==0 || x==9
        tt=1;
        disp(['### k = ', s1, ', z = ',int2str(z),]);        % 调试句
        disp(['x = ', int2str(x), ...                          % 调试句
              '  !!! tt = ',int2str(tt),'!!! return']);        % 调试句
        return;
    else
        f(x)=f(x)+1;   % 累计数字 x 出现在 a 中的次数
        if f(x) > 1;    % 数字 x 出现在 a 中的次数超过 1 次
            tt=1;
            disp(['### k = ', s1, ', z = ',int2str(z),]);      % 调试句
            disp(['f(',s2,') = ', int2str(f(x))]);             % 调试句
            disp(['f: ',int2str(f)]);                          % 调试句
            disp(['g: ',int2str(g)]);                          % 调试句
            disp(['!!! tt = ',int2str(tt),'!!! return']);      % 调试句
            return;
        end
    end
    a=z;                 % 把右数第 k 个数字去掉后所剩的数赋给 a
    if left==1
        g(9-k)=x;   % 记录左数第 k 个数位的数字 x
    else
        g(k)=x;     % 记录右数第 k 个数位的数字 x
    end
    k=k+1;               % 转下次迭代
end                 % END "while”
disp(['### k = ', s1, ', z = ',int2str(z)]);    % 调试句
disp(['g: ',int2str(g)]);                        % 调试句
disp(['tt=0'])                                   % 调试句
return;
```

八后问题中怎么来检查另一个条件“任何两个皇后都不能在同一条斜线上”呢？从上面的函数子程序 Ex7_11Extract.m 的说明与运行结果中知道，$g(9-k)=x(g(k)=x)$是数字 x 出现在 a 的左数(右数)第 k 个位置上。所以，如果$|g(j)-g(k)|=|j-k|$，即表明第 j 行与第 k 行的两个皇后出现同一条斜线上。(以下的说明有点像绕口令，应该画个图与用一个具体的例子来理解)这是因为 $g(j)=x_j$ 与 $g(k)=x_k$ 是 a 的数字 x_j 与 x_k 分别出现在 a 的左(或右)起第 j 与 k 的位置上；也就是第 j 行与第 k 行的两个皇后分别放在第 $g(j)$列与第 $g(k)$列上。而绝对值等式$|g(j)-g(k)|=|j-k|$表明两者的行距等于列距，它们的连线是等腰直角三角形的斜边，与棋盘的边框(行或列)成 45°角，即它们在同一条对角线上。

例 7.12 作一个函数子程序，检查那些不出现数字 0 或/与 9，也没有某数字重复的向量 g，它所对应的 8 个皇后是否符合“任何两个皇后都不在同一条斜线上”，并试运行以下 3 个 g 向量：

$g1=[8,4,1,3,6,2,7,5]$；$g2=[1,3,5,2,4,7,8,6]$；与 $g3=[8,6,7,5,4,3,2,1]$；

输入指令	输出结果

>> g1=[8,4,1,3,6,2,7,5];
t=Ex7_12Check(g1);
>> g2=[1,3,5,2,4,7,8,6];
t=Ex7_12Check(g2);
>> g3=[8,6,7,5,4, 3,2,1];
t=Ex7_12Check(g3);
	t=0: No any two queens share the same diagonal
	(图 7.4(左)的 8 位数表示)
	# When (j = 6 & k = 2), g(j)=7, g(k)=3, g(j)-g(k)| = j-k = 4!
	Two queens share the samediagonal !!! t = 1 !!! return
	# When (j = 4 & k = 1), g(j)=5, g(k)=8, | g(j)-g(k)| = j-k = 3!
	Two queens share the same diagonal !!! t = 1 !!! return

函数子程序 Ex7_12Check.m

```
function t = Ex7_12Check(g)
% 本函数被主程序 Ex7_13Gauss.m 调用。为了使读者了解算法的设计过程。本函数保留了一些测
% 试时显示用的调试语句,在本行末尾标以“% 调试句”。这些语句在被 Ex7_13Gauss 正式调用时要
% “屏蔽”掉。
for k = 1:7
    t = 0;
    for j = k+1:8
        if abs(g(j)-g(k)) == j-k        % 这里 j > k
            agjk=abs(g(j)-g(k));    jk=j-k;                          % 调试句
            s1=int2str(j);          s2=int2str(k);                   % 调试句
            s3=int2str(g(j));       s4=int2str(g(k));                % 调试句
            s5=int2str(agjk);       s6=int2str(jk);                  % 调试句
            disp(['# When (j = ',s1,' & k = ',s2, '), g(j)=',s3,', g(k)=',s4]);   % 调试句
            disp(['| g(j)-g(k)| =',s5,' = j-k = ', s6,'...
                ! Two queens share the same diagonal']);             % 调试句
            t = 1;
            disp(['!!! t = 1 !!!     return']);                      % 调试句
            return;
        end
    end
end
disp(['t=0:   No any two queens share the same diagonal']);          % 调试句
return;
```

我们把上述结果用在列距 $|j-k|=1$（即 a 的两个紧挨着的数字）的情况来缩小解的区间。先看循环起始数：第 1 位选最小的数字 1；第 2 位的数字与 1 的差的绝对值（行距）>1 且在剩下 7 个数字中最小的，应该是 3；第 3 位的数字与 3 的差的绝对值>1 且在剩下 6 个数字中最小的，应该是 5；……，如此继续，得到数 13524687（最后剩下 7，只能选 7）。对循环终止数只要把上述"在剩下的数字中最小的"改为"在剩下数字中最大的"，就可得到 86475312。这样，只要穷举（86475312－13524687）/9＋1＝8 105 626 个数字，比原先少 262 002 个数字。

例 7.13　解高斯八后问题的主程序 Ex7_13Gauss 如下。它先调用子程序 Ex7_11Extract 来摘录 a 的各数位上的数。若无 0 或 9，也没有重复的数，则调用子程序 Ex7_12Check 检查有无两个皇后在同一条斜线上。若无，则 a 是一个解。再检查下一个 a。我们在 PC 上运行了两个循环区间：根据以上压缩的区间与原有区间，后者所用时间较长。以下只演示前者。Ex7_11Extract 中使用"g(9－k)＝x"(left＝1) 比使用"g(k)＝x"(left＝0) 运行时间短。注意：函数子程序 Ex7_11Extract 与 Ex7_12Check 中所有调试时用来显示的语句要全部用%屏蔽掉，否则，输出太多，而且严重影响运行速度。

```
clc; clear;                                  % 程序名:Ex7_13Gauss
s=0;                                         % 统计解的个数
sol=zeros(1,100);                            % 存放解的向量
T0=clock;                                    % 记录开始运行的时间 T0=[年,月,日,小时,分,秒]
for a=13524687:9:86475312                    % etime=33.818(92 个解)
    [f,g,tt]=Ex7_11Extract(a,1);             % 摘录 a 的各数位上的数
    if tt == 0                               % 若 tt=0, 表明 a 的各数位上的数,无 0 或 9,也没有重复
        t2=Ex7_12Check(g);                   % 检查两皇后是否不在同一斜线上
        if t2== 0                            % 无任何两皇后在同一斜线上
            s=s+1;                           % 累计解的个数
            sol(s)=a;                        % 把解存放进向量 sol
        end
    end
end
Etime=etime(clock,T0)                        % 计算运行时间 (秒):clock-T0
disp(['Gaussin 8 queens puzzle have ', int2str(s), ' solutions:']);
sol(1:s)                                     % 显示 s (=92) 个解(输出结果略)
```

输出结果（92 个解）

Etime = 48.8920　(CPU 时间,单位秒)

Gaussin 8 queens puzzle have 92 solutions:

15863724	16837425	17468253	17582463	24683175	25713864
25741863	26174835	26831475	27368514	27581463	28613574
31758246	35281746	35286471	35714286	35841726	36258174
36271485	36275184	36418572	36428571	36814752	36815724
36824175	37285146	37286415	38471625	41582736	41586372
42586137	42736815	42736851	42751863	42857136	42861357
46152837	46827135	46831752	47185263	47382516	47526138
47531682	48136275	48157263	48531726	51468273	51842736

续表

51863724	52468317	52473861	52617483	52814736	53168247
53172864	53847162	57138642	57142863	57248136	57263148
57263184	57413862	58413627	58417263	61528374	62713584
62714853	63175824	63184275	63185247	63571428	63581427
63724815	63728514	63741825	64158273	64285713	64713528
64718253	68241753	71386425	72418536	72631485	73168524
73825164	74258136	74286135	75316824	82417536	82531746
83162574	84136275				

习　题

X7.1 若方阵 **A** 的非零项，位于由主对角线及其之上的一条对角线与其之下的一条对角线组成的带内，即 $a_{ij}=0\ (|i-j|>1)$，则称 **A** 为三对角矩阵。使用 for 循环语句与 if 条件语句，编写一个给 n 阶三对角矩阵 **A** 赋值的函数子程序：给所有的对角元素赋值 2，所有的上对角元素赋值 1，所有的下对角元素赋值 −1，并对 $n=5$ 试运行。

X7.2 使用 while 循环语句与 if 条件语句编写一个习题 X7.1 中的 n 阶三对角矩阵 **A** 赋值的函数子程序。

X7.3 使用 for 循环语句与 switch-case 开关语句编写一个习题 X7.1 中的 n 阶三对角矩阵 **A** 赋值的函数子程序。

X7.4 使用 while 循环语句，编写一个函数子程序（取名 X7_4Check），具有例 7.12 的函数子程序 Ex7_12Check 同样的功能，并用例 7.12 的 g1、g2、g3 为例子试运行。

第 2 篇

机器学习应用篇

第 8 章

线性回归与梯度下降法

从本章开始，将介绍 MATLAB 在机器学习中的应用，包括(广义)线性回归模型与梯度下降法、线性支持向量分类机与回归机，以及线性支持向量机的推广等。

机器学习(Machine Leaning，ML)是实现人工智能的一个途径。它已广泛应用于数据挖掘、计算机视觉、语音与手写识别、生物特征识别、搜索引擎、医学诊断、证券市场分析、DNA 序列测序和机器人等科技前沿领域。机器学习算法是一类从海量数据中自动分析获得规律，并利用规律对未知数据进行预测的算法。

监督学习(Supervised Learning)是一类机器学习方法。在已知的数据集中选出(例如 70%)部分作为训练数据集，剩下的作为测试集。监督学习从给定的训练数据集学习出一个函数，也就是**拟合**出一个函数。当新的数据到来时，可以根据这个函数预测结果。

常见的监督学习算法包括回归分析和统计分类：对连续型变量做预测叫回归，对离散型变量做预测叫分类。在这里介绍(广义)线性回归和线性分类。本章介绍线性最小二乘法、Logistic 算法、Probit 算法和梯度下降法。第 9 章介绍线性 SVM(Support Vector Machine，支持向量机)。第 10 章是线性 SVM 的推广。

通常，关于机器学习的专著，先要用很大篇幅介绍概率统计的理论。这里只用到易于理解的我们已知的线性代数和求函数极值的知识。

8.1 回归与分类

下面用两个简单例子说明什么是回归问题，什么是分类问题。

8.1.1 回归问题

例 8.1 **(回归问题：广告费与销售额——数据来自百度)**为研究广告支出对销售收入的影响，随机抽取了 8 个企业的广告费与销售额的数据，如表 8.1 所示。把 8 个点对描出来，得到图 8.1(作图的程序作为习题 $X8.1$)。

表 8.1　8 个企业的广告支出(万元)与销售收入(百万元)

广告支出(t)	300	400	400	550	720	850	900	950
销售收入(y)	300	350	490	500	600	610	700	660

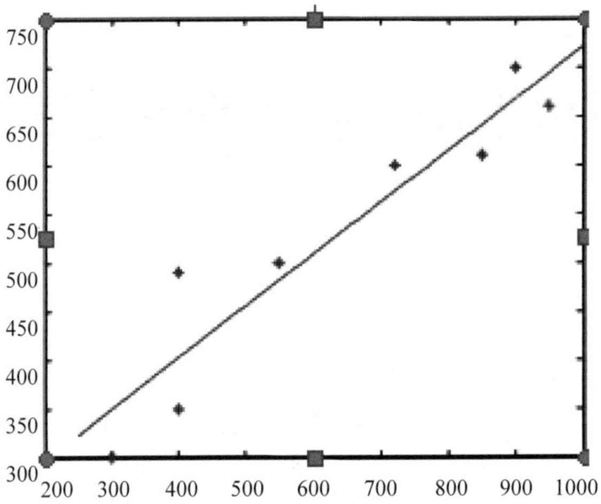

图 8.1　8 组点对与(要)拟合的直线

从图 8.1 上 8 个点可以看出,它们与一条直线比较靠近。即销售收入 y 大致是广告支出 t 的**线性函数**。这类问题,是在给定数据集 $T=\{(t_1,y_1),(t_2,y_2),\cdots,(t_k,y_k)\}$(本例 $k=8$)后,寻找一条与数据点偏差最小的直线。这类问题称为(线性)回归问题。例 8.1 就是要建立企业广告费与销售额之间的线性回归方程。

$$y=f(t;c_0,c_1)=c_0+c_1t \tag{8.1}$$

也就是找到两个参数 c_0 与 c_1 的最佳估计值。8.2 节就系统介绍线性回归。

8.1.2　分类问题

例 8.2　(**分类问题:心脏病诊断**)完全确诊某些疾病,可能需要进行创伤性探测或昂贵的手段。因此利用一些有关的容易获得的临床指标进行推断,是一项有意义的工作。美国克利夫兰心脏病数据库(Cleveland Heart Disease Database)提供的数据,就是这方面工作的一个实例。在那里对病人进行了彻底的临床检测,记录了 297 个病人的年龄、胆固醇水平等 13 项有关指标,并确诊了哪些病人患有心脏病。他们希望对新来的病人,只检测这 13 项指标,就可以推断该病人是否患有心脏病。

这类问题称为**分类问题**(Classification),也称为**模式识别问题**(Pattern Recognition)。这类问题将在第 9 章做详细的介绍。

8.2　线性回归

线性回归(Linear Regression)是一种统计方法,通过这种方法既可以训练一个线性回归器,又可以通过最小二乘法拟合一个统计回归模型。前者做的是"训练"模型,它只用到了数据(通常规模很大)的一个子集,而训练得到的模型究竟表现如何需要通过数据的另一个子集——测试集测试之后才能知道。这里,机器学习的最终目的是在测试集上获得最佳性能。用最小二乘法拟合一个统计回归模型,则事先假设所有数据(规模较小)是一个具有高斯噪声的线性回归量，然后试图找到一条直线，最大限度地减少所有数据的均方误差。

8.2.1 数学符号与术语

此后所说的数据是指训练模型时用的训练(点)集或拟合用的数据集，或统称**训练点集**。一般地，给定训练点集($\boldsymbol{w}=(\boldsymbol{v}_1,\boldsymbol{v}_2,\cdots,\boldsymbol{v}_l)^{\mathrm{T}}$是“自变量”向量，有 k 组数据)：

$$T=\{(\boldsymbol{w}_1,y_1),(\boldsymbol{w}_2,y_2),\cdots,(\boldsymbol{w}_k,y_k)\}$$

其中，第 j 组“自变量数据”$\boldsymbol{w}_j=(v_{j1},v_{j2},\cdots,v_{jl})^{\mathrm{T}}(j=1,2,\cdots,k)$是 l 维的(列)向量，“因变量数据”y_j 是标量。

表 8.1 关于广告费与销售额的回归问题中，$k=8$(8 组数据)，$l=1$(1 个自变量 t)。

所谓线性回归，就是要找到一个线性函数(c_0称为截距)：

$$P_l: y=f(\boldsymbol{w};c_0,c_1,c_2,\cdots,c_l)=c_0+c_1\boldsymbol{v}_1+c_2\boldsymbol{v}_2+\cdots+c_l\boldsymbol{v}_l \tag{8.2A}$$

几何上，P_1(例 8.1)是平面上一条直线 $y=c_0+c_1\boldsymbol{v}_1$，横轴为 $\boldsymbol{v}_1$，纵轴为 y。P_2 是空间上的一个平面，$y=c_0+c_1\boldsymbol{v}_1+c_2\boldsymbol{v}_2$，横轴为 $\boldsymbol{v}_1$，纵轴为 $\boldsymbol{v}_2$，立轴为 y；$l\geqslant 3$ 时，称之为($l+1$ 维空间上的 l 维)“超平面”。实际上，超平面只是个线性代数概念，没有几何表示(画不出来)，就像四维向量，只是 4 个有序数的数组。

根据 4.5 节“求和式的内积与矩阵表达”，用梯度与自变量的内积，可把式(8.2A)简写为：

$$y=\boldsymbol{g}^{\mathrm{T}}\boldsymbol{w}+c_0 \tag{8.2B}$$

其中，梯度 $\boldsymbol{g}=(c_1,c_2,\cdots,c_l)^{\mathrm{T}}$。

所谓线性分类，如例 8.2 的心脏病诊断问题，只采用年龄 ($\boldsymbol{v}_1$) 与胆固醇水平 ($\boldsymbol{v}_2$) 这两项指标，那么问题归结为寻找一个二维平面上的直线**方程**：$c_0+c_1\boldsymbol{v}_1+c_2\boldsymbol{v}_2=0$(右端项为 0)，而 k 为采用多少个病人记录的病人数目。这种直线称为分划直线，更高维数的，与回归问题类似，称为分划平面或分划超平面。

8.2.2 线性回归模型

把表 8.1 的 8 组数据代入函数式(8.1)，得到关于 c_0、g_1 的 8 个方程的线性方程组：

$$1\cdot c_0+t_ic_1=y_i;i=1,2,\cdots,7,8 \tag{8.3A}$$

注意，通常 $\boldsymbol{y}$ 与 $\boldsymbol{t}$ 的函数关系是多种多样的，比较常见的是多项式函数：

$$y=a_0+a_1t+a_2t^2+\cdots+a_nt^n$$

但只要出现在关系式中的参数(上式中是 $a_j,j=0,1,\cdots,n$)都是一次的，我们得到的都是像式(8.3A)那样的(关于参数的)线性方程组，称为(关于参数的)**线性模型**。所以，在式(8.3A)中，训练点的本身值 t_i 与 y_i 也可以换成它的对数值。两种表达可以统一写为：

$$1\cdot c_0+h(t_i)c_1=h(y_i);i=1,2,\cdots,7,8 \tag{8.3B}$$

式(8.3A)是 h 取恒等函数的情况($h=\mathbf{1}$)。还可以取 $h=\log$ 或 $h=\log\log$，而且得到的结果往往比取 $h=\mathbf{1}$ 要好。但是，如果训练点的本身值有负值，不能用 $h=\log$。否则会得到荒唐的结果，因为 MATLAB 的内置函数 log 的参数可以是负值，运行时不会给出警告。

线性模型的矩阵表达式为 $\boldsymbol{Ax}=\boldsymbol{y}$。对于式(8.3A)而言，它的系数矩阵 $\boldsymbol{A}$、未知的(参数)向量 $\boldsymbol{x}$ 与右端常数向量 $\boldsymbol{y}$ 分别为：

$$\boldsymbol{A}=\begin{bmatrix}1 & 300\\1 & 400\\1 & 400\\1 & 550\\1 & 720\\1 & 850\\1 & 900\\1 & 950\end{bmatrix},\quad \boldsymbol{x}=\begin{pmatrix}c_0\\g_1\end{pmatrix},\quad \boldsymbol{y}=\begin{bmatrix}300\\350\\490\\500\\600\\610\\700\\660\end{bmatrix} \tag{8.4}$$

如果线性模型中的截距 $c_0\neq0$，则系数矩阵 $\boldsymbol{A}$ 的第 1 列的元素全为 1，MATLAB 用指令“A(:, 1)=ones(8,1)”输入 $\boldsymbol{A}$ 的第一列。

8.3 线性最小二乘法

8.3.1 矛盾方程组的“解”

线性模型中未知量个数 n 就是参数个数，方程个数 m 就是训练点的个数。通常情况下 $m>n$。此时称 $\boldsymbol{Ax}=\boldsymbol{y}$ 为超定(Over-determined)线性方程组。

超定线性方程组一般都是矛盾方程组，没有通常意义下的“解”。我们不得已求其次，考虑某种意义的解。设

$$\boldsymbol{A}_{m\times n}=(a_{ij}),\quad \boldsymbol{x}=(x_1,x_2,\cdots,x_n)^{\mathrm{T}},\quad \boldsymbol{y}=(y_1,y_2,\cdots,y_m)^{\mathrm{T}} \tag{8.5}$$

构作 $\boldsymbol{Ax}=\boldsymbol{y}$ 的所有方程两端差的平方和(统计学称此为代价函数)：

$$Q=\sum_{i=1}^{m}\left[y_i-\sum_{j=1}^{n}a_{ij}x_j\right]^2=\|\boldsymbol{Ax}-\boldsymbol{y}\|_2^2=(\boldsymbol{Ax}-\boldsymbol{y})^{\mathrm{T}}(\boldsymbol{Ax}-\boldsymbol{y}) \tag{8.6}$$

上面第 3 项不带平方部分“$||\cdot||_2$”称为向量 $(\boldsymbol{Ax}-\boldsymbol{y})$ 的 L_2 模。向量的 L_2 模平方，等于该向量各分量的平方和(这就是第 2 个等式)，也等于该向量自身的内积(第 3 个等式)。这些结论以后经常用到。

当 $\boldsymbol{Ax}=\boldsymbol{y}$ 有通常意义下的解时，$Q=0$。对于矛盾方程组，可以求出使 Q 取极小值时的解 $\boldsymbol{x}$。这个解称为线性方程组 $\boldsymbol{Ax}=\boldsymbol{y}$ 的**最小二乘解**。所以最小二乘解是通常意义的线性方程组的解的推广。

8.3.2 线性最小二乘法

由微积分求极值方法，最小二乘解 $\boldsymbol{x}$ 应该是使所有的 Q 对 x_j 的偏导数等于 0 的值：

$$\frac{\partial Q}{\partial x_j}=\sum_{i=1}^{m}2\left[y_i-\sum_{j=1}^{n}a_{ij}x_j\right](-a_{ij})=0(j=1,2,\cdots,n) \tag{8.7A}$$

把式(8.7A)写成 Q 的梯度(Q_g)形式可得(见第 4 章)：

$$Q_g=2\boldsymbol{A}^{\mathrm{T}}(\boldsymbol{Ax}-\boldsymbol{y})=\boldsymbol{0} \tag{8.7B}$$

从式(8.7B)导出(关于参数 $\boldsymbol{x}$)的线性方程组

$$\boldsymbol{A}^{\mathrm{T}}\boldsymbol{A}\boldsymbol{x}=\boldsymbol{A}^{\mathrm{T}}\boldsymbol{y} \tag{8.8}$$

被称为 $\boldsymbol{Ax}=\boldsymbol{y}$ 的**法方程组**或**正规方程组**。在训练数据符合(标准)正态分布的情况下,统计方法也可以用对训练数据的拟然函数求极大值来导出式(8.8)。

从形式上看,式(8.8) 就是在 $\boldsymbol{Ax}=\boldsymbol{y}$ 的两边左乘 $\boldsymbol{A}^{\mathrm{T}}$。很多情况下,矩阵 $\boldsymbol{A}_{m\times n}$ 的列向量线性无关,即秩($\boldsymbol{A}$)$=n$。因为"秩($\boldsymbol{A}^{\mathrm{T}}\boldsymbol{A}$) = 秩($\boldsymbol{A}$) = n",所以在这种情况下,$\boldsymbol{A}^{\mathrm{T}}\boldsymbol{A}$ 可逆,式(8.8)有唯一解,它也就是 $\boldsymbol{Ax}=\boldsymbol{y}$ 的最小二乘解:

$$\boldsymbol{x}=[(\boldsymbol{A}^{\mathrm{T}}\boldsymbol{A})^{-1}\boldsymbol{A}^{\mathrm{T}}]\boldsymbol{y}=\boldsymbol{A}_L^{-1}\boldsymbol{y} \tag{8.9}$$

式(8.9)中,$\boldsymbol{A}_L^{-1}=(\boldsymbol{A}^{\mathrm{T}}\boldsymbol{A})^{-1}\boldsymbol{A}^{\mathrm{T}}$ 称为 $\boldsymbol{A}$ 的左逆,因为 $\boldsymbol{A}_L^{-1}\boldsymbol{A}=\boldsymbol{I}$ 而 $\boldsymbol{A}\boldsymbol{A}_L^{-1}\neq\boldsymbol{I}$。

8.4　广义逆矩阵解

在秩($\boldsymbol{A}$)$<n$ 的情况下,$\boldsymbol{A}$ 的左逆就不存在。上述代数方法无法求出最小二乘解。这时,可用正则化的方法,在式(8.6) 后加惩罚项 $\lambda\sum x_j^2$ 或 $\lambda\sum|x_j|$,其中求和式不包括前面没有训练值而用"1"作为系数的参数,例如,式(8.1) 中的 c_0,它没有训练值 t_j 作为系数,实际上就是以"1" 作为系数。和式前面的 λ 称为**惩罚系数**。使用前者(L_2 模平方) 作为惩罚项的,称为岭回归,使用后者(绝对值和,或 L_1 模) 作为惩罚项的,称为 LASSO 回归。岭回归和 LASSO 回归的详细内容请参考有关文献。岭回归可以用梯度下降法来求解,这是一种机器学习常用的迭代法,本章最后介绍。迭代法,就是选定一个自变量的初始点,然后不断改进它的精度,也就是产生一个自变量的序列,收敛到极值点。

也有统计方法来解线性最小二乘问题。但当协方差矩阵奇异时,或训练数据太少时($\boldsymbol{Ax}=\boldsymbol{y}$ 称为欠定方程组),或 k、n 太大时,往往无法求得最小二乘解。

下面要介绍对任何情况都可以求出 $Ax=\boldsymbol{y}$ 的最小二乘解的方法:使用矩阵的广义逆。这种方法不是迭代法,而是"一次性"的确定方法。MATLAB 有求解广义逆的内置函数,我们不用自己编程序,而只要直接调用这个内置函数,就可以求出广义逆。

8.4.1　矩阵的广义逆

关于矩阵广义逆的详细论述与定理的证明请参考文献[7]。这里只介绍广义逆的定义和本章要用到的性质以及 MATLAB 内置函数 pinv。

设 $\boldsymbol{A}$ 为 $m\times n$ 实矩阵,则存在唯一的 $n\times m$ 实矩阵 $\boldsymbol{X}$,满足以下 4 个条件:

$$\boldsymbol{AXA}=\boldsymbol{A};\boldsymbol{XAX}=\boldsymbol{X};(\boldsymbol{AX})^{\mathrm{T}}=\boldsymbol{AX};(\boldsymbol{XA})^{\mathrm{T}}=\boldsymbol{XA} \tag{8.10}$$

矩阵 $\boldsymbol{X}$ 称为 $\boldsymbol{A}$ 的广义逆(Generalized Inverse Matrix) 或 Penrose 逆,记为 $\boldsymbol{A}^{+}$。MATLAB 有内置函数 pinv 用来求 $\boldsymbol{A}^{+}$。有以下结论:

(1) 当 $\boldsymbol{A}$ 为可逆方阵时,$\boldsymbol{A}^{+}=\boldsymbol{A}^{-1}$。而且 $\boldsymbol{x}=\boldsymbol{A}^{+}\boldsymbol{y}$ 为 $\boldsymbol{Ax}=\boldsymbol{y}$ 的唯一解。

(2) 当 $\boldsymbol{A}$ 为列无关矩阵时,广义逆即为它的左逆:$\boldsymbol{A}^{+}=\boldsymbol{A}_L^{-1}=(\boldsymbol{A}^{\mathrm{T}}\boldsymbol{A})^{-1}\boldsymbol{A}^{\mathrm{T}}$。

$\boldsymbol{x}=\boldsymbol{A}^{+}\boldsymbol{y}$ 为 $\boldsymbol{Ax}=\boldsymbol{y}$ 的唯一最小二乘解,即它的法方程的唯一解。

(3) $\boldsymbol{Ax}=\boldsymbol{y}$ 为超定方程组，但秩($\boldsymbol{A}$) $<n<m$（即 $\boldsymbol{A}^T\boldsymbol{A}$ 奇异），或 $\boldsymbol{Ax}=\boldsymbol{y}$ 为欠定方程组，此时 $\boldsymbol{Ax}=\boldsymbol{y}$ 有无穷多组最小二乘解：

$$\boldsymbol{x}=\boldsymbol{A}^{+}\boldsymbol{y}+(\boldsymbol{I}-\boldsymbol{A}^{+}\boldsymbol{A})\boldsymbol{b},\forall \boldsymbol{b}\in R^n \tag{8.11}$$

其中，$\boldsymbol{x}=\boldsymbol{A}^{+}\boldsymbol{y}$ 是 L_2 模最小的解：$||\boldsymbol{A}^{+}\boldsymbol{y}||_2=\min\{||\boldsymbol{x}||_2:\boldsymbol{A}^T\boldsymbol{Ax}=\boldsymbol{A}^T\boldsymbol{y}\}$。

例 8.3 已知 $\boldsymbol{C}=[1,3,-1,2;0,-2,4,2;1,1,3,4]$。求 $\boldsymbol{C}$ 的秩与广义逆 $\boldsymbol{X}$，并验证定义的 4 个条件。

输入指令	输出结果
>> C=[1,3,-1,2; 0,-2,4,2; 1,1,3,4], % Ex-8.3 RankC=rank(C), X=pinv(C)	C = 1 3 -1 2 0 -2 4 2 1 1 3 4 RankC = 2 X = 0.0432 -0.0123 0.0309 0.1358 -0.0864 0.0494 -0.0556 0.1111 0.0556 0.0802 0.0247 0.1049
% 下面计算 DIF1~DIF4,表明 X 满足广义逆的 4 个条件,它是 C 的 % 广义逆。 DIF1=sum(sum(abs(C * X * C-C))), DIF2=sum(sum(abs(X * C * X-X))) DIF3=sum(sum(abs((C * X)'-(C * X)))), DIF4=sum(sum(abs((X * C)'-(X * C))))	 DIF1 = 9.1038e-15 DIF2 = 2.3419e-16 DIF3 = 1.1102e-15 DIF4 = 2.3037e-15

例 8.4 求例 8.1 的矩阵 $\boldsymbol{A}$ 的秩，并用内置函数 pinv 和式(8.9)中求左逆的方法求出 $\boldsymbol{A}^{+}$。

输入指令	输出结果
>> t=[300 400 400 550 720 850 900 950]'; % 列向量 y=[300 350 490 500 600 610 700 660]'; % 列向量 A(:,1)=ones(8,1); % coefficients of a: 列向量 A(:,2)=t; % coefficients of b: 列向量 RankA=rank(A) % =2 PinvA=pinv(A) % 用奇异值分解求 A 的广义逆	RankA = 2 PinvA = 0.5921 0.4522 0.4522 0.2422 0.0043 -0.1777 -0.2477 -0.3176 -0.0007 -0.0005 -0.0005 -0.0002 0.0002 0.0005 0.0006 0.0007
X=inv(A' * A) * A'; % 计算两者的差 DIF=sum(sum(abs(PinvA-X)))	DIF = 1.2838e-15

在例 8.4 中，用两种方法算出的左逆，差别极小，可以忽略。这是因为矩阵的规模很小。规模稍大，计算 $\boldsymbol{A}^T\boldsymbol{A}$ 的数值误差会很大。而用 QR 分解(QR decomposition)或奇异值分解(Singular Value deComposition，SVC)技术来计算广义逆，数值误差非常小。MATLAB 的内置函数 pinv 是用奇异值分解得到的广义逆。

8.4.2　最小二乘问题的广义逆解

我们已经知道，在任何情况下，$x=A^{+}y$ 是 $Ax=y$ 的一个最小二乘解。

例 8.5　求例 8.1 的最小二乘解。首先使用例 8.4 的指令串求出 A 的广义逆 PinvA。

输入指令	输出结果
>> t=[300 400 400 550 720 850 900 950]';　% 列向量 y=[300 350 490 500 600 610 700 660]';　% 列向量 A(:,1)=ones(8,1);　% coefficients of a: 列向量 A(:,2)=t;　% coefficients of b: 列向量 PinvA=pinv(A)　% 用奇异值分解求 A 的广义逆	PinvA = 0.5921　0.4522　0.4522　0.2422 0.0043　-0.1777　-0.2477　-0.3176 -0.0007　-0.0005　-0.0005　-0.0002 0.0002　0.0005　0.0006　0.0007
x=PinvA * y; c0=x(1),　c1=x(2)	c0 =　189.7535 c1 =　0.5310

从而，用 8 组训练点拟合得到的直线为

$$y=189.7535+0.5310t \tag{8.12}$$

上述拟合方程表明，如果没有广告投入($t=0$ 时)，销售额平均只有 189.7535 百万元。广告费每增加 1 万元，企业销售额将平均增加 53.1 万元。把这条拟合曲线和 8 组训练值画在一个图上，就得到图 8.1。

8.4.3　预报值与误差

给定一个 t 值，根据拟合曲线方程算出的 y 值，称为**预报值**，通常记为 $\hat{y}$。对于一般的线性模型 $Ax=y$ 来说，预报值 y_i 就是式(8.6)方括号中对 j 求和式的那一项，而我们要极小化的函数 Q 可以简化为 y 与 $\hat{y}$(列向量)的差的内积或 L_2 模的平方。即

$$Q=\|\hat{y}-y\|_2^2 \tag{8.13}$$

例 8.6　计算例 8.1 的最小二乘解 x 所对应的 Q 的极小值。

解：用于计算矩阵 X 的模的几个 MATLAB 内置函数：norm(X)，norm(X,2)，norm(X,'fro')，这里都可以用来计算列向量 $Q_y=y-\hat{y}$ 的 L_2 模的平方。但对于多余一列的矩阵来说，norm(X)，norm(X,2) 与 norm(X,'fro') 都不同，可以用 **help** 命令来了解详情。下面的指令串是接着例 8.5 输入的。

输入指令	输出结果
>> yhat = A * x;　Qy = y-yhat;　% 列向量的差 L22a = Qy' * Qy　% 内积, L22a = 1.7138e+004 Norm=norm(Qy);　L22b=Norm^2, Norm2=norm(Qy,2); L22c=Norm2^2 NormFro=norm(Qy, 'fro'); L22d= NormFro^2　% L22b =L22c=L22d=L22a	L22a =　1.7138e+04 L22b =　1.7138e+04 L22c =　1.7138e+04 L22d =　1.7138e+04

这里的误差值大的原因，是因为式(8.2B)中使用原有数据，而它们的值比较大。

上面的例题可以归纳为下面的算法。

算法 8.1　线性模型的广义逆解

(1) 把训练点的本身(自变量与函数)数据或对数值数据代入线性模型，形成系数矩阵 $\boldsymbol{A}$ 与右端项 $\boldsymbol{y}$，得到以线性模型的参数 $\boldsymbol{x}$ 为变量的线性方程组 $\boldsymbol{Ax}=\boldsymbol{y}$。其中，未知量(参数) $\boldsymbol{x}=(\boldsymbol{g}^{\mathrm{T}},c_0)^{\mathrm{T}}$(见式(8.2)，式(8.3))。

(2) 使用内置函数 pinv 求出矩阵 $\boldsymbol{A}$ 的广义逆 $\boldsymbol{A}^{+}$。

(3) 求出 $\boldsymbol{Ax}=\boldsymbol{y}$ 的最小二乘法的广义逆解 $\hat{\boldsymbol{x}}=\boldsymbol{A}^{+}\boldsymbol{y}$。

(4) 把得到的解 c_0 与 $\boldsymbol{g}$，回代到线性方程组，求出预报值 $\hat{\boldsymbol{y}}=\boldsymbol{A}\hat{\boldsymbol{x}}$。

(5) 计算 L_2 平方误差 $=(\boldsymbol{y}-\hat{\boldsymbol{y}})^{\mathrm{T}}(\boldsymbol{y}-\hat{\boldsymbol{y}})$。

例 8.7　试用训练点的 log 和 loglog 值来拟合表 8.1 的数据，并计算误差。

解：(1) 如果想分别使用 $h=1$、log、loglog,，则上面的指令都可以用，只是用键盘输入一个控制量 USElog：

USElog=0：$h=1$；　USElog=1：$h=\log$；　USElog=2：$h=1$oglog；

待指令窗口出现“> > USElog=”，在此后用键盘输入 0、1 或 2，然后按回车键。

输入指令	>> Ex8_7A		
主程序 Ex8_7A.m	**输出结果**		

clear; clc;　% Ex8_7A.m
USElog= input('USElog 0, 1 或 2=');
　　　　　　　　% 输入 0, 1 或 2
% 以下 t 与 y 有转置符,成为列向量
t= [300 400 400 550 720 850 900 950]';
y= [300 350 490 500 600 610 700 660]';
if USElog= =1　　　　% use h = log
　　t= log(t);
　　y= log(y);
elseif USElog= =2　　　% use h = loglog
　　t= log(log(t));
　　y= log(log(y));
end
A(:,1)= ones(8,1);　% coefficients of c0, 列向量
A(:,2)= t;　　　　% coefficients of c1, 列向量
PinvA= pinv(A);
x= PinvA * y;　c0= x(1),　c1= x(2)
yhat= A * x,　Qy = y-yhat;;　L22= Qy' * Qy
	USElog= 0
	c0 = 189.7535
	c1 = 0.5310
	
	yhat =
	349.0418
	402.1379
	402.1379
	481.7820
	572.0454
	641.0703
	667.6184
	694.1664
	L22= 1.7138e+ 04
		USElog= 1
		c0 = 2.0688
		c1 = 0.6527
		
		yhat =
		5.7916
		5.9794
		5.9794
		6.1872
		6.3630
		6.4713
		6.5086
		6.5439
		L22 = 0.0784
			USElog= 2
			c0 = 0.5851
			c1 = 0.6719
			
			yhat =
			1.7549
			1.7880
			1.7880
			1.8228
			1.8509
			1.8676
			1.8733
			1.8786
			L22 = 0.0021

(2) 如果想同时使用 $h=1$、log、loglog，以便比较它们的优劣，则应该把上面的程序改为 function；然后在主程序中分别调用 3 次。整个程序如下(包括作图[图 8.2])。

输入指令	>> Ex8_7
主程序 Ex8_7.m	**输出结果**

```
clear; clc;    % Name:Ex8_7.m
t=[300 400 400 550 720 850 900 950]';   % 列向量
y=[300 350 490 500 600 610 700 660]';   % 列向量
logt=log(t); logy=log(y);
LOGt=log(logt); LOGy=log(logy);
% 3 种方法求解: 依次为 h=1, h=log, h=loglog
[c00,c10,yhat0]=Ex8_7HomeAdv(t,y,0);
[c01,c11,yhat1]=Ex8_7HomeAdv(logt,logy,1);
[c02,c12,yhat2]=Ex8_7HomeAdv(LOGt,LOGy,2);
% 把使用 h=log 与 h=loglog 所得的预报值
% 转换回与训练值 y 量纲相同的值
yhat1=Ex8_7Predict(t, c01,c11,1); Yhat1=yhat1'
yhat2=Ex8_7Predict(t, c02,c12,2); Yhat2=yhat2'
% 计算在同样量纲下的 L2 平方误差
Qy1=yhat1-y; L221=Qy1' * Qy1       % h=log
Qy2=yhat2-y; L222=Qy2' * Qy2       % h=loglog
% Figures
t0=linspace(300,950,200);
y0=Ex8_7Predict(t0, c00,c10,0);       % h=1
y1=Ex8_7Predict(t0, c01, c11,1);      % h=log
y2=Ex8_7Predict(t0, c02, c12,2);      % h=loglog
figure(1);
plot(t0,y0,'b-'); hold on;        % h=1   fitting line
plot(t0,y1,'r');                  % h=log fitting line
plot(t,y,'bs');    hold off;      % 8 points
legend('h=1','h=log','8 points');
figure(2);
plot(t0,y0,'b-'); hold on;        % h=1         fitting line
plot(t0,y2,'g.');                 % h=loglog fitting line
plot(t,y,'bs');    hold off;      % 8 Samples
legend('h=1','h=loglog','8 points');
```

```
### Use h=1 ###
c01 =[c0 ,c1] = 189.7535    0.5310
L22 =      1.7138e+04
YHAT =
349.0418    402.1379    402.1379    481.7820
572.0454    641.0703    667.6184    694.1664
*** Use h=log ***
c01 = [c0 ,c1]= 2.0688       0.6527
L22 =        0.0784
YHAT =
5.7916       5.9794       5.9794       6.1872
6.3630       6.4713       6.5086       6.5439
=== Use h=loglog ===
c01 =    [c0 ,c1]=    0.5851       0.6719
L22 =        0.0021
YHAT =
1.7549       1.7880       1.7880       1.8228
1.8509       1.8676       1.8733       1.8786
Yhat1 =
327.5343    395.1871    395.1871    486.4871
579.9843    646.3477    670.9162    695.0149
Yhat2 =
324.7175    394.3900    394.3900    487.3486
581.2906    647.2314    671.4938    695.2157
L221 =       1.5766e+04
L222 =       1.5672e+04
```

函数子程序 Ex8_7HomeAdv.m

```
function [c0,c1,yhat]=Ex8_7HomeAdv(t,y,h);
A(:,1)=ones(8,1);        % coefficients of c0
A(:,2)=t;                % coefficients of c1
PinvA=pinv(A);
x=PinvA * y;
c0=x(1);    c1=x(2);
yhat=A * x; Qy=yhat-y; L22=Qy' * Qy;
```

```
if h==0
      STR='### Use h=1 ###';
elseif h==1
      STR='*** Use h=log ***';
else
      STR='=== Use h=loglog ===';
end
disp([STR]); % display which h is used
c01=[c0,c1], L22, YHAT=yhat' % display results
return;
```

续表

函数子程序 Ex8_7Predict.m

```
% 计算预报值并转换回与训练值 y 量纲相同的值
function yhat= Ex8_7Predict(t0,c0,c1,h);
yhat= c0+ c1 * t0;                    % h= 1
if h== 1                              % h= log
    yhat=  c0+ c1 * log(t0);   yhat= exp(yhat);
elseif h== 2                          % h= loglog
    yhat=  c0+ c1 * log(log(t0));
    yhat= exp(exp(yhat));
end
return;
```

输 出 图

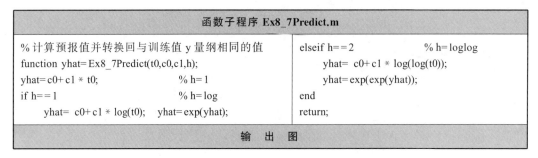

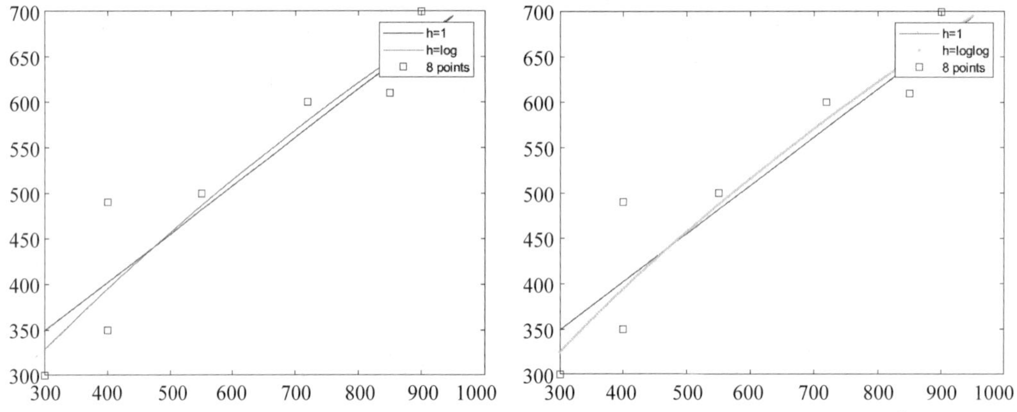

(a) h=1和h=log　　　(b) h=1和h=loglog

图 8.2　拟合直线与 8 个训练点对

运行结果分析：

(1) 三种方法得到的参数值和自身模型的 L_2 平方误差与转换为与 y 量纲相同预报值的 L_2 平方误差，见表 8.2。

表 8.2　三种模型得到的参数值与 L_2 平方误差

模　　型	参数 a	参数 b	自身 L_2^2	转换后 L_2^2
$h=1$	189.7535	0.5310	17 138	17 138
$h=\log$	2.0688	0.6527	0.0784	15 766
$h=\text{loglog}$	0.5851	0.6719	0.0021	15 672

从转换后的 L_2 平方误差来看，应用 log 或 loglog 所得的值相差不多，比用恒等函数所得的误差要小。

(2) 与 8 个训练点 t 对应的训练值 $\boldsymbol{y}$ 及 3 种预报值 $\hat{\boldsymbol{y}}$(与 y 量纲相同)列成表 8.3。

表 8.3　8 个 t 值对应的训练值与 3 种预报值

训练值 y	300	350	490	500	600	610	700	660
$\hat{\boldsymbol{y}}$: $h=1$	349.0	402.1	402.1	481.8	572.0	641.1	667.6	694.2

续表

训练值 y	300	350	490	500	600	610	700	660
$\hat{y}$：h=log	327.5	395.2	395.2	486.5	580.0	646.3	670.9	695.0
$\hat{y}$：h=loglog	324.7	394.4	394.4	487.3	581.3	647.2	671.5	695.2

从上述可见，应用 log 或 loglog 模型的预报值，彼此相差不多，但都比用恒等函数的模型的预报值更接近训练值。

(3) 把 $h=1$ 和 $h=\log$ 的两条拟合直线和训练点画在同一个图上，得到图 8.2(a)。把 $h=1$ 和 $h=\text{loglog}$ 的两条拟合直线和训练点画在同一个图上，得到图 8.2(b)。

为什么不把三条拟合直线画在同一个图上呢？这是因为 $h=\log$ 与 $h=\text{loglog}$ 的拟合直线非常接近，以至于看不到 $h=\log$ 作出的拟合直线，它被 $h=\text{loglog}$ 作出的拟合直线所覆盖。读者自己可以试试把三条拟合直线和训练点画在同一个图上，结果将看到与图 8.2(a)一样的两条直线。

在图 8.2 中，用虚线画出的是应用恒等函数的拟合直线。从图上也可以看出，$h=\log$ 与 $h=\text{loglog}$ 作出的拟合直线在两端比 $h=1$ 作出的拟合直线更接近训练点。

例 8.8 根据拟合曲线方程式(8.11)计算 $t=350$ 和 $t=1000$ 时的 3 种模型的预报值。指令串接例 8.7(2)(参数 c00、c10、c01、c11、c02、c12 由例 8.7(2)给出)。

输 入 指 令	输 出 结 果

`>> t0=[350, 1000]`
`yhat0=Ex8_7Predict(t0,c00,c10,0)   % h=1`
`yhat1=Ex8_7Predict(t0,c01,c11,1)   % h=log`
`yhat2=Ex8_7Predict(t0,c02,c12,2)   % h=loglog`
	`t0 =      350       1000`
	`yhat0 =   375.5898  720.7145`
	`yhat1 =   362.2031  718.6768`
	`yhat2 =   360.5044  718.4352`

这里，训练点 t 的取值范围是 $300\leqslant t\leqslant 950$；$t=350$ 在取值范围内，它的预报值是所谓“内推”得到的，而 $t=1000$ 在取值范围外，它的预报值是所谓“外推”得到的。内推值误差小，而外推值误差较大，甚至不可靠。

8.5 两个广义线性回归模型：Logistic 与 Probit

Logistic 算法与 Probit 算法都是广义线性(回归)模型的算法。本节用易于理解但不十分严格的叙述来介绍广义线性模型。关于这一模型的严格的概率统计论述可参考有关的大量文献。

8.5.1 广义线性模型与链接函数

用线性回归来分类时，若沿用下面这种形式的模型(P 是属于类别的概率)：

$$P=c_0+c_1t_1+c_2t_2+\cdots+c_lt_l$$

则存在以下两个问题。

(1) 等式两边的取值范围不同，右边是负无穷到正无穷，左边是[0,1]。

(2) 概率 P 与自变量并不是直线关系。

所以,上面这个分类模型需要修正。一种方法是因变量不直接用 P,而是对它通过函数变换:

$$Z=\Psi(P)=c_0+c_1t_1+c_2t_2+\cdots+c_lt_l$$

这称为**广义线性模型**(Generalised Linear Model,GLM),而上述变换函数称为**链接函数**(Link Function)。

8.5.2 Logistic 模型

1. Logit(链接)函数

Logistic 模型最常用的链接函数是 logit:

$$Z=\Psi(P)=\ln[P/(1-P)] \quad \text{或} \quad P=\Psi^{-1}(Z)=1/(1+\mathrm{e}^{-Z}) \tag{8.14}$$

显而易见,当 Z 在$(-\infty,\infty)$范围取值时,P 在$[0,1]$范围取值。

这里介绍 3 个 Logistics 模型来表达"害虫死亡率 P 的转换值"Z 与"用药时间+用药浓度"的函数关系。已知固定的用药时间 t 和一组在某一区间内的用药浓度 C 及其产生的死亡率,则用两个参数的模型;而已知一组在某一区间内的用药时间 t 和一组在该区间内的对应的用药浓度 C 及其对应的死亡率时,可用三个参数或四个参数的模型。

$$\begin{cases}(1)\ \text{两个参数的模型: } Z=c_0+c_1h(Ct)\\(2)\ \text{三个参数的模型: } Z=c_0+c_1h(t)+c_2h(C)\\(3)\ \text{四个参数的模型: } Z=c_0+c_1h(t)+c_2h(C)+c_3h(t)h(C)\end{cases} \tag{8.15}$$

这三个模型中的函数 h 可以选 $h=\log$ 或恒等函数 $h=1$。在三个参数的模型后加上第四项,是描述用药时间与用药浓度的交互作用。

算法 8.2 广义线性模型的广义逆解

(1) 把训练点的概率值 P 通过链接函数转换成广义线性模型的"函数值"Z(后面的 Probit 模型用 Y)。

(2) 把训练点的本身数据或对数值数据代入广义线性模型,形成系数矩阵 $\boldsymbol{A}$(代入自变量的数据)与右端项 Z 或 Y(代入函数的数据),得到以广义线性模型的参数 $\boldsymbol{x}$ 为变量的线性方程组 $\boldsymbol{Ax}=Z$(或 $\boldsymbol{Ax}=Y$)。

(3) 使用内置函数 pinv 求出矩阵 $\boldsymbol{A}$ 的广义逆 $\boldsymbol{A}^+$。

(4) 求出 $\boldsymbol{Ax}=Z$(或 $\boldsymbol{Ax}=Y$)的最小二乘法的广义逆解 $\hat{\boldsymbol{x}}=\boldsymbol{A}^+Z$(或 $\hat{\boldsymbol{x}}=\boldsymbol{A}^+Y$)。

(5) 把得到的解(参数)回代到线性方程组,求出预报值 $\hat{Z}=\boldsymbol{A}\hat{\boldsymbol{x}}$(或 $\hat{Y}=\boldsymbol{A}\hat{\boldsymbol{x}}$)。

(6) 计算广义线性模型的 L_2 平方误差$=(Z-\hat{Z})^{\mathrm{T}}(Z-\hat{Z})$(或$(Y-\hat{Y})^{\mathrm{T}}(Y-\hat{Y})$。

(7) 把预报值 $\hat{Z}$ 或 $\hat{Y}$ 用链接函数转换回概率的预报值 $\hat{P}$。

(8) 计算概率预报值的 L_2 平方误差$=(P-\hat{P})^{\mathrm{T}}(P-\hat{P})$。

2. 害虫死亡率的实际例子

这一节与下一节有关害虫死亡率的例子的详细内容可参考文献[8]。

谷物收到粮仓以后,都要用硫化氢(PH_3)来熏蒸以杀死害虫,主要是谷蠹。它会钻入谷物,使谷物变成粉末,无法食用。但硫化氢的浓度 C 并不是越浓越好,熏蒸的时间 t 也不是越长越好。这样做,会适得其反,使害虫产生很强的抗药性。这就需要拟合大量的实验数据，建立数学模型，在给定 C 与 t 的值时来预报各种基因的谷蠹的死亡率 P。然后经过计算机模拟来寻找延缓害虫产生强抗药性的最佳途径。

例 8.9　固定 $t=48$(h：小时)，对具有最弱抗药基因 SS 的谷蠹，使用不同浓度的 C 值(mg/L)熏蒸，得到表 8.4 所列的数据。使用 $h=1$ 与 $h=\log$ 的两个参数的模型来拟合所列的数据。

表 8.4　固定 $t=48$h，不同的浓度 C，谷蠹 SS 的死亡率

C	0.001	0.0015	0.002	0.003	0.004
P	0.0201	0.32	0.7047	0.9733	**1.0000**

解：首先，用链接函数把 P 值转换成 Z 值。但最后一个 P 值是 1，从转换式 (8.13) 可见它的 Z 值是无穷大。我们要给它扰动(Perturb)一个值 ε，使 P 值成为 $1-\varepsilon$。但 ε 并不是越小越好(见习题)。我们用 0.618 的优选法[8,13]（详见第 10 章）发现，$h=\log$ 时，$\varepsilon=0.0011$，即取 $P(5)=0.9989$，$h=1$ 时，$\varepsilon=0.0001$，即取 $P(5)=0.9999$，可使得最小二乘的误差最小。用上述两种函数分别来拟合表 8.4 中的 Z 数据，然后还原为 P 数据。

因为后面还要用 Probit 算法，所以下面的程序可选用两种算法之一。用 Logistic 算法时，逻辑变量 PROBIT 的值应为 0。

输 入 指 令	>>Ex8YZss

主程序 Ex8YZss.m

```
clear;    clc;                          % Name:Ex8YZss.m
% Input data
[USElog,PROBIT,CT,YZ,P]= Ex8ssData();
% Coefficient matrix A
A(:,1)= ones(5,1);                      % coefficients 0f c0
A(:,2)= CT'; % coefficients 0f c1, CT transpose!
% Find the Generalized Inverse Matrix solution
PinvA= pinv(A);
xYZ= PinvA * YZ';
c0= xYZ(1); c1= xYZ(2);                 % YZ transpose!
% Predicted values of Y or Z
YZhat= A * xYZ;                         % Yhat or Zhat
difYZ= YZ'-YZhat;   YZL22= difYZ' * difYZ;
%%% (3) Predicted values of P
if   PROBIT==1
     Phat = cdf('normal',YZhat-5,0,1);
else
     Phat= 1./(1+exp(-YZhat));
end
difP= P'-Phat;   PL22=(norm(difP,2))^2;
% Drawing figures
if USElog ==1
       CT1= linspace(-3.1, -1.6, 200);
else
       CT1= linspace(0.04, 0.2, 200);
end
yz1= c0+ c1 * CT1;
figure(1);                         % (Y or Z) vs. CT
plot(CT1,yz1);   hold on;          % fiting line
ic= 1:5; plot(CT(ic), YZ(ic),' * '); % 5 points
hold off;
figure(2)                          % P vs. CT
%%% (4) Convert Y or Z to P
if PROBIT==1
     P1= cdf('normal',yz1-5,0,1);
else
     P1= 1./(1+exp(-yz1));
end
plot(CT1,P1); hold on;             % fiting S-curve
plot(CT(ic), P(ic),' * ');
hold off;      % 5 sample points of P
% show the results
if   PROBIT==1
     Yhat= YZhat', YL22= YZL22
else
     Zhat= YZhat', ZL22= YZL22
end
C10= [c0,c1], Phat= Phat', PL22
```

续表

函数子程序 Ex8ssData.m

```
function [USElog,PROBIT,CT,YZ,P]= Ex8ssData();
USElog= input('USElog= ');
% if USElog= 1, f= log, otherwise, f= 1
PROBIT= input('PROBIT= ');
% if =1 use probit, =0 use logistic
t= 48.;    C= [0.001,0.0015,0.002,0.003,0.004];
Ct= C * t;              % =[0.048, 0.072, 0.096, 0.144, 0.192]
logCt= log(Ct);
         % =[ -3.0366, -2.6311, -2.3434, -1.9379, -1.6503]
P= [0.0201, 0.32, 0.7047, 0.9733, 1.0000];
%%% (1) Perturbed P(1)
if USElog==1
    if PROBIT==1
        P(5)= 0.999305;
    else
        P(5)= 0.9989;
    end
else
    P(5)= 0.9999;
end
%%% (2) Convert P to Y or Z
if PROBIT==1
    z= icdf('normal',P,0,1);% z= Y-5
YZ= z+ 5;
else
    YZ= log(P./(1-P));
end
% Coefficient Matrix A
if USElog == 1
    CT= logCt;
else
    CT= Ct;
end
return;
```

输出结果 1 （USElog=0:用训练点本身值， PROBIT=0:用 Logistic）

```
Zhat= -3.4757   -1.4439   0.5880   4.6517   8.7154
ZL22=  2.0839
C10=  -7.5394   84.6604
Phat=  0.0300    0.1909   0.6429   0.9905   0.9998
PL22=  0.0209
```

输出结果 2 （USElog=1 用训练点对数值值， PROBIT=0:用 Logistic）

```
Zhat= -3.9850   -0.9796   1.1527   4.1581    6.290
ZL22=  0.7280
C10=  18.5226    7.4122
Phat=  0.0183    0.2730   0.7600   0.9846   0.9981
PL22=  0.0054
```

运行结果分析：

(1) 得到的两个参数值对应于 $h=\log$ 与 $h=1$，分别为：

$h=\log$：$c_0=18.5226$，$c_1=7.4122$

$h=1$：$c_0=-7.5394$，$c_1=84.6604$

原始数据 P 与其转换值 Z，它们的预报值 $\hat{P}$、$\hat{\boldsymbol{Z}}$，以及 L_2 平方误差见表 8.5。

表 8.5　原始数据与预报值对照，以及 L_2 平方误差

	原始数据与预报值					L_2^2
P	0.0201	0.32	0.7047	0.9733	$1-\varepsilon$	
$\hat{P}(\boldsymbol{h}=\log)$	0.0183	0.2730	0.7600	0.9846	0.9981	0.0054
$\hat{P}(\boldsymbol{h}=1)$	0.0300	0.1909	0.6429	0.9905	0.9998	0.0209
$\boldsymbol{Z}$	−3.8867	−0.7538	0.8698	3.5960	6.9068	
$\hat{\boldsymbol{Z}}(\boldsymbol{h}=\log)$	−3.9850	−0.9796	1.1527	4.1581	6.2905	0.7280
$\hat{\boldsymbol{Z}}(\boldsymbol{h}=1)$	−3.4757	−1.4439	0.5880	4.6517	8.7154	2.0839

从表 8.5 可见，使用 $h=\log$ 得到的 L_2 平方误差较小。

(2) 以上程序拟合(CT,Z)[$h=\log$：CT$=\log(Ct)$；$h=1$：CT$=Ct$]得到的两个直线图与两个 S 形曲线图，分别见图 8.3 与图 8.4。

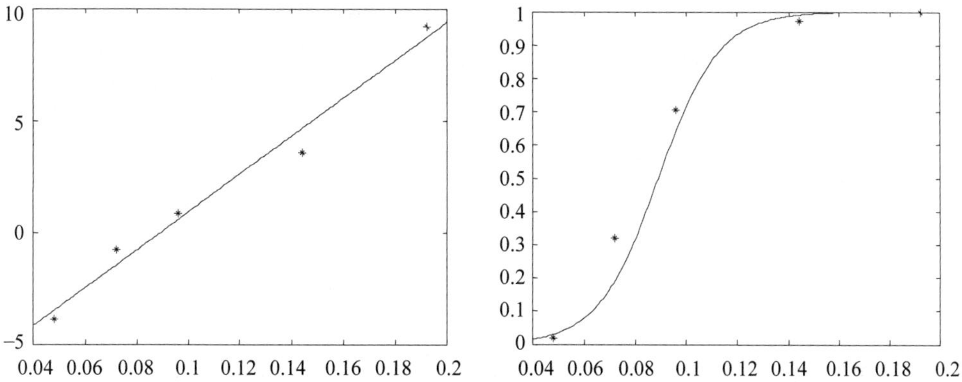

(a) 点对$((Ct)_i, Z_i)$与拟合的直线　　(b) 点对$((Ct)_i, P_i)$与拟合的S形曲线

图 8.3　结果 1

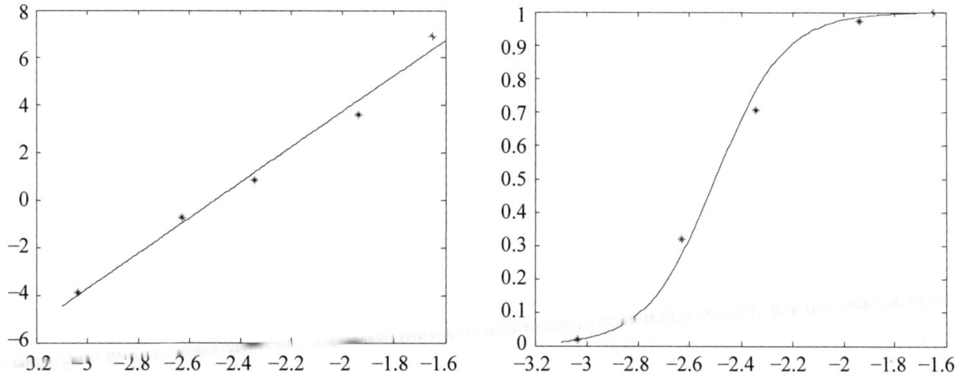

(a) 点对$((Ct)_i, Z_i)$与拟合的直线　　(b) 点对$((Ct)_i, P_i)$与拟合的S形曲线

图 8.4　结果 2

例 8.10 有两组实验数据，都是测试有最强抗药基因 RR 的谷蠹死亡率。第一组实验数据与前例一样，固定 $t=48$(h)，对 RR 使用不同浓度的 C 值(mg/L)熏蒸，及其相应的死亡率的 5 对数据，见表 8.6。第二组实验数据是为使 RR 的死亡率达到 99.9%，所需的熏蒸时间 t(天数)与对应的熏蒸浓度 C 的 8 对数据，见表 8.7。

试使用 $h=\log$ 及四个参数的模型(见式(8.15))来统一拟合这 13 对数据。

表 8.6 固定 $t=48$h，不同的浓度 C，谷蠹 RR 的死亡率 $P(Z)$ 及其预报值

C	0.1	0.25	0.5	1.0	1.25	L_2 平方
P_1	**0.0000**	0.0200	0.2254	0.5203	0.5705	0.0810
$\hat{P}_1$	0.0001	0.0056	0.0871	0.6163	0.7995	
Z	−10.1571	−3.8918	−1.2345	0.0812	0.2839	8.3808
$\hat{Z}$	−8.9063	−5.1735	−2.3498	0.4740	1.3830	

表 8.7 使 RR 的死亡率达到 0.999，所需的熏蒸时间 t(天数)与对应的熏蒸浓度 C

C	0.1	0.15	0.2	0.3	0.4	0.5	0.75	1.0
t	14.02	12.74	8.509	7.144	6.55	5.628	4.233	3.74
$\hat{t}$	14.95	11.24	9.317	7.274	6.17	5.465	4.436	3.86
* $\hat{P}_2$	0.9983	0.9996	0.9979	0.9988	0.9994	0.9992	0.9984	0.9986

* 8 个训练点的 P_2 值都是 0.999

解：对表 8.6 中的第一个 P 值 0，要给它扰动值 ε，否则它的 Z 值是负无穷大。用 0.618 的优选法发现：$h=\log$ 时，$P(1)=\varepsilon=3.88\times10^{-6}$，可使得 L_2 平方误差最小。

因为后面还要用 Probit 算法，所以下面的程序可选用两种算法之一。用 Logistic 时，逻辑变量 PROBIT 的值应为 0。整个程序如下，结果如图 8.5 所示。

输入指令	>>Ex8YZrr

主程序 Ex8YZrr.m

```
clear; clc;              % Ex8YZrr.m
PROBIT=input('PROBIT=');   % input 1or 0
% if =1 use probit, =0 use logistic
% Original data
FIVE=ones(1,5); t1=48. * FIVE;   logt1=log(t1);
C1=[0.1,0.25,0.5,1.0,1.25];
logC1=log(C1);
P1=[0.0000,0.0200,0.2254,0.5203,0.5705];
%%%(1)Perturbed P1(1)=0 to a small value
if PROBIT==1
     P1(1)=4.38e-8;
else
     P1(1)=3.88e-5;
end
```

```
%%%(3) Convert Yhat or Zhat to Phat
if PROBIT==1
     Phat = cdf('normal',YZhat-5,0,1);
else
     Phat=1./(1+exp(-YZhat));
end
difP=P'-Phat;   PL22=(norm(difP,2))^2;
% Drawing figuers
figure(1);             % P1 vs. logC1
t10=logt(1);   dC=0.1;
C10=linspace(min(logC1)-dC,max(logC1)+dC,200);
yz1=c0+c1 * t10+c2 * C10+c3 * t10 * C10;
%%%(4) Convert y1 or z1 to P10
if PROBIT==1
```

续表

% Change the dimension of t: Hours--> Days
Dt2=[14.02,12.74,8.509,7.144,6.55,5.628,4.233,3.74];
t2=24 * Dt2; logt2=log(t2); % t2 hours!
C2=[0.1,0.15,0.2,0.3,0.4,0.5,0.75,1.0];
logC2=log(C2);
EIGHT=ones(1,8); P2=0.999 * EIGHT;
t=[t1,t2]; logt=[logt1,logt2];
C=[C1,C2]; logC=[logC1,logC2];
P=[P1,P2];
% % % (2) Convert P to Y or Z
if PROBIT==1
YZ=icdf('normal',P,0,1)+5;
else
YZ=log(P./(1-P));
end
% Form Coefficient Matrix A
A(:,1)=ones(13,1); A(:,2)=logt'; % For a & b
A(:,3)=logC'; A(:,4)=logt'. * logC'; % For c & d
% Generalised inverse matrix solution
PinvA=pinv(A);
xYZ=PinvA * YZ';
c0=xYZ(1); c1=xYZ(2); c2=xYZ(3); c3=xYZ(4);
% Predicted values of Y or Z
YZhat=A * xYZ;
difYZ=YZ'-YZhat; YZL22=difYZ' * difYZ;
	P10 = cdf('normal',yz1-5,0,1);
	else
	P10=1./(1+exp(-yz1));
	end
	plot(C10,P10,'r'); hold on;
	ic=1:5; plot(logC1(ic),P1(ic),'bs'); hold off;
	figure(2);
	C21=linspace(0.1,1.0,200);
	logC21=log(C21);
	% % % (5) Convert P=0.999 to y2 or z2
	if PROBIT==1
	yz2=icdf('normal',0.999,0,1)+5;
	else
	yz2=log(0.999./(1-0.999));
	end
	Dt21=exp((yz2-c0-c2 * logC21)./...
	(c1+c3 * logC21))/24;
	plot(C21,Dt21,'r'); hold on; % T-C curve
	plot(C2,Dt2,'bs'); hold off; % Dt21&Dt2: Hours
	t22=exp((yz2-c0-c2 * logC2)./(c1+c3 * logC2))/24.;
	% Predict times (for P=0.999)
	C0123=[c0,c1,c2,c3]
	if PROBIT==1
	Yhat1=YZhat(1:5)',
	Yhat2=YZhat(6:13)',YL22=YZL22
	else
	Zhat1=YZhat(1:5)',
	Zhat2=YZhat(6:13)',ZL22=YZL22
	end
	Phat1=Phat(1:5)', Phat2=Phat(6:13)', PL22, t22

输出结果（PROBIT=0：Logistic；本例只取训练点的对数值）

```
C0123 =-37.4196   9.7886    0.8350    0.8366                                   % 解:C0123=[c0 c1 c2 c3]
Zhat1=   -8.9063  -5.1735   -2.3498   0.4740   1.3830
Zhat2=    6.4039   7.9311    6.1413   6.7489   7.4441   7.1775   6.4607   6.6010
ZL22=     8.3808
Phat1=    0.0001   0.0056    0.0871   0.6163   0.7995
Phat2=    0.9983   0.9996    0.9979   0.9988   0.9994   0.9992   0.9984   0.9986
PL22=     0.0810
t22=     14.9459  11.2441    9.3166   7.2736   6.1713   5.4649   4.4355   3.8587
```

输出图纸

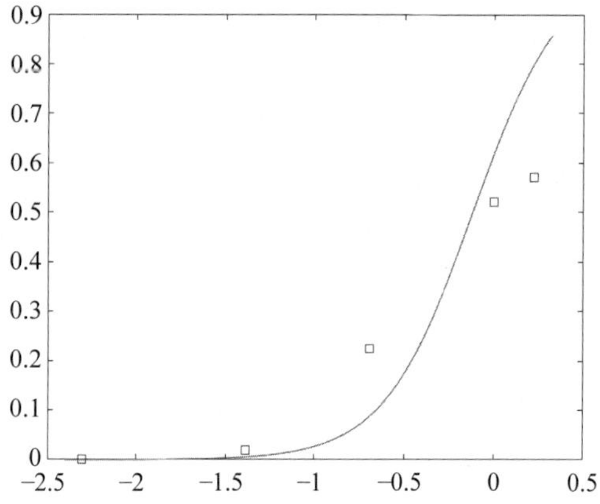

(a) 第一组训练值P与拟合的S形曲线

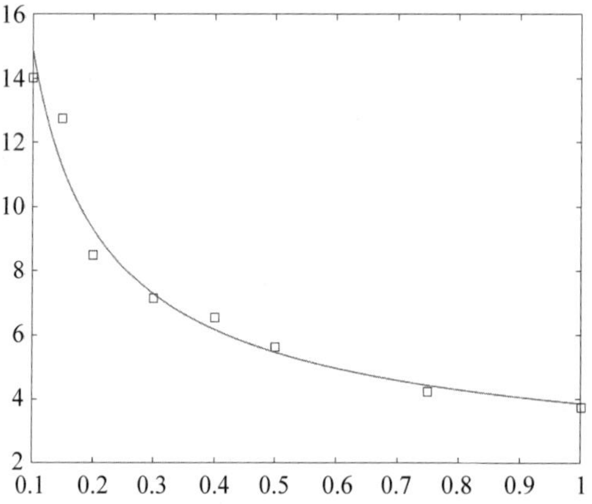

(b) 第二组训练值t与T-C曲线

图 8.5 输出结果

运行结果分析：

(1) 得到的 4 个参数值($h=\log$)为：

$$c_0=-37.4196, c_1=9.7886, c_2=0.8350, \quad c_3=0.8366$$

(2) 第一组数据 P_1 与其转换值 Z，它们的预报值 $\hat{P}_1$、$\hat{Z}$，以及 L_2平方误差见表 8.6。$\log(C)$ vs.P 的 S 形曲线见图 8.5(a)。

(3) 第二组 8 个 P_2 训练值(从而其转换值 Z)都是 0.999($Z=6.9068$)，它的预报值 $\hat{P}_2$ 见表 8.7 最后一行。对于这组数据，还有所需的熏蒸时间 t(或熏蒸浓度 C)的预报值(程序末行的 t22)，见表 8.7 第 3 行。因为给定区间[0.1,1.0]中的任何一个 C 值，从拟合模型 $Z=c_0+c_1\log(t)+c_2\log(C)+c_3\log(t)\log(C)$可推出：

$$\log(t)=[Z-c_0-c_2\log(C)]/[c_1+c_3\log(C)]$$

从而

$$\boldsymbol{t}=\exp([Z-c_0-c_2\log(C)]/[c_1+c_3\log(C)]) \tag{8.16}$$

由此，可以画出区间 [0.1,1.0]上的"$T-C$"曲线(t 以天数为单位)，见图 8.5(b)。

8.5.3 Probit 模型

Probit 模型是广义线性模型的另一个重要模型,它也可以拟合 S 形曲线。从下面的例子可见,用它拟合的 L_2 平方误差比 Logistic 模型拟合得更小。但在机器学习的文献中,反而较少提起它,也许是因为它的链接函数比较复杂。但实际上,MATLAB 有计算链接函数及其反函数值的内置函数,这给使用 Probit 模型带来极大的方便。

1. 链接函数

Probit 模型的链接函数 $\Phi(P)$是(标准正态)累积分布函数(Cumulative Distribution Function,CDF)的逆函数(为何 $Y=z+5$,在后面解释)。

$$z(=Y-5)=\Phi(P)=c_0+c_1t_1+c_2t_2+\cdots+c_lt_l$$

$$P=\Phi^{-1}(z)=\frac{1}{\sqrt{2\pi}}\int_{-\infty}^{z}\exp\{-u^2/2\}\mathrm{d}u \tag{8.17}$$

其中,$f(u)=\exp\{-u^2/2\}/\sqrt{2\pi}$是标准正态分布(期望值为 0,标准差为 1)的概率密度函数。$\Phi(P)$是 $f(u)$的原函数,不能表达为初等函数。MATLAB 的内置函数 icdf 把 P 值转换成 z 值。而 $\Phi^{-1}(z)$的积分值是通过数值积分得到的。MATLAB 的内置函数 cdf 把 z 值转换回 P 值。

为与 Logistic 模型相区别,用小写的 z 或 $Y(=z+5)$表示 P 经链接函数式(8.17)得到的转换值。

2. 内置函数 cdf

用指令 **cdf('normal',z,0,1)**(0 为期望值,1 为标准差)来求随机变量 $X\leqslant z$(z=积分上限)的累积概率 $P(X\leqslant z)$。其中,z 可以是向量或矩阵。

例 8.11 给出 $\boldsymbol{z}_1=[-\infty,0,\infty]$,$\boldsymbol{z}_2=-2:2$,$\boldsymbol{z}_3=[-2,-1;0,\infty]$;求它们的累积概率。

输入指令	输出结果
>> Pz1= cdf('normal', [-inf,0,inf],0,1), z2= -2:2; Pz2= cdf('normal',z2,0,1), z3= [-2,-1; 0, inf]; Pz3= cdf('normal',z3,0,1)	Pz1 = 0 0.5000 1.0000 Pz2 = 0.0228 0.1587 0.5000 0.8413 0.9772 Pz3 = [0.0228, 0.1587; 0.5000, 1.0000]

3. 内置函数 icdf

已知 P 值,指令 icdf('normal',P,0,1) 把 P 值转换成 z 值,其中,P 可以是向量或矩阵。

例 8.12 给出例 8.11 的结果 Pz3,求 z 值(要接着上面的指令串)。

输入指令	输出结果
>> Pz3= [0.0228, 0.1587; 0.5000, 1.0000] ;, z= icdf('normal',Pz3,0,1) z3= icdf('normal',cdf('normal', z3,0,1),0,1)	 z = [-1.9991, -0.9998; 0, Inf] z3 = [-2 -1; 0, Inf]

这里 z 不能还原成 z_3 是因为例 8.11 显示 Pz3 时，仅给出 4 位小数造成的。

例 8.13 已知 P0 = [10^{-7}, 0.000001, 0.5]，求它们的 Probit 值 z0。

解： P0 = [1.e−7, 0.000001, 0.5];

z0=icdf('normal',P0,0,1) %输出：z=[−5.1993, −4.7534, 0]

也就是说，当害虫死亡率 $P>10^{-6}$ 时，它的 z 值在[−4.7534,4.7534]内。这样，$Y=z+5$ 的值总是正值。在实际的实验中，死亡率要确认为 0.001 十分困难，因为至少需要具有同一基因的害虫 1000 个来做实验。

Probit 与 Logistic 一样，有前面已经介绍过的 3 个参数模型，来表达用药时间+用药浓度与害虫死亡率的函数关系，见式(8.15)。如果直接用 z 值，则拟合出来的参数 c_0 就会增加 5。

4. 应用 Probit 求害虫死亡率

例 8.14 应用 Probit 的两个参数模型来拟合例 8.9 中给出的数据。

解： 程序见例 8.9 的 Ex8YZss.m。此处的逻辑变量 PROBIT 的值应为 1。程序中用"%%%"标明的 4 处是 Probit 与 Logistic 的不同之处。

(1) P 的最后一个分量的扰动值取 $P(5)=0.999305(h=\log)$，$P(5)=0.9999(h=1)$。

(2) 转换 P 值为 Y 值的语句由"$Z=\log(P./(1-P))$;"改为：

```
z=icdf('normal',P,0,1);   %输出:z=Y-5
Y=z+5;
```

(3) 计算 P 的预报值的语句改为：

```
Phat = cdf('normal',Yhat-5,0,1);
```

(4) 在指令语句"figure(2)"的后面，把 yz1 值转换回 P 值的语句改为

```
P1=cdf('normal',yz1-5,0,1);
```

运行结果分析：

(1) 得到的两个参数值对应于 $h=\log$ 与 $h=1$ 分别为：

$h=\log$：$c_0=14.2551$，$c_1=3.7182$；

$h=1$：$c_0=1.5485$，$c_1=37.9111$。

(2) 原始数据 P 的转换值 Y，它们的预报值 $\hat{P}$、$\hat{Y}$ 以及 L_2 平方误差见表 8.8。

表 8.8 P 的预报值及其 Probit 转换值 Y 与预报值以及 L_2 平方误差

	Y 与 P、Y 的预报值					L_2^2
$\hat{P}(h=\log)$	0.0209	0.2988	0.7060	0.9798	0.9991	0.0005
$\hat{P}(h=1)$	0.0514	0.2352	0.5745	0.9777	0.9999	0.0251

续表

	Y 与 P、Y 的预报值					L_2^2
$\hat{Y}(h=\log)$	2.9645	4.4721	5.5418	7.0494	8.1191	0.0238
$\hat{Y}(h=1)$	3.3682	4.2781	5.1879	7.0077	8.8274	0.3810

(3) 以上程序拟合(CT,Z)($h=\log$ 时,CT$=\log(Ct)$; $h=1$ 时,CT$=Ct$)得到的两个直线图,见图 8.6。而拟合(CT, P)得到的两个 S 形图,见图 8.7。

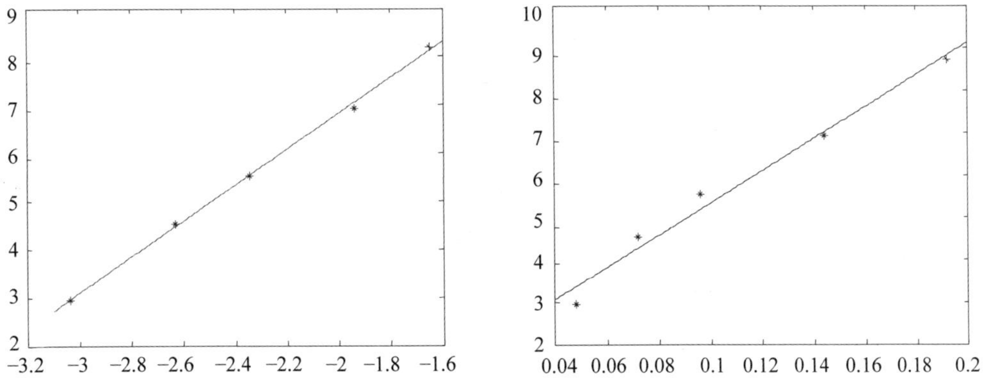

(a) 点对$(\log(Ct)_i, Y)$　　(b) 点对$((Ct)_i, Y_i)$

图 8.6　五个点对与拟合的直线

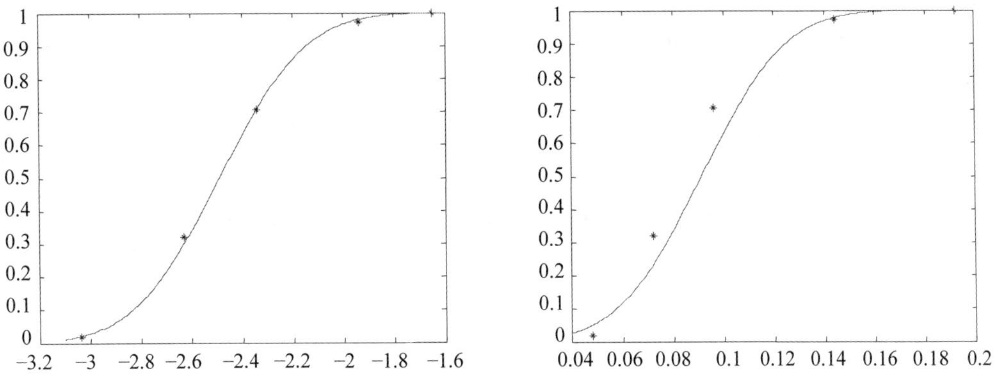

(a) 点对$(\log(Ct)_i, P_i)$　　(b) 点对$((Ct)_i, P_i)$

图 8.7　五个点对与拟合的 S 形曲线

从表 8.8 及以上两图可见,使用 $h=\log$ 得到的 L_2 平方误差较小。对照 Logistic 的结果(表 8.5 与图 8.3、8.4),Probit 的两个 L_2 平方误差都小。

例 8.15　用 Probit 的 4 个参数模型(见式(8.15))与 $h=\log$ 来统一拟合例 8.10 中给出的 13 对数据。

解:程序见例 8.10 的 Ex8YZrr.m。此处的逻辑变量 PROBIT 的值应为 1。程序中用"%%%"标明的 5 处是 Probit 与 Logistic 的不同之处。

(1) 对表 8.6 中第一个 P 值 0,要给它扰动值 ε,这里 $P(1)=\varepsilon=4.38\times10^{-8}$。

(2) 把"Z=log(P./(1-P));"改为转换 P 值为 Y 值的语句:

```
Y=icdf('normal',P,0,1)+5;
```

(3) 计算 P 的预报值的语句改为:

```
Phat = cdf('normal',Yhat-5,0,1);
```

(4) 作"figure(1)"时,把 Y1 值转换回 P10 值的语句改为:

```
P10=cdf('normal',Y1-5,0,1);
```

(5) 作"figure(2)"时,把 P=0.999 的值转换为 Y2 的语句改为:

```
Y2=icdf('normal',0.999,0,1)+5;
```

运行结果分析:

(1) 得到的 4 个参数值为:

$h=$ log: $c_0=-12.2014$, $c_1=4.4985$, $c_2=1.1209$, $c_3=0.2612$。

(2) 第一组数据 P 与其转换值 Y,它们的预报值 $\hat{P}$、$\hat{Y}$ 以及 L_2 平方误差见表 8.9。可以画出 log(C) vs.P 的 S 形曲线见图 8.8(a)。

(3) 第二组 8 个 P 训练值(从而其转换值 Y)都是 0.999($Y=8.0902$),它的预报值见表 8.10。对于这组数据,还有所需的熏蒸时间 t 的预报值 $\hat{t}$(t22)见表 8.10 第 3 行。如果不把 Z 改为 Y,则 t 值的表达式也用式(8.16)。它在区间 [0.1,1.0] 上的 T-C 曲线(t 以天数为单位),见图 8.8(b)。

表 8.9 P 及其 Probit 转换值 Y 与它们的预报值以及 L_2 平方误差

P	4.38e-8	0.0200	0.2254	0.5203	0.5705	0.0533
$\hat{P}$	0.0000	0.0030	0.1030	0.5844	0.7546	
Y	−0.3507	2.9463	4.2459	5.0509	5.1776	2.0029
$\hat{Y}$	0.3039	2.2575	3.7354	5.2133	5.6890	

表 8.10 使 RR 的死亡率达到 0.999,所需的熏蒸时间 t(天数)与对应的熏蒸浓度 C

C	0.1	0.15	0.2	0.3	0.4	0.5	0.75	1.0
t	14.02	12.74	8.509	7.144	6.55	5.628	4.233	3.74
$\hat{t}$	14.75	11.27	9.394	7.347	6.22	5.484	4.403	3.79
* $\hat{P}$	0.9981	0.9998	0.9964	0.9985	0.9995	0.9993	0.9982	0.9988

* 8 个 P 训练值都是 0.999

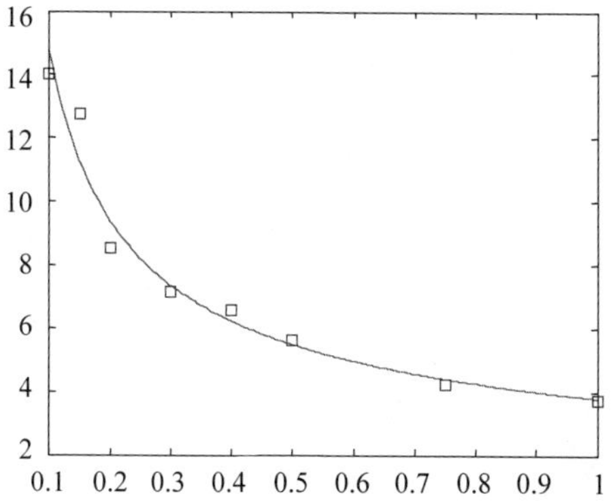

(a) 第一组训练值P与拟合的S形曲线

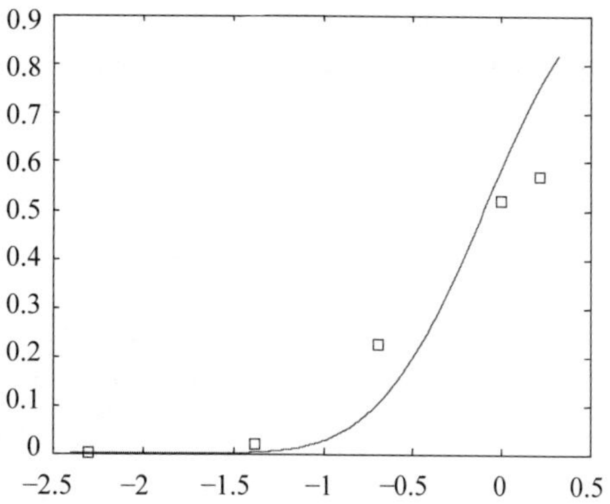

(b) 第二组数据t与T-C曲线

图 8.8 运行结果

8.6 梯度下降法

梯度下降法(Gradient Descent)是用来求解无条件(无约束)问题的局部极小点;对于某些目标函数来说,也是最小点。这是一种迭代方法,它要求目标函数可微。由于我们总能够得到极小点的一个估值 $\boldsymbol{x}^{(1)}$(不管它与极小点的接近程度如何),称为初始点,所以可以把寻找极小点的问题归结为:如何从初始点出发,逐渐行进到极小点。

梯度下降的基本过程与盲人下山的场景很类似。目标函数就像一座山,极小点就像山底。盲人如何从当前山坡上的位置,一步一步挪到山底呢?他用手里的棍子四处探测,找到当前位置最陡的方向,然后沿着这一方向走出一步。对于目标函数来说,就是找到当前点的梯度,梯度方向是函数值上升最快的方向,从而负梯度方向就是函数值下降最快的方向。

8.6.1 梯度的定义及其性质

多元函数的梯度是一元函数的导数的推广。

梯度的定义如下:

设 $\boldsymbol{x}=(x_1,x_2,\cdots,x_n)^{\mathrm{T}}$,$n$ 元函数 $f(\boldsymbol{x})$的梯度(向量)$\boldsymbol{g}(\boldsymbol{x})$为:

$$\boldsymbol{g}(\boldsymbol{x})=\left(\frac{\partial f}{\partial x_1},\frac{\partial f}{\partial x_2},\cdots,\frac{\partial f}{\partial x_n}\right)^{\mathrm{T}} \tag{8.18}$$

它的第 j 个分量是 f 对 x_j 的偏导数。前面已经看到(见式(8.2A)),当 $f(\boldsymbol{x})$为线性函数:

$$f(\boldsymbol{x})=c_0+g_1x_1+g_2x_2+\cdots+g_nx_n$$

x_j 的系数 g_j 正是梯度的第 j 个分量。

例 8.16 二元函数 $z=f(\boldsymbol{x})=f(x,y)=\dfrac{x^2}{a}+\dfrac{y^2}{b}(a>0,b>0)$(这里用 x、y 分别代替式(8.18)中的 x_1、x_2),它的曲面(旋转抛物面)见图 8.9。求它在点 $\boldsymbol{x}^{(1)}=(a,b)^{\mathrm{T}}$ 的梯

度值。

解：$\boldsymbol{g}(\boldsymbol{x})=(2x/a,2y/b)^{\mathrm{T}}$，$\boldsymbol{g}(\boldsymbol{x}^{(1)})=(2,2)^{\mathrm{T}}$。

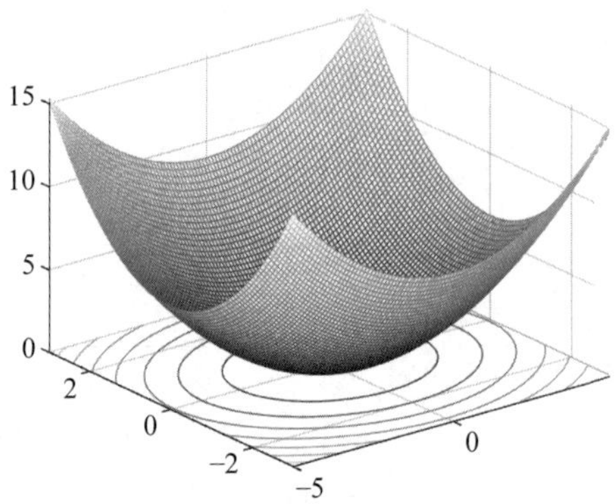

图 8.9 旋转抛物面及其等高线

梯度的性质的严格推导请参见文献[7]。这里只给出与梯度下降法有关和(以后要用到的)平面上一条直线的梯度性质有关的结论以及几何解释。

对于一般的二元函数 $z=f(x,y)$ 来说：

(1) 等高线 $f(x,y)=z_0$(曲面 $z=f(x,y)$在截平面 $z=z_0$ 上的曲线到 OXY 坐标平面上的投影，该曲线上的任何一点，具有相同的“高度”z_0)上任何一点的法线方向和此二元函数在这点的梯度方向相同(但它们的模长可能不同)。也就是说，这点的梯度与等高线在该点的切线垂直，或梯度和切线的方向向量的内积为 0。见图 8.10 及例 8.17 与例 8.18，对于 $z=f(x,y)$ 是线性函数来说，平面 $f(x,y)=c_0+c_1x+c_2y=0$(取 $z_0=0$)的梯度 $\boldsymbol{g}=(c_1,c_2)^{\mathrm{T}}$垂直于该平面(见例 4.15)。

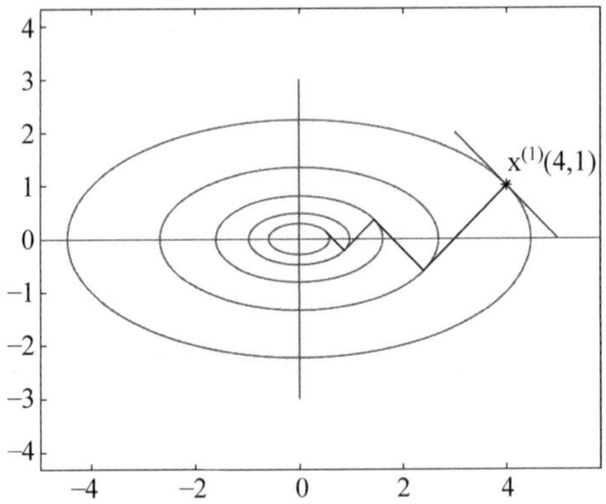

图 8.10 等高线与梯度下降法的前 5 点

(2) 函数在某点 $P(x,y)$ 的梯度 $\left(\dfrac{\partial f}{\partial x},\dfrac{\partial f}{\partial y}\right)^{\mathrm{T}}$ 方向是该点的函数值上升最快的方向。这是因为，点 P 沿方向 $\boldsymbol{d}$ 的方向导数为 $\dfrac{\partial f}{\partial d}=\dfrac{\partial f}{\partial x}\cos\Phi+\dfrac{\partial f}{\partial y}\sin\Phi=\boldsymbol{g}(x,y)^{\mathrm{T}}\boldsymbol{l}$，其中，$\boldsymbol{l}=\boldsymbol{d}/\|\boldsymbol{d}\|=(\cos\Phi,\sin\Phi)^{\mathrm{T}}$ 是 $\boldsymbol{d}$ 方向的单位向量。所以，如果 $\boldsymbol{g}$ 与 $\boldsymbol{l}$ 的夹角为 Θ，则

$$\frac{\partial f}{\partial d}=\|\boldsymbol{g}\|\cdot\|\boldsymbol{l}\|\cos\Theta=\|\boldsymbol{g}\|\cos\Theta \tag{8.19}$$

当 $\Theta=0$ 时，$\boldsymbol{d}$ 与梯度 $\boldsymbol{g}$ 同方向时，方向导数 $\frac{\partial f}{\partial d}$ 取得最大正值 $\|\boldsymbol{g}\|$。即梯度方向是函数值上升最快的方向。从而负梯度方向($\Theta=\pi$) 是函数值下降最快的方向。

例 8.17　二元函数 $z=f(x,y)=x^2+y^2$ 的等高线为圆周曲线 $x^2+y^2=z_0$，验证圆周上任何一点的梯度性质。

解：梯度向量为 $\boldsymbol{g}=(2x,2y)^{\mathrm{T}}$；任一点 $P(x_0,y_0)$处的梯度为 $\boldsymbol{g}=(2x_0,2y_0)^{\mathrm{T}}=2\overrightarrow{OP}$，即梯度与连心线同向。而我们知道，过 P 点的切线与该点的连心线垂直，从而与该点的梯度垂直。

例 8.18　对例 8.16 的二元函数及点 $\boldsymbol{x}^{(1)}=(4,1)^{\mathrm{T}}$(取 $a=4,b=1$)验证梯度性质。

解：点 $\boldsymbol{x}^{(1)}=(4,1)^{\mathrm{T}}$ 所在的等高线 $\frac{x^2}{4}+y^2=5$ 见图 8.10 中最外面的椭圆。由例 8.16 知，该点的梯度 $\boldsymbol{g}(\boldsymbol{x}^{(1)})=(2,2)^{\mathrm{T}}$；设过该点的切线方程为 $y=kx+c$，其中，k 是切线的斜率，等于该点的导数值。由隐函数求导法则，$k=-\frac{\partial f}{\partial x}/\frac{\partial f}{\partial y}=-1$。根据切线过点 $P(4,1)$，可确定 c 的值是 5。最终，切线方程为 $y=-x+5$。令 $x=0$，得 $y=5$，所以，点 $Q(0,5)$也在切线上。$\overrightarrow{OP}=(-4,4)^{\mathrm{T}}$ 是切线的方向向量。梯度与它的内积为 0，也就是梯度垂直于切线。

8.6.2　最速下降法

以上对二元函数无约束极小问题的讨论，可以推广到求解一般的 n 个变量的函数的无约束极小问题：

$$\min f(\boldsymbol{x}),\boldsymbol{x}=(x_1,x_2,\cdots,x_n)^{\mathrm{T}} \tag{8.20}$$

我们已经知道，$f(\boldsymbol{x})$在某点 $\boldsymbol{x}^{(k)}$处的负梯度方向(见式(8.19))：

$$\boldsymbol{d}^{(k)}=-\boldsymbol{g}(\boldsymbol{x}^{(k)})$$

是 $\boldsymbol{x}^{(k)}$处**附近**使函数值下降最快的方向。沿此方向前进，经过的点可以表示为 $\boldsymbol{x}^{(k)}+\alpha\boldsymbol{d}^{(k)}$；其中，$\alpha$ 是个纯量：$\alpha=0$ 时，对应于出发点 $\boldsymbol{x}^{(k)}$；$\alpha>0$ 时，在最优化领域里称为**步长**(在机器学习领域里，称为“学习率”)。此时得到新的点：

$$\boldsymbol{x}^{(k+1)}=\boldsymbol{x}^{(k)}+\alpha\boldsymbol{d}^{(k)} \tag{8.21}$$

这样反复迭代，(理论上)直到找到极小点，停止迭代。停止迭代的条件称为**终止准则**。

因为精确的极小点处的梯度向量为零向量，终止准则应该是 $\|\boldsymbol{g}\|=0$。但在数值计算中，除了极个别的情况，不可能找到精确的极小点，只能找到精度满意的极小点，所以终止准则通常是 $\|\boldsymbol{g}\|<\varepsilon$。这里的 ε 就是精度值，例如 10^{-6}。精度值越小，迭代次数越多，精度值过小，程序会进入死循环。所以往往在终止准则中再加一个条件，就是迭代次数达到预先指定的一个最大值，虽然还未满足预定的精度，也停止迭代。

因于这种方法是沿着函数值下降最快的方向前进，在最优化领域里，也称其为**最速下降法**(steepest descent，不要与逼近论的 method of steepest descent 相混淆)。

算法 8.3　最速下降法

(1) 取初始值 $\boldsymbol{x}^{(1)}$，精度 ε 与步长 α；置 $k=1$。

(2) 计算梯度 $\boldsymbol{g}^k=\boldsymbol{g}(\boldsymbol{x}^{(k)})$。

(3) 若 $\|\boldsymbol{g}^k\|<\varepsilon$，则停止计算，已得问题的近似解 $\boldsymbol{x}^{(k)}$；否则置 $\boldsymbol{d}^{(k)}=-\boldsymbol{g}^k$。

(4) 从 $\boldsymbol{x}^{(k)}$ 出发沿 $\boldsymbol{d}^{(k)}$（负梯度）方向前进一步，到达新点 $\boldsymbol{x}^{(k+1)}=\boldsymbol{x}^{(k)}+\alpha\boldsymbol{d}^{(k)}$。

(5) $k\to k+1$，转(2)（迭代）。

把上述算法第(3)步的方向改为 $\boldsymbol{d}^{(k)}=\boldsymbol{g}^k$ 就得到梯度上升法（最速上升法），用来求多元函数的极大点。当然也可以用梯度下降法对 $-f$ 求极小来得到 f 的极大点。

例 8.19　用梯度下降法求例 8.16 的二元函数 $z=x^2/a+y^2/b$ 的极小点（也是最小点）：取 $a=4,b=1$；初始点 $\boldsymbol{x}^{(1)}=(a,b)^{\mathrm{T}}=(4,1)^{\mathrm{T}}$，分别用精度 $\varepsilon=10^{-6}$ 与 10^{-8}，步长 $\alpha=0.8$。

解：程序如下。其中是用精度 $\varepsilon=10^{-8}$，要改为精度 $\varepsilon=10^{-6}$，只要改用当前屏蔽掉的指令“while L2g>=1.e−6”，而把“while L2g>=1.e−8”屏蔽掉。

输入指令	>>Ex8_19

主程序 Ex8_19.m

```
clear; clc;                                   % Name: Ex8_19.m
L2g=9999.; k=1;                               % "while"循环语句的初值
a=4;   b=1;   x=[a;b]                         % 设定初值
X=[];   G=[];   Z=[];                         % 为收集前 5 次迭代所得的点、梯度与函数值,置初值。
% while L2g>=1.e-6
while L2g>=1.e-8                              % 未达到精度,继续迭代
    z=x(1)^2/a+x(2)^2;                        % 计算当前点的函数值
    g=[2 * x(1)/a;2 * x(2)];                  % 计算当前点的梯度
    L2g=sqrt(g' * g);                         % 计算当梯度的模长
    if k<=5                                   % 收集前 5 次迭代所得的点、梯度与函数值 (作图用)
        X=[X,x]; G=[G,g]; Z=[Z,z];
    end
x=x-0.8 * g;                                  % 沿负梯度方向前进一步,步长 0.8
    k=k+1;                                    % 转下一次迭代
end
X, G, Z                                       % 显示前 5 次迭代所得的点、梯度与函数值
K=k-1, sol=x', Grad=g', gL2=L2g,   Zmin=z     % 显示结果
figure(1);   Ex8_19Parab();                   % 作出图 8.9
figure(2);   Ex8_19Ellip(a,X,Z);              % 作出图 8.10
```

作图 8.9 的函数子程序 Ex8_19Parab.m

```
function Ex8_19Parab();
x=linspace(-5,5);
y=linspace(-3,3);
[X,Y]=meshgrid(x,y);
```

```
z=X.^2/4+Y.^2;
meshc(X,Y,z);
return;
```

续表

作图 8.10 的函数子程序 Ex8_19Ellip.m	

function Ex8_19Ellip(a,X,Z);
t=linspace(0,2 * pi,200);
for k=1:5
    xk=sqrt(a * Z(k)) * cos(t);
    yk=sqrt(Z(k)) * sin(t);
    plot(xk,yk,'r');
    axis equal; hold on;
end
for k=2:5
    plot([X(1,k-1),X(1,k)],...
        [X(2,k-1),X(2,k)],'k');
	hold on;
	end
	plot([3,5],[2,0],'b');
	plot([-5,6],[0,0],'r');
	% text(5,0,'\ rightarrow');
	plot([0,0],[-3,3],'r');
	plot([4,4],[1,1],'k * ');
	text(4.3,1.4,'x^{(1)}(4,1)',...
	    'FontSize',12); hold off;
	return;

输出数据

```
x =   [4;   1]                                                  % 初始点:列向量
X = 4.0000    2.4000    1.4400    0.8640    0.5184            % 迭代所得的前 5 点
    1.0000   -0.6000    0.3600   -0.2160    0.1296
G = 2.0000    1.2000    0.7200    0.4320    0.2592            % 前 5 点的梯度
    2.0000   -1.2000    0.7200   -0.4320    0.2592
Z = 5.0000    1.8000    0.6480    0.2333    0.0840            % 前 5 点的函数值
K =     40                                                      % 达到精度 10^(-8)的迭代次数
sol =    1.0e-08 * [0.5347;      0.1337]                        % 极小点
Grad =   1.0e-08 * [0.4456;     -0.4456]                        % 极小点的梯度
gL2 =    6.3015e-09                                             % 极小点的梯度的模长
Z min =   2.4818e-17                                            % 极小值
```

输出的图 8.9 与图 8.10 见前面例 8.16。

运行结果分析：

（1）在给定精度 $\varepsilon=10^{-6}$ 或 10^{-8} 时，所得结果见表 8.11。

表 8.11 两种精度所得的近似极小点与极小值以及梯度和它的模长

精度 ε	k	近似极小点	梯度值	梯度模长	近似极小值
10^{-6}	31	0.5306×10^{-6} -0.1326×10^{-6}	0.4421×10^{-6} 0.4421×10^{-6}	6.2529×10^{-7}	2.4437×10^{-13}
10^{-8}	40	0.5347×10^{-8} 0.1337×10^{-8}	0.4456×10^{-8} -0.4456×10^{-8}	6.3015×10^{-9}	2.4818×10^{-17}

以上结果验证了"精度越小，迭代次数越多"的结论。

（2）前 5 次迭代（包括初始点）所得的自变量、梯度值和函数值见图 8.9 和表 8.12。

表 8.12 前 5 次迭代所得的自变量、梯度值和函数值

k	1	2	3	4	5
$\boldsymbol{x}^{(k)}$	4.0000 1.0000	2.4000 −06000	1.4400 0.3600	0.8640 −0.2160	0.5184 0.1296

续表

k	1	2	3	4	5
$g^{(k)}$	2.0000	1.2000	0.7200	0.4320	0.2592
	2.0000	−1.2000	0.7200	−0.4320	0.2592
$z^{(k)}$	5.0000	1.8000	0.6480	0.2333	0.0840

评注：本例的二元二次函数的性态极好，这里只是作为梯度下降算法的示例。实际上，解梯度为 **0** 的线性方程组，可以一步到位，从

$$\frac{\partial z}{\partial x}=\frac{2x}{a}=0 \quad \frac{\partial z}{\partial y}=\frac{2y}{b}=0$$

立刻得到极小点 $(x^*,y^*)=(0,0)$ 以及极小值 $z^*=0$。

回忆一下，我们定义矛盾线性方程组的"解"是所有方程两端差的平方和(即式(8.6)定义的代价函数 Q)的极小点。代价函数 Q 是多元二次函数，可以用梯度下降法来求解。

例 8.20 用梯度下降法求表 8.1 的解，给定初始点 $\boldsymbol{x}^{(1)}=(2.2,1)^{\mathrm{T}}$，精度 $\varepsilon=10^{-3}$，步长 $\alpha=0.0029$。注意，$Q=(\boldsymbol{Ax}-\boldsymbol{y})^{\mathrm{T}}(\boldsymbol{Ax}-\boldsymbol{y})$ 时，梯度的矩阵形式为 $\boldsymbol{g}(\boldsymbol{x})=2\boldsymbol{A}^{\mathrm{T}}(\boldsymbol{Ax}-\boldsymbol{y})$，见式(8.7B)。而且，使用训练值的对数值，即 $\log(\boldsymbol{t})$ 与 $\log(\boldsymbol{y})$。

解：程序如下。它的"while"语句部分是用梯度下降法求解的部分，此前与用矩阵广义逆求解的部分相同。

主程序 Ex8_20.m	输出结果

<pre>clear; clc;   % Ex8_20.m
t=[300 400 400 550 720 850 900 950]';   t=log(t);
y=[300 350 490 500 600 610 700 660]';   y=log(y);
A(:,1)=ones(8,1);   A(:,2)=t;   % coefficients of a、b
A(:,2)=t;   % coefficients of b
x=[2.2; 1];   L2g=9999.;   k=1;   alpha =0.0029;
while L2g>=1.e-3
    y1=A * x; dif=y1-y;   g=2 * A' * dif;   L2g=sqrt(g' * g);
    x=x-alpha * g;   k=k+1;
end
K=k-1, X=x', L2g, L22=(y1-y)' * (y1-y)</pre>
	<pre>K = 8510
	X = 2.0842 0.6503
	L2g = 1.0000e-03
	L22 = 0.0784</pre>

运行结果分析：

这里用的精度是例 8.19 的精度的 1000 倍，本例(也是一个二元二次函数)选步长为 0.0029 却要经过 8510 次迭代，才得到 $\|\boldsymbol{g}\|<\varepsilon$。其 L_2 平方误差才与广义逆解的一样，为 0.0784(见例 8.7)。而且，它的近似极小点为 $\boldsymbol{x}^{(k)}=(2.0842,0.6503)^{\mathrm{T}}$(广义逆解为 $(2.0688,0.6527)^{\mathrm{T}}$)离初始点 $\boldsymbol{x}^{(1)}=(2.2,1)^{\mathrm{T}}$ 并不太远。可见，用梯度下降法来求解矛盾线性方程组的代价函数的极小点，并不是一个好算法。

8.6.3 梯度下降法的缺点与改进设想

使用算法 8.3 的结果好坏很大程度上取决于初始点的选取，步长的选取以及等高线

的性态(是否"狭长")。

理论分析与实际计算均已表明,梯度下降法的效果很不理想。某点的负梯度方向,仅在该点附近局部(邻域)来看是最速下降的。从全局来看,梯度下降法相邻两次迭代的前进方向互相垂直(见图 8.9),因此整个行进路径呈锯齿形,这自然会大大影响到达极小点的速度。

例 8.19 中如果取定初始点为 $\boldsymbol{x}^{(1)}=(a,b)^{\mathrm{T}}$, 步长 $\alpha=ab/(a+b)$, 就可推导出:

$$\boldsymbol{x}^{(k+1)}=(a\ (a-b)^k/(a+b)^k,a\ (b-a)^k/(a+b)^k)^{\mathrm{T}},\ (k=1,2,\cdots)$$

这样,下一个点的分量的绝对值,经一次迭代,缩小为当前点的 $|a-b|/(a+b)$。这个值越小越好,因为极小点是 $\mathbf{0}$。例 8.19 取 $a=4,b=1,|a-b|/(a+b)=0.6$。迭代的速度比较快。如果 $a=0.99,b=0.01,|a-b|/(a+b)=0.98$,迭代的速度非常缓慢。

例 8.17 的等高线是一系列同心圆,任何一点的负梯度指向圆心(最小点),此时可以一步到位,求出最小点。但这类二元函数在实际问题中可以说是绝无仅有。例 8.19 的等高线是一系列同心椭圆 $x^2/a+y^2/b=z$。写成标准式:

$$x^2/(\sqrt{az})^2+y^2/(\sqrt{bz})^2=1$$

但它们的长短半轴的比,不像圆那样是 1∶1,而是 $\sqrt{az}:\sqrt{bz}=\sqrt{a}:\sqrt{b}$。例 8.19 中取 $a=4,b=1$,长短半轴的比是 2∶1, 相对于圆而言,比较狭长。这样的二元函数在实际问题中也极少遇到。如果取 $a^2=0.99,b^2=0.01$,则长短半轴的比是 99∶1,该椭圆十分狭长。而例 8.20 的等高线则与它类似,性态极差。

同样的精度要求,步长的大小对梯度下降法的结果影响很大。如果每次迭代,都用固定的步长,那么步长太小,迭代次数大大增加,步长太大,会错过极小点,得不到结果。例 8.20 的步长,如果选 $\alpha=0.001:0.0001:0.003$,即从 0.001 开始,每次增加 0.0001,直到 0.003。结果是步长从 0.001 到 0.0029,都得到相同的近似极小点,迭代次数从 24 679 依次下降到 8510。$\alpha=0.0029$ 的结果已在例 8.20 中给出。但 $\alpha=0.003$,迭代($k=$)139 035 次后停止迭代,显示 $\boldsymbol{x}^{(k)}=(\mathrm{NaN},\mathrm{NaN})^{\mathrm{T}}$。用指令 help NaN 查询知道"NaN is the IEEE arithmetic representation for Not-a-Number",即 NaN 不是一个数,即得不到结果。

实际应用梯度下降法时,每次迭代时所用的步长不固定。算法 8.1 的第(3)步,找到下降方向 $\boldsymbol{d}^{(k)}=-\boldsymbol{g}^k$ 后,第(4)步新点 $\boldsymbol{x}^{(k+1)}$ 的函数值,实际上是步长 α 的一元函数:

$$f(\boldsymbol{x}^{(k+1)})=\Phi(\alpha)=f(\boldsymbol{x}^{(k)}+\alpha\boldsymbol{d}^{(k)})$$

理想的从 $\boldsymbol{x}^{(k)}$ 出发沿方向 $\boldsymbol{d}^{(k)}$ 的第 k 步迭代的步长是 $\Phi(\alpha)$ 的极小点:

$$\alpha^{(k)}=\min\Phi(\alpha)=\min f(\boldsymbol{x}^{(k)}+\alpha\boldsymbol{d}^{(k)})$$

这称为**一维搜索**。这样,算法 8.3 的第(4)步应该改为:

从 $\boldsymbol{x}^{(k)}$ 出发沿 $\boldsymbol{d}^{(k)}$(负梯度)方向进行一维搜索,得新点 $\boldsymbol{x}^{(k+1)}$。

用梯度下降法求例 8.16 的二元函数 $z=x^2/a+y^2/b$ 的极小点时,在点 $\boldsymbol{x}$ 的梯度函数为 $\boldsymbol{g}(\boldsymbol{x})=(2\boldsymbol{x}/a,2\boldsymbol{y}/b)^{\mathrm{T}}$。如果取初始点 $\boldsymbol{x}^{(1)}=(a,b)^{\mathrm{T}}$, 则可以用数学归纳法证明:

$$\boldsymbol{g}^{(k)}=\left(\frac{2\ (a-b)^{k-1}}{(a+b)^{k-1}},\frac{2\ (b-a)^{k-1}}{(a+b)^{k-1}}\right)^{\mathrm{T}},\alpha^{(k)}\equiv\frac{ab}{(a+b)},$$

$$\boldsymbol{x}^{(k+1)}=\left(\frac{a\ (a-b)^k}{(a+b)^k},\frac{b\ (b-a)^k}{(a+b)^k}\right)^{\mathrm{T}}(k=1,2,\cdots)$$

这种由 $\Phi'(\alpha)=0$ 求出步长 $\alpha^{(k)}$ 的方法称为精确一维搜索。例 8.17 中，取 $a=4,b=1$，从而 $\alpha^{(k)}\equiv 4/5=0.8$。这里的二元函数是为了理论分析而人为设置的。实际问题中几乎没有可能进行精确一维搜索。一维搜索的数值方法可以参考有关的最优化方法的文献。

8.7 数据线性化[9]

如果要解的一个数据模型的参数出现在关系式里不是线性的，也就是得不到像式(8.3A)那样的关于参数的线性方程组，那可以仿照线性最小二乘法，用极小化代价函数的方法来解。

例 8.21 考虑寻找对某些数据 $(t_1,y_1),(t_2,y_2),\cdots,(t_m,y_m)$ 的最佳最小二乘法拟合的函数 $y=f(t)=be^{at}$。需要求出 a、b 来最小化

$$E=\sum_{i=1}^{m}(y_i-be^{at_i})^2 \tag{8.22}$$

正规方程是 $\frac{\partial E}{\partial a}=0$ 和 $\frac{\partial E}{\partial b}=0$。这不像前面那些例子，它不是未知量 a、b 的线性方程组。一般需要用(数值)求根方法来解这些方程。或者像后面演示的那样用非线性最小二乘法：直接极小化式(8.22) 的代价函数 E。当然，也有些人想试试用梯度下降法来求解。但从 8.6 节已经看到，梯度下降法对这类非线性程度很高(参数 a 出现在指数上)的二元函数，极难得到解。

然而，对例 8.21 有一个简单的方法可以使用。再次考虑要拟合的函数：

$$y=be^{at} \tag{8.23}$$

两边取对数：

$$\log y=\log b+at$$

并将变量重新命名为 $Y=\log y$，$B=\log b$。于是，得到表达式

$$Y=at+B \tag{8.24}$$

它是一个变换后的变量的线性等式。换句话说，如果原来变量 y 与 t 是通过式(8.23)相联系，则 $Y=\log y$ 与 t 是通过式(8.24)给定的线性关系相联系。所以新方法是用最小二乘直线 $Y=ax+B$ 来拟合数据：

$$(t_1,\log y_1),(t_2,\log y_2),\cdots,(t_m,\log y_m)$$

但是，最小二乘对变换后的数据拟合并不一定与最小二乘对原有数据拟合相同。其原因是最小二乘所最小化的偏差在变换过程中出现非线性失真。

例 8.22 考虑下面的数据

t	0	1	2	3	4	5
y	3	5	8	12	23	37

我们将用 $y=be^{ax}$ 在最小二乘意义上来拟合这些数据。下面列出数据 $(t_i,\log y_i)$：

t	0	1	2	3	4	5
$Y=\log y$	1.0986	1.6094	2.0794	2.4849	3.1355	3.6109

线性最小二乘问题的自变量是

$$x_L=(B,a)^{\mathrm{T}} \tag{8.25}$$

下面是求解的主程序 Ex8_22LeastSQ.m 与结果。

输入指令	>> Ex8_22LeastSQ
主程序 Ex8_22LeastSQ.m	输出结果
clear; clc; % Ex8_22LeastSQ.m t=[0,1,2,3,4,5]'; L=length(t); % t 是列向量 y=[3,5,8,12,23,37]'; Y=log(y); % y 是列向量 % Y=[1.0986,1.6094,2.0794,2.4849,3.1355,3.6109]; A(:,1)=ones(L,1); A(:,2)=t; xL=pinv(A) * Y; BL=xL(1) bL=exp(BL) , aL=xL(2)	 BL=1.0832 bL=2.9542, aL=0.5013

因此,这条用四位数字的最小二乘直线是

$$Y=0.5013t+1.0832$$

该式对应式(8.23),其中,$a=0.5013$,$B=1.0832$。我们希望得到对应的指数方程式(8.22),其中,$b=\mathrm{e}^B=2.9542$。所以最佳拟合原数据的指数函数近似为

$$y_L=2.9542\mathrm{e}^{0.5013t}$$

MATLAB 用于直接极小化式(8.22)的代价函数 E 的内置函数是 lsqnonlin,它是迭代方法。它的用法是 x=lsqnonlin(@(x) 代价函数表达式,初始点)。其中:

(1)“@(x)”表明对参数变量 x 求极小,它与“代价函数表达式”之间是空格。

(2)“初始点”可以是矩阵、向量或标量。

(3)左边的 x 是解的存放单元名,可以与参数变量不同名。

对解例 8.22 来说,参数变量是 $x_N=(b,a)^{\mathrm{T}}$,在代码中,代价函数 E 的表达式中,b 与 a 分别用 x_N 的分量 xN(1)与 xN(2)代替。初始点用 [0,0]。

下面是主程序 Ex8_22NonLeastSQ.m。

输入指令	>> Ex8_22NonLeastSQ
主程序 Ex8_22NonLeastSQ.m	输出结果
clear; clc; % Ex8_22NonLeastSQ.m t=[0,1,2,3,4,5]'; y=[3,5,8,12,23,37]'; xN = lsqnonlin(@(xN) (y-xN(1) * exp(xN(2) * t)).^2, [0,0]); bN=xN(1), aN=xN(2)	 bN= 2.6215, aN= 0.5326

所以用非线性最小二乘法得到的最佳拟合原数据的指数函数近似为(与前面不同):

$$y_N=2.6215\mathrm{e}^{0.5326t}$$

下面是两条拟合曲线与数据作图的程序及输出的图(图 8.11)。

作图程序 Ex8_22Fig.m	输 出 图

clear; clc; % Ex8_22Fig.m
t= [0,1,2,3,4,5]';
y= [3,5,8,12,23,37]';
T= linspace(0,5);
Y1= 2.9543 * exp(0.5013 * T);
Y2= 2.6215 * exp(0.5326 * T);
plot(T,Y1,'b-'); hold on;
plot(T,Y2,'rx'); plot(t,y,'k * ');
hold off;
	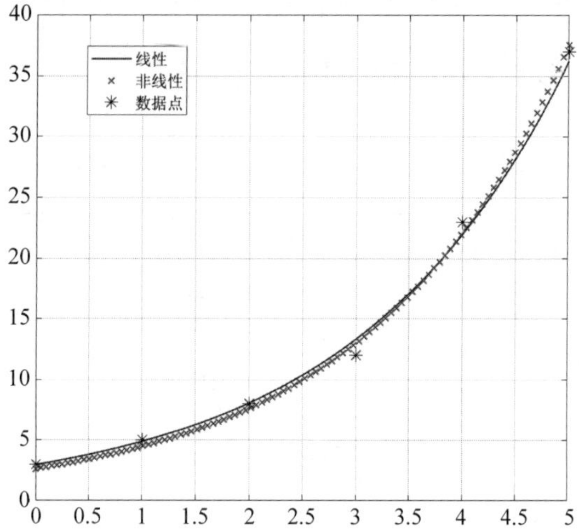
	图 8.11 拟合曲线

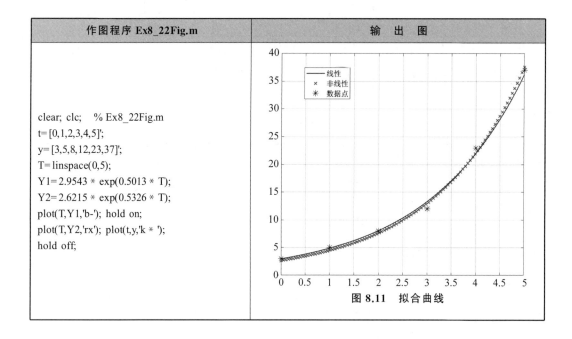

习 题

X8.1 把例 8.9 中用 Logistics 与 $h=\log$ 时，取 $P(5)=0.9989$，改为 $P(5)=0.9999$，试运行原有程序，看 P 与 Z 的 L_2 平方误差是不是都变大了。

X8.2 在给定 4 个不同时间 $t_0=$ 20、48、72、144(h)的情况下，为使具有抗药基因 RS(中等强度)的谷蠹死亡率分别达到 50%与 99%，经过实验发现，所需的浓度分别为 C_{50} 与 C_{99}，见表 8.13。试用 4 个参数的 Probit/Logistic(Y/Z)模型(见式(8.15))分为如下 6 步来拟合所有数据。这里只选择 $h=\log$。

表 8.13 使 RS 谷蠹死亡率达到 50%或 99%所需的时间与浓度

$Y(C_{50})=5.0$					$Y(C_{99})=7.3263$				
t_0	20	48	72	144	t_0	20	48	72	144
C_{50}	0.2	0.052	0.032	0.017	C_{99}	0.4	0.091	0.060	0.028

(1) 编制把原始数据转换为模型中的数据的函数子程序 RSdata，试运行，得到输出值 C、t、$\log C$、$\log t$ 与 P。

(2) 编制把 P 值转换为 Y 或 Z 值的函数子程序 P2YZ，输入 USEprobit 与 P，试运行，得到输出值 YZ(Y 或 Z)。这里，USEprobit=1 时，使用 Probit 模型，否则(通常=0)使用 Logistic 模型。

(3) 编制把 Y 或 Z 值转换回 P 值的函数子程序 YZ2P，输入 USEprobit 与 YZ，输出 P。

USEprobit 的功能如上。用从(2)得到的 YZ 来验证。

（4）编制用矩阵广义逆求出最小二乘解的函数子程序 xYZrs。①用“if USEprobit==1”语句来分别形成线性最小二乘的 Y 或 Z 模型中的系数矩阵 $\mathbf{A}$。②输入 USEprobit，C，t，$\log C$，$\log t$ 与 P（函数子程序 RSdata 的输出变量值）。③输出解 xYZ，预报值 YZhat，Phat 和 Y/P 的 L_2 平方误差 YZL22/PL22。

（5）编制用矩阵广义逆求出 Probit 和 Logistics 的两种最小二乘解的主程序，显示结果。

（6）编写函数子程序 CTcurve：它可以被调用来：①分别计算对应于使死亡率为 0.50 与 0.99 以及熏蒸时间 t 的训练值的两种模型熏蒸浓度的预报值；②分别绘制两个 C-T 曲线图（以 t 为横坐标）——每个图把 Probit 与 Logistics 的两条曲线画在一起，用内置函数 **legend** 来标识。在 MATLAB 指令窗口中调试成功后，把有关指令加入主程序。

X8.3 用什么最简单的变更使上述程序可以用在使用 $h=1$（恒等函数）的 4 个参数的 Probit 和 Logistic 模型上（不包括 CTcurve 函数子程序）？（试运行）

X8.4 如何变更 $X8.2$ 的程序，用 Probit 与 Logistic 的三个参数的模型（即去掉四个参数模型的最后一项“$d\ h(t)\ h(C)$”）及 $h=\log$ 来拟合？与用四个参数的模型的拟合结果比较，哪个 L_2 平方误差大？

X8.5 幂律（Power-law）型关系可以在许多经验数据中观察到。如果 $y=kx^{\alpha}$，其中，k、α 是某些常数，我们称这两个变量 y 和 x 是通过幂律联系在一起。表 8.14 中数据按出现顺序列出了 2000 年人口普查时排名前 10 位的姓氏。研究出现的相对频率和姓氏的排序是否通过幂律相关。

表 8.14 2000 年人口普查排名前 10 位的姓氏

姓　氏	出现的次数	姓　氏	出现的次数
Smith	2 376 206	Miller	1 127 803
Johnson	1 857 160	Davis	1 072 335
Williams	1 534 042	Garcia	858 289
Brown	1 380 145	Rodriguez	804 240
Jones	1 362 755	Wilson	783 051

设 y 是相对频率（出现的次数除以出现的总次数），x 是排序，从 1 到 10。

（1）用最小二乘法及线性化方法，求出形为 $y=kx^{\alpha}$ 的函数。

（2）将数据与在（1）求出的最佳拟合函数一起绘图。

第 9 章 线性支持向量机

9.1 什么是支持向量机

支持向量机(Support Vector Machine,SVM)是数据挖掘(Data Mining)中的一项新技术,是借助于最优化方法解决机器学习的新工具。它是用来训练机器如何从大型数据库的海量数据中学习提取我们感兴趣的、事先未知的、有用的或潜在有用的信息。它最初于 20 世纪 90 年代由 Vapnik[10,11] 提出,成为克服"维数灾难"和"过学习"等机器学习领域里传统困难的有力手段。它的理论基础(如最优化、凸分析、概率统计、Hilbert 空间等)和实现途径的基本框架已经形成,它的理论研究和算法实现方面都取得了突破性进展。

在这一章里,以分类问题(模式识别,判别分析)和回归问题为背景,通俗地介绍一些解决这些问题的方法。在机器学习领域里,称解决分类问题的方法为分类学习机,称解决回归问题的方法为回归学习机。至于为何称为"支持向量机",等我们解一个简单的分类问题后,再加说明。

有关支持向量机的理论的严谨论述,可参见这方面的大量文献,例如文献[12]。我们在这里针对初学支持向量机的读者,仅应用求多元函数极值问题的微积分和线性代数的基础知识,做直观的说明:用图像等直观手段引进各种概念、方法与结论,对它们的本质给予形象的解释和说明。但对每一种算法,通过例子,详细阐述,使得初学者得以透彻了解。

9.2 分类支持向量机

9.2.1 简化的心脏病诊断问题

在第 8 章一开始就介绍了一个分类问题的例子——心脏病诊断。有现成的 297 个病人的临床检测数据:每个病人的年龄、胆固醇水平等 13 项有关指标。并确诊了哪些病人患有心脏病。希望对新来的病人,只检测这 13 项指标,就可以推断该病人是否患有心脏病。我们对上述问题加以简化,得到下面示意性的例子。

例 9.1 假定是否患有心脏病与病人的年龄与胆固醇水平密切相关,表 9.1 对应 10 个病人的临床数据。如何根据这 10 个数据的训练集,来建立一个模型,可以对新来的病人,从他的年龄与胆固醇水平,就可以推断该病人是否患有心脏病。

表 9.1 五个正类集(有心脏病)与五个负类集(无心脏病)病人的数据

正类集 $y_j=+1$	年龄(v_+)	68	82	84	67	73
	胆固醇(u_+)	196	190	170	180	184
负类集 $y_j=-1$	年龄(v_-)	61	73	76	53	62
	胆固醇(u_-)	170	168	156	153	160

9.2.2 分类模型与内置函数 sign

在例 9.1 中有 10 对训练点：正类集 $\boldsymbol{w}_{+j}=(v_{+j},u_{+j})^{\mathrm{T}}$，负类集 $\boldsymbol{w}_{-j}=(v_{-j},u_{-j})^{\mathrm{T}}$，($j=1,2,\cdots,k$，这里 $k=5$)。把它们画在横坐标为 v，纵坐标为 u 的平面上得到图 9.1。正类集的诊断结果标记为 $y_j=+1$(图上为黑色实心小圆圈)，而负类集的诊断结果标记为 $y_j=-1$(图上为空心小圆圈)。

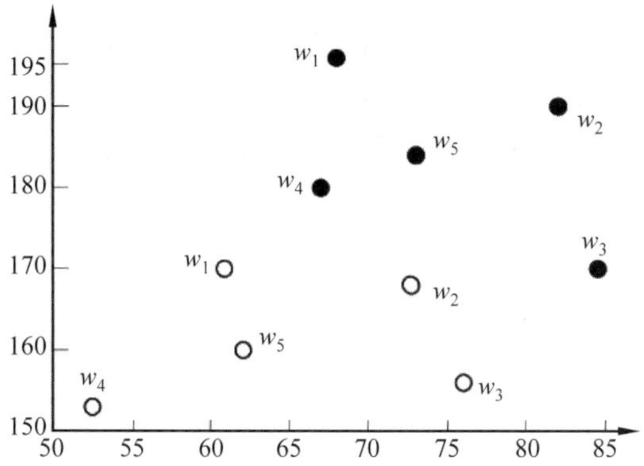

图 9.1 十对数据的几何解释

1. 分类模型

回忆一下，在知道熏蒸时间 t 与熏蒸浓度 C 的数据时，Logistic 的 3 个参数的模型可以写为：$Z=\Psi(P)=c_0+c_1t+c_2C$，然后转换为死亡率 $P=\Psi^{-1}(Z)=1/(1+\mathrm{e}^{-Z})$。其中，$\Psi$ 是链接函数。Z 可以取任何实数，而 P 只取区间[0,1]上的数。类似地，可用

$$z=\Theta(\boldsymbol{w})=c_0+c_1\boldsymbol{v}+c_2u \tag{9.1}$$

这里的 z 可以取任何实数，那么，相当于 Logistic 链接函数或它的逆函数是什么呢？要使 $y=f(z)$只能取两个值：+1 或−1。这就能想到 $f=\mathrm{sgn}$(符号函数)：

$$y=f(z)=\mathrm{sgn}(z)=\mathrm{sgn}(\Theta(\boldsymbol{w})) \tag{9.2}$$

使用机器学习的术语，$\Theta(w)$称为**分类函数**，$f(z)$称为**决策函数**。

如果式(9.1)中的 $z=0$ 呢？这时式(9.1)成为**方程**：$c_0+c_1v+c_2u=0$，这就是(v，u)平面上一条直线(的方程)，见图 9.2。

从 8.6.1 节知道：对于一般的二元函数 $z=f(x,y)$来说，等高线 $f(x,y)=z_0$ 上任何一点的梯度与等高线在该点的切线垂直，是该点的函数值上升最快的方向。OVU 平面上的直线 $c_1v+c_2u+c_0=0$ 的梯度垂直于该直线(参见 4.5.1 节)。

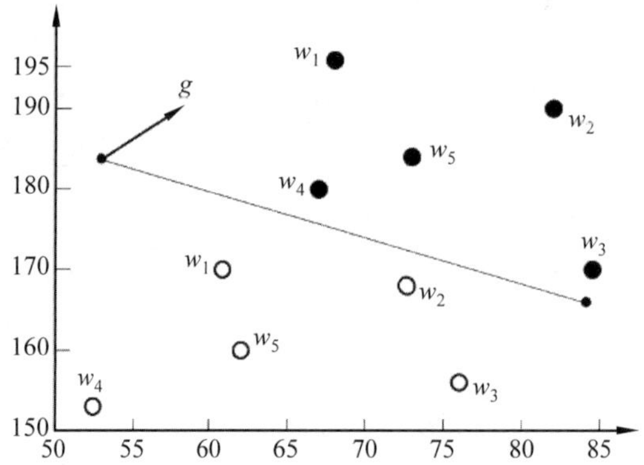

图 9.2　一条直线把平面分成三部分

它的梯度与方程(式(9.1)中 $z=0$)的内积形式为：

$$\text{梯度}:\boldsymbol{g}=(c_1,c_2)^{\mathrm{T}},\text{方程}:\boldsymbol{g}^{\mathrm{T}}\boldsymbol{w}+c_0=0\quad[\boldsymbol{w}=(v,u)^{\mathrm{T}}] \tag{9.3}$$

注意，由于图 9.2 不是直角坐标系，而是纵坐标：横坐标＝2：1，所以直线看上去并不与它的梯度"垂直"。根据以上，有以下结论。

OVU 平面上任一直线 $\boldsymbol{g}^{\mathrm{T}}\boldsymbol{w}+c_0=0$ 把坐标平面划分为以下三部分。

(1) 在该直线上的点：$\boldsymbol{g}^{\mathrm{T}}\boldsymbol{w}+c_0=0$。

(2) 梯度 $\boldsymbol{g}=(c_1,c_2)^{\mathrm{T}}$ 指向的一侧：$\boldsymbol{g}^{\mathrm{T}}\boldsymbol{w}+c_0>0$(因为梯度指向函数值上升最快的方向，即从直线上的 0 值上升为正值的方向)。

(3) 该直线的另一侧(负梯度指向的一侧)：$\boldsymbol{g}^{\mathrm{T}}\boldsymbol{w}+c_0<0$。

这样，例 9.1 的分类问题归结为寻找一条把正类集的点与负类集的点截然分开的一条直线 $\boldsymbol{g}^{\mathrm{T}}\boldsymbol{w}+c_0=0$，也就是找到梯度向量 $\boldsymbol{g}$ 与常量 c_0。

2. 内置符号函数 sign

MATLAB 用来求符号函数值的内置函数是 sign。执行指令 **Y**＝sign(X)(**Y**、**X** 是矩阵)的结果是：若 **X** 的某元素>0，则 **Y** 的对应元素的值为＋1；若 **X** 的某元素<0，则 **Y** 的对应元素的值为－1，若 **X** 的某元素＝0，则 **Y** 的对应元素的值为 0。

例 9.2　图 9.2 上的直线过 $\boldsymbol{w}_1$(53,184)，$\boldsymbol{w}_2$(84,166)两点，求它的方程并用 MATLAB 指令(包括用内置函数 sign)验证此直线过 $\boldsymbol{w}_1$、$\boldsymbol{w}_2$ 两点。

解：不难知道，此直线方程为 $18v+31u-6658=0$；或写成**内积式** $\boldsymbol{g}^{\mathrm{T}}\boldsymbol{w}+c_0=0$，其中，$\boldsymbol{g}^{\mathrm{T}}=(c_1,c_2)=(18,31)$，$c_0=-6658$。用下列指令可验证此直线过 $\boldsymbol{w}_1$、$\boldsymbol{w}_2$ 两点。

输入指令	输出结果
>> g=[18;31];　c0=-6658;　　　%g 为列向量 w1=[53;184];　w2=[84;166];　　%w1,w2 为列向量 z12=g' * [w1,w2]+c0　　　　%g 转置! y12=sign(z12)	 %两点一起验证: z12 =　0　0 y12 =　0　0

例 9.3　求出例 9.2 中的梯度向量，并用内置函数 sign 验证例 9.1 的 10 个点中哪 5

个点属于正类集，哪5个点属于负类集。

解：例9.2中的向量 $\boldsymbol{g}$ 就是梯度向量。下面继续用MATLAB指令检查正类集与负类集。

输入指令	输出结果
>> vp=[68, 82, 84, 67, 73]'; % 正类集点 up=[196,190,170,180,184]'; % vp=v+, up=u+ vn=[61, 73, 76, 53, 62]'; % 负类集点 un=[170,168,156,153,160]'; % vn=v-, un=u-	
Wp=[vp,up]'; % 2x5 矩阵,每列为正类集点的坐标	Zp = 642 708 124 128 360
Zp=g' * Wp+c0, Yp=sign(Zp) % g 由例 9.2 给出	Yp = 1 1 1 1 1
Wn=[vn,un]'; % 2x5 矩阵,每列为负类集点的坐标	Zn = -290 -136 -454 -961 -582
Zn=g' * Wn+c0, Yn=sign(Zn)	Yn = -1 -1 -1 -1 -1

由上述输出结果，5个Wp的点的分类函数值全为正值，决策函数值全为+1；而5个Wn的点的分类函数值全为负值，决策函数值全为−1。所以例9.2的直线把Wp与Wn的点分隔在该直线的两侧。

9.2.3　线性可分问题与凸壳

从图9.2清楚地看到，对于例9.1的正类集点与负类集点，可以找到一条把两者正确划分开的直线(不止一条)：正类集点与负类集点在这条直线的两侧，没有错分点。这类问题称为**线性可分问题**。对于三维空间(或更高维数)的数据(例如在表9.1中再加入血糖指标)则线性可分问题，就是找到一个可以把正类集点与负类集点正确划分开的平面(超平面)。无论分划直线还是分划平面(超平面)，其内积式方程仍然是式(9.3)。所以解线性可分问题就是找到梯度向量 $\boldsymbol{g}$ 和截距 c_0。

如图9.3所示的问题，用一条直线也能大体上把训练集正确划分开，这类问题称为**近似线性可分问题**。这时仍可考虑使用线性分类函数。对于如图9.4所示的问题，显然用直线分划会产生极大的误差，这类问题称为**线性不可分问题**，这时必须使用非线性分类函数。在第10章将介绍如何解近似线性可分问题和平面上的二次分划(使用非线性分类函数)问题。

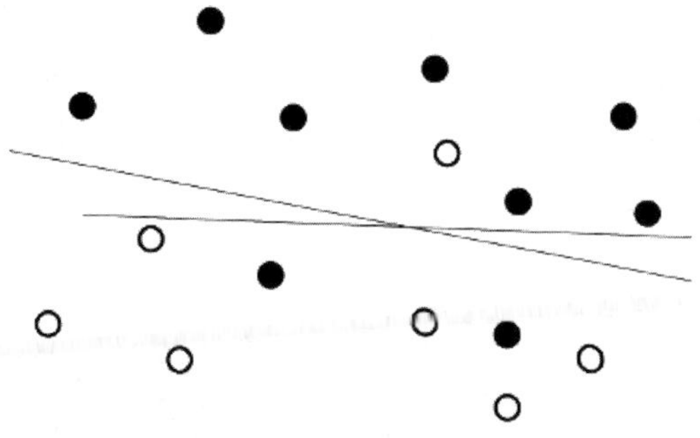

图9.3　近似线性可分问题

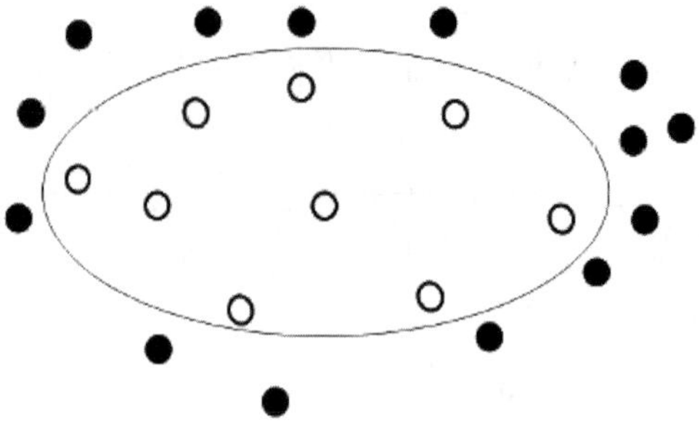

图 9.4 线性不可分问题

一个训练集的点是否线性可分与它的正类集点与负类集点的**凸壳**(Convex Hull)密切相关。

平面上两个点 $A=(v_1,u_1)$ 与 $B=(v_2,u_2)$ 的凸壳就是连接这两点的线段。线段上的任何一(内)点 $C(v,u)$,如果它分为 $\overrightarrow{AC}:\overrightarrow{CB}=\lambda(\lambda>0)$,则 C 的坐标为:

$$v=\frac{v_1+\lambda v_2}{1+\lambda},\quad u=\frac{u_1+\lambda u_2}{1+\lambda} \tag{9.4}$$

实际上,这也是这条线段的参数(λ)表达式。为推广到 k 个点的凸壳,先把式(9.4)改写为:

$$v=\alpha_1 v_1+\alpha_2 v_2,\quad u=\alpha_1 u_1+\alpha_2 u_2$$

或

$$\boldsymbol{w}=\begin{pmatrix}v\\u\end{pmatrix}=\alpha_1\begin{pmatrix}v_1\\u_1\end{pmatrix}+\alpha_2\begin{pmatrix}v_2\\u_2\end{pmatrix}=\alpha_1\boldsymbol{w}_1+\alpha_2\boldsymbol{w}_2$$

$$\left(\alpha_1=\frac{1}{1+\lambda},\alpha_2=\frac{\lambda}{1+\lambda}\quad \alpha_1+\alpha_2=1,\alpha_1,\alpha_2\geqslant 0\right) \tag{9.5}$$

这表明,线段上的任何一点(现在包括两端点:取 $\alpha_1=0$ 或 $\alpha_2=0$)的坐标是两端点坐标的加权平均。符合式(9.5)中,两个非负数($\alpha_1,\alpha_2\geqslant 0$)的和为 1($\alpha_1+\alpha_2=1$)的数 α_1,α_2 称为权数。取尽所有可能的权数,就得到这条线段(的所有点)。

平面上,凸壳就是以某些(边缘)点为顶点的凸多边形(即延长该多边形的任何一边,整个多边形在此延长线的同一侧的,称为凸多边形)。三个点的凸壳就是以这三个点为顶点的三角形(见图 9.5(a));如果连接已知四个点的多边形是凸多边形,它就是这四个点的凸壳(见图 9.5(b));如果不是凸多边形(见图 9.5(c):延长 AC 或 CD,四边形在延长线的两侧),则某一点(图 9.5(d)的 C)只能作为内点,连接其他三个点的三角形是这四个点的凸壳(见图 9.5(d))。

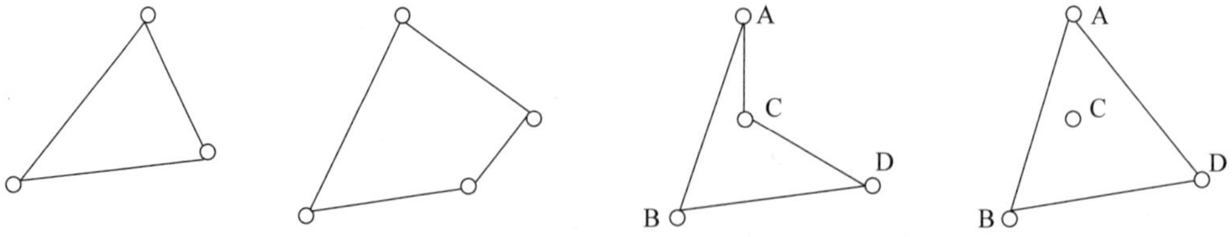

(a) (b) (c) (d)

图 9.5 平面上三个点与四个点的凸壳

这样 k 个点的集合 $S=\{\boldsymbol{w}_1,\boldsymbol{w}_2,\cdots,\boldsymbol{w}_k\}$，它的凸壳就是这 k 个点的所有可能加权平均得到的点的集合，即

$$\mathrm{conv}(S)=\{\boldsymbol{w}=\alpha_1\boldsymbol{w}_1+\cdots+\alpha_k\boldsymbol{w}_k\,|\,\alpha_1+\cdots+\alpha_k=1;\alpha_1,\cdots,\alpha_k\geqslant 0\}$$

图 9.6 显示了图 9.1 中两类点的凸壳。

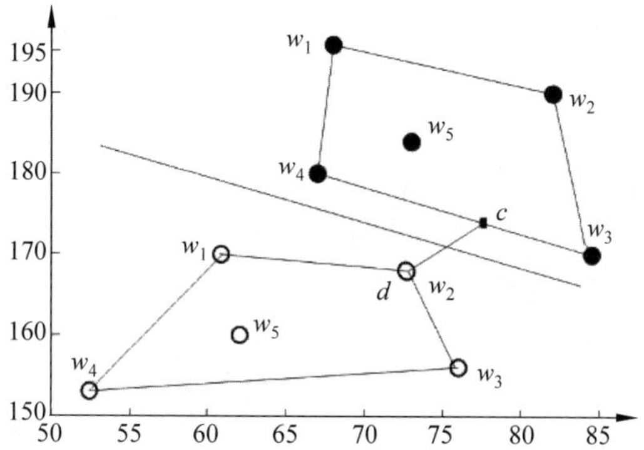

图 9.6 正类集点与负类集点的凸壳

一个训练集线性可分的充分必要条件是它的正类点集的凸壳与负类点集的凸壳不相交。

心脏病诊断的例子是一个二维空间上的分类问题，它包含两个指标和 10 个训练点。一般地，可以考虑 l 维空间上(l 个指标)的分类问题。在这里，只介绍 $l=2$ 的情况。

按照机器学习的术语，解决分类问题的方法称为**分类学习机**或**支持向量分类机**。当 $\Theta(\boldsymbol{w})$ 为线性函数 $z=\Theta(\boldsymbol{w})=\boldsymbol{g}^{\mathrm{T}}\boldsymbol{w}+c_0$，由决策函数 $f=\mathrm{sgn}(\Theta(\boldsymbol{w}))$ 确定分类准则时，称为**线性分类学习机**或**线性支持向量分类机**。在本章，只介绍两种线性分类学习机：平分最近点法与最大间隔法。

9.2.4 平分最近点分类法

已知 $2k$ 个训练点，及正类点集和负类点集的凸壳，如图 9.6 所示。如何来确定那条分划直线(的方程 $\boldsymbol{g}^{\mathrm{T}}\boldsymbol{w}+c_0=0$)呢？从图 9.2 上看，如果找到这两个凸壳的最近点 $\boldsymbol{c}$ 和 $\boldsymbol{d}$，则线段 cd 的垂直平分线就可正确分划正类点集和负类点集。注意，同样由于图 9.2 不是直角坐标系，所以垂直平分线看上去并不与 cd“垂直”。

1. 方法的推导

已知 $2k$ 个训练点：k 个正类点集 $\boldsymbol{w}_+$，k 个负类点集 $\boldsymbol{w}_-$；其中：

$$\boldsymbol{w}_+=(\boldsymbol{v}_+,\boldsymbol{u}_+)^{\mathrm{T}}:\boldsymbol{v}_+=(v_{+1},v_{+2},\cdots,v_{+k})^{\mathrm{T}},\boldsymbol{u}_+=(u_{+1},u_{+2},\cdots,u_{+k})^{\mathrm{T}}$$

$$\boldsymbol{w}_-=(\boldsymbol{v}_-,\boldsymbol{u}_-)^{\mathrm{T}}:\boldsymbol{v}_-=(v_{-1},v_{-2},\cdots,v_{-k})^{\mathrm{T}},\boldsymbol{u}_-=(u_{-1},u_{-2},\cdots,u_{-k})^{\mathrm{T}} \tag{9.6}$$

设问题的未知量(形成凸壳的权数)为：

$$\boldsymbol{x}=(\boldsymbol{x}_+^{\mathrm{T}},\boldsymbol{x}_-^{\mathrm{T}})^{\mathrm{T}}[\boldsymbol{x}_+=(\alpha_{+1},\cdots,\alpha_{+k})^{\mathrm{T}},\boldsymbol{x}_-=(\alpha_{-1},\cdots,\alpha_{-k})^{\mathrm{T}}] \tag{9.7}$$

则正、负类点集的凸壳上任何一点可分别表示为未知量向量与训练点的内积(参见 4.5.1 节)：

$$
\begin{array}{lll}
\underline{\text{正类集}} & \text{横坐标：} \alpha_{+1}v_{+1}+\cdots+\alpha_{+k}v_{+k}=\boldsymbol{v}_{+}^{\mathrm{T}}\boldsymbol{x}_{+} \\
 & \text{纵坐标：} \alpha_{+1}u_{+1}+\cdots+\alpha_{+k}u_{+k}=\boldsymbol{u}_{+}^{\mathrm{T}}\boldsymbol{x}_{+} \\
\underline{\text{负类集}} & \text{横坐标：} \alpha_{-1}v_{-1}+\cdots+\alpha_{-k}v_{-k}=\boldsymbol{v}_{-}^{\mathrm{T}}\boldsymbol{x}_{-} \\
 & \text{纵坐标：} \alpha_{-1}u_{-1}+\cdots+\alpha_{-k}u_{-k}=\boldsymbol{u}_{-}^{\mathrm{T}}\boldsymbol{x}_{-}
\end{array} \tag{9.8}
$$

两个凸壳的最近点即从正类集上点$(\boldsymbol{v}_{+}^{\mathrm{T}}\boldsymbol{x}_{+},\boldsymbol{u}_{+}^{\mathrm{T}}\boldsymbol{x}_{+})^{\mathrm{T}}$到负类集上点$(\boldsymbol{v}_{-}^{\mathrm{T}}\boldsymbol{x}_{-},\boldsymbol{u}_{-}^{\mathrm{T}}\boldsymbol{x}_{-})^{\mathrm{T}}$的距离平方最小的两个点，也就是两点坐标差的每个分量的平方和($\boldsymbol{E}_1^2$和$\boldsymbol{E}_2^2$分别为两点坐标差的第1个和第2个分量的平方)：

$$L_2^2=\boldsymbol{E}_1^2+\boldsymbol{E}_2^2=(\boldsymbol{v}_{+}^{\mathrm{T}}\boldsymbol{x}_{+}-\boldsymbol{v}_{-}^{\mathrm{T}}\boldsymbol{x}_{-})^2+(\boldsymbol{u}_{+}^{\mathrm{T}}\boldsymbol{x}_{+}-\boldsymbol{u}_{-}^{\mathrm{T}}\boldsymbol{x}_{-})^2 \tag{9.9}$$

所以问题就归结为求以 $\boldsymbol{x}$ 为自变量的条件极值问题(前面乘以 1/2 不影响极值点，而这也是 MATLAB 求解这类问题的标准形式)：

$$\min \frac{1}{2}L_2^2=\frac{1}{2}(\boldsymbol{E}_1^2+\boldsymbol{E}_2^2)=\frac{1}{2}\boldsymbol{x}^{\mathrm{T}}\boldsymbol{H}\boldsymbol{x}\text{(目标函数)} \tag{9.10a}$$

即

$$\alpha_{+1}+\cdots+\alpha_{+k}=1;\ \alpha_{-1}+\cdots+\alpha_{-k}=1 \tag{9.10b}$$

$$1\geqslant\alpha_{+1},\cdots,\alpha_{+k}\geqslant 0;1\geqslant\alpha_{-1},\cdots,\alpha_{-k}\geqslant 0 \tag{9.10c}$$

其目标函数(要极小化的函数)是一个根据式(9.9)得到的二次型 $\frac{1}{2}\boldsymbol{x}^{\mathrm{T}}\boldsymbol{H}\boldsymbol{x}$，由式(9.7)定义的未知量 $\boldsymbol{x}$ 是有 $2k$ 个分量的列向量；$2k\times 2k$ 的对称矩阵 $\boldsymbol{H}$ 称为海森矩阵。

求出解 $\hat{\boldsymbol{x}}=(\hat{\boldsymbol{x}}_{+}^{\mathrm{T}},\hat{\boldsymbol{x}}_{-}^{\mathrm{T}})^{\mathrm{T}}:\hat{\boldsymbol{x}}_{+}^{\mathrm{T}}=(\hat{\alpha}_{+1},\cdots,\hat{\alpha}_{+k}),\hat{\boldsymbol{x}}_{-}^{\mathrm{T}}=(\hat{\alpha}_{-1},\cdots,\hat{\alpha}_{-k})$后(参见式(9.7))，两个凸壳上的最近点分别可用内积表示为：

$$\boldsymbol{c}=\begin{pmatrix}\hat{\boldsymbol{x}}_{+}^{\mathrm{T}}\boldsymbol{v}_{+}\\ \hat{\boldsymbol{x}}_{+}^{\mathrm{T}}\boldsymbol{u}_{+}\end{pmatrix},\quad \boldsymbol{d}=\begin{pmatrix}\hat{\boldsymbol{x}}_{-}^{\mathrm{T}}\boldsymbol{v}_{-}\\ \hat{\boldsymbol{x}}_{-}^{\mathrm{T}}\boldsymbol{u}_{-}\end{pmatrix} \tag{9.11}$$

而这两点垂直平分线的方程为：$\boldsymbol{g}^{\mathrm{T}}\boldsymbol{w}+c_0=0$(见式(9.3))，其中：

$$\boldsymbol{g}=\boldsymbol{c}-\boldsymbol{d},\quad c_0=-(\boldsymbol{c}-\boldsymbol{d})^{\mathrm{T}}(\boldsymbol{c}+\boldsymbol{d})/2 \tag{9.12}$$

这是因为 cd 的方向向量是 $\boldsymbol{c}-\boldsymbol{d}$，而这也是上述直线的梯度 $\boldsymbol{g}$，从而该直线垂直于 cd；线段 cd 的中点 $\boldsymbol{w}_m$ 坐标为$(\boldsymbol{c}+\boldsymbol{d})/2$，代入直线方程后，由式 (9.12)有：

$$\boldsymbol{g}^{\mathrm{T}}\boldsymbol{w}_m+c_0=\frac{1}{2}(\boldsymbol{c}-\boldsymbol{d})^{\mathrm{T}}(\boldsymbol{c}+\boldsymbol{d})-\frac{1}{2}(\boldsymbol{c}-\boldsymbol{d})^{\mathrm{T}}(\boldsymbol{c}+\boldsymbol{d})=0$$

从而该直线过中点。这样，它就是 cd 的垂直平分线。

2. 二次规划与内置函数 quadprog

由式(9.10) 定义的有约束极值问题是一类**二次规划**问题(Quadrotic Programming，QP)。

二次规划是非线性规划中的一类特殊数学规划问题：目标函数是二次函数，约束条件为线性的等式和不等式。在过去的几十年里，二次规划已经成为运筹学、经济数学、管理科学、系统分析和组合优化科学的基本方法。若 $\boldsymbol{H}$ 半正定，则它有解；若 $\boldsymbol{H}$ 正定，则它有唯一解。

MATLAB 的内置函数 quadprog 是一个具有线性约束的二次目标函数的求解器。

使用它需要 Optimization Toolbox。用指令 help quadprog 可以发现它要解的问题是：

```
%min_x  [0.5*x'*H*x + f'*x],  subject to(约束条件):  A*x <= b
```

写成数学表达式，即为

$$\min_{x} \frac{1}{2}\boldsymbol{x}^{\mathrm{T}}\boldsymbol{H}\boldsymbol{x}+\boldsymbol{f}^{\mathrm{T}}\boldsymbol{x}$$

$$\text{s.t. } \boldsymbol{A}\boldsymbol{x} \leqslant \boldsymbol{b}$$

其中，$\boldsymbol{f}^{\mathrm{T}}\boldsymbol{x}$ 是一次项。而线性约束条件 $\boldsymbol{A}\boldsymbol{x}\leqslant\boldsymbol{b}$ 为迭代方便，细分为以下 3 类。

$\boldsymbol{A}\boldsymbol{x}\leqslant\boldsymbol{b}$（线性不等式），$\boldsymbol{A}_{\mathrm{eq}}\boldsymbol{x}=\boldsymbol{b}_{\mathrm{eq}}$（线性等式），$\boldsymbol{l}\leqslant\boldsymbol{x}\leqslant\boldsymbol{u}$（上下界）

上下界约束是线性不等式约束的特例，它的系数矩阵 $\boldsymbol{A}=\boldsymbol{I}$（单位矩阵）。内置函数 quadprog 的说明为：

```
%  A*x <= b          inequality constraints
%  Aeq*x = beq       equality constraints(Aeq --> Aeq, beq--> beq)
%  LB <= x <= UB     range
```

内置函数 quadprog 的形参和调用格式为：

```
%x=qurdprog(H,f,A,b,Aeq,beq,LB,UB)
```

3. 内置函数 quadprog 实参的设置

(1) 目标函数式(9.10a)中的海森矩阵 $\boldsymbol{H}$。

设 $\boldsymbol{W}_{+}$ 和 $\boldsymbol{W}_{-}$ 是 $k\times2$ 矩阵，(按列)分块形式为：

$$\boldsymbol{W}_{+}=[\boldsymbol{v}_{+}\ \boldsymbol{u}_{+}];\quad \boldsymbol{W}_{-}=[\boldsymbol{v}_{-}\ \boldsymbol{u}_{-}]$$

则海森矩阵 $\boldsymbol{H}$ 可以用分块矩阵表示为(详细推导见本章附录)：

$$\boldsymbol{H}=\begin{bmatrix}\boldsymbol{G}_{+} & -\boldsymbol{Q}\\ -\boldsymbol{Q}^{\mathrm{T}} & \boldsymbol{G}_{-}\end{bmatrix},\quad \begin{aligned}\boldsymbol{G}_{+}&=\boldsymbol{v}_{+}\boldsymbol{v}_{+}^{\mathrm{T}}+\boldsymbol{u}_{+}\boldsymbol{u}_{+}^{\mathrm{T}}=\boldsymbol{W}_{+}\boldsymbol{W}_{+}^{\mathrm{T}}\ (k\times k)\\ \boldsymbol{G}_{-}&=\boldsymbol{v}_{-}\boldsymbol{v}_{-}^{\mathrm{T}}+\boldsymbol{u}_{-}\boldsymbol{u}_{-}^{\mathrm{T}}=\boldsymbol{W}_{-}\boldsymbol{W}_{-}^{\mathrm{T}}\ (k\times k)\\ \boldsymbol{Q}&=\boldsymbol{v}_{+}\boldsymbol{v}_{-}^{\mathrm{T}}+\boldsymbol{u}_{+}\boldsymbol{u}_{-}^{\mathrm{T}}=\boldsymbol{W}_{+}\boldsymbol{W}_{-}^{\mathrm{T}}\ (k\times k)\end{aligned} \tag{9.13a}$$

根据分块矩阵乘法：

$$\boldsymbol{W}_{+}\boldsymbol{W}_{+}^{\mathrm{T}}=[\boldsymbol{v}_{+}\boldsymbol{u}_{+}]\begin{bmatrix}\boldsymbol{v}_{+}^{\mathrm{T}}\\ \boldsymbol{u}_{+}^{\mathrm{T}}\end{bmatrix}=\boldsymbol{v}_{+}\boldsymbol{v}_{+}^{\mathrm{T}}+\boldsymbol{u}_{+}\boldsymbol{u}_{+}^{\mathrm{T}} \tag{9.13b}$$

这证明了 $\boldsymbol{G}_{+}$ 的第 2 个等式的成立。用类似的方法证明 $\boldsymbol{G}_{-}$ 和 $\boldsymbol{Q}$ 的第 2 个等式成立。

用矩阵相乘的形式，而不用列向量乘以行向量的形式来表达 $\boldsymbol{G}_{+}$、$\boldsymbol{G}_{-}$ 和 $\boldsymbol{Q}$，不仅是为了表达简洁，而且容易推广到训练集的训练点是 $l(>2)$维的情况(这里的 $l=2$)。设正类集训练点为(按列分块)$\boldsymbol{W}_{+}=[\boldsymbol{W}_{+1}\boldsymbol{W}_{+2}\cdots\boldsymbol{W}_{+l}]$(这里的 $\boldsymbol{v}_{+}=\boldsymbol{W}_{+1}$，$\boldsymbol{u}_{+}=\boldsymbol{W}_{+2}$)，则式(9.13a)中$\boldsymbol{G}_{+}$的矩阵相乘表达式仍然成立。同理，负类集训练点表达为 $\boldsymbol{W}_{-}$ 的按列分块形式后，式(9.13a)中 $\boldsymbol{G}_{-}$ 与 $\boldsymbol{Q}$ 的矩阵相乘表达式都成立。这样，下面的生成 $\boldsymbol{H}$ 的函数子

程序对任何 l 维训练点的问题都适用，只要在主程序在调用它之前，先生成 $k\times l$ 矩阵 $\boldsymbol{W}_+$ 和 $\boldsymbol{W}_-$。

(2) 等式约束式(9.10b)的矩阵 $\boldsymbol{A}_{\text{eq}}$(Aeq)与常数向量 $\boldsymbol{b}_{\text{eq}}$(beq)。

设 k 个分量都是 1 与 0 的向量分别为 $\mathbf{1}=(1,1,\cdots,1)^{\mathrm{T}}$ 与 $\mathbf{0}=(0,0,\cdots,0)^{\mathrm{T}}$，则式(9.10b)可写为分块矩阵形式：

$$\boldsymbol{A}_{\text{eq}}\boldsymbol{x}=\boldsymbol{b}_{\text{eq}}:\quad \begin{bmatrix}1,1,\cdots,1,0,0,\cdots,0\\0,0,\cdots,0,1,1,\cdots,1\end{bmatrix}\begin{pmatrix}\alpha_{+1}\\ \vdots\\ \alpha_{+k}\\ \alpha_{-1}\\ \vdots\\ \alpha_{-k}\end{pmatrix}=\begin{bmatrix}\mathbf{1}^{\mathrm{T}} & \mathbf{0}^{\mathrm{T}}\\ \mathbf{0}^{\mathrm{T}} & \mathbf{1}^{\mathrm{T}}\end{bmatrix}\begin{pmatrix}\boldsymbol{x}_+\\ \boldsymbol{x}_-\end{pmatrix}=\begin{pmatrix}1\\1\end{pmatrix}$$

其中，最后一个等式成立是利用了“对应于正负集的权数之和为 1”，即 $\mathbf{1}^{\mathrm{T}}\boldsymbol{x}_+=1$ 和 $\mathbf{1}^{\mathrm{T}}\boldsymbol{x}_-=1$。

所以，$2\times 2k$ 矩阵 $\boldsymbol{A}_{\text{eq}}$ 的分块形式与常数向量 $\boldsymbol{b}_{\text{eq}}$ 为：

$$\boldsymbol{A}_{\text{eq}}=\begin{bmatrix}\mathbf{1}^{\mathrm{T}} & \mathbf{0}^{\mathrm{T}}\\ \mathbf{0}^{\mathrm{T}} & \mathbf{1}^{\mathrm{T}}\end{bmatrix},\boldsymbol{b}_{\text{eq}}=\begin{pmatrix}1\\1\end{pmatrix} \tag{9.14}$$

(3) 上下界约束式(9.10c)的 $2k\times 1$ 向量 $\boldsymbol{u}$(UB)和 $\boldsymbol{l}$(LB)：

$$\begin{pmatrix}\mathbf{1}\\ \mathbf{1}\end{pmatrix}\geqslant\begin{pmatrix}\boldsymbol{x}_+\\ \boldsymbol{x}_-\end{pmatrix}\geqslant\begin{pmatrix}\mathbf{0}\\ \mathbf{0}\end{pmatrix}\to\boldsymbol{u}=\begin{pmatrix}\mathbf{1}\\ \mathbf{1}\end{pmatrix},\boldsymbol{l}=\begin{pmatrix}\mathbf{0}\\ \mathbf{0}\end{pmatrix} \tag{9.15}$$

(4) 其他没有出现在式(9.10)中的项，都要设置为空：

① 目标函数没有一次项 $\boldsymbol{f}^{\mathrm{T}}\boldsymbol{x}$，设置 f=[] (空)。

② 没有线性不等式约束，设置 A=[],b=[]。

算法 9.1　平分最近点分类法

(1) 输入 k 个正类点集 $\boldsymbol{w}_+$，k 个负类点集 $\boldsymbol{w}_-$；如式(9.6)所示。

(2) 按照式(9.10)的以产生正、负类点集的凸壳的各 k 个权数(α_{+j} 与 α_{-j})为未知量的二次规划问题，形成内置函数 quadprog 的实参。

① 按式(9.13)设置分块的海森矩阵 $\boldsymbol{H}$。

② 按式(9.14)设置“权数之和为 1”的等式约束的系数矩阵 Aeq 和右端常数向量 beq。

③ 按式(9.15)设置权数的上界 UB=ones(2 * k,1)与下界 LB=zeros(2 * k,1)。

④ 其他实参设置为空“[]”。

(3) 调用 quadprog 求出二次规划的解 $\hat{\alpha}_{+j}$ 与 $\hat{\alpha}_{-j}$。

(4) 按式(9.11)得到两个凸壳的最近点 $\boldsymbol{c}$ 与 $\boldsymbol{d}$。

(5) 按式(9.12)得到梯度 $\boldsymbol{g}$ 与截距 c_0，从而分划超平面的方程为 $\boldsymbol{g}^{\mathrm{T}}\boldsymbol{w}+c_0=0$。

例 9.4　用算法 9.1(平分最近点分类法)及解二次规划的内置函数 quadprog 求解例 9.1 的心脏病诊断问题。

解：设置二次规划的所有实参的函数子程序如下(注意：最后一个形参 D 是用来缩小凸壳的缩小因子，第 10 章中会用到，这里在主程序中用实参 1 代入)。

主程序 Ex9_4.m

```
clear; clc;                                          % Name: Ex9_4.m
% The 4 column vector samples
vp=[ 68, 82, 84, 67, 73]';                           % vp=v+
up=[196,190,170,180,184]';                           % up=u+
vn=[ 61, 73, 76, 53, 62]';                           % vn=v-,
un=[170,168,156,153,160]';                           % un=u-
k=length(vp); % =5
% Form the real parameters of QUADPROG
Wp=[vp,up]; Wn=[vn,un];                              % (9.13B)
[H,f,A,b,Aeq,beq,LB,UB]=Ex9_4BisectQP(k,Wp,Wn,1);
% D=1
% Solve the OP:生成正、负类集凸壳的权数
x=quadprog(H,f,A,b,Aeq,beq,LB,UB);
xp=x(1:k);    xn=x(k+1:2*k);
% The two points with shortest distance
c=[vp'*xp; up'*xp];    d=[vn'*xn; un'*xn]; % (9.11)
% Find the the perpendicular bisector g*w+c0=0
g=c-d; c0=-g'*(c+d)/2;                               % (9.12)
Xp=xp', Xn=xn', cdg=[c,d,g], c0          % Show results
% Check if the bisector can separate the 2 sets
Y1=sign(g'*Wp'+c0)
Y2=sign(g'*Wn'+c0)
          % Check the middle point is on the bisector
mp=(c+d)/2; Test=g'*mp+c0; % Test=0
```

函数子程序 Ex9_4BisectQP.m

```
function [H,f,A,b,Aeq,beq,LB,UB] = ...
Ex9_4BisectQP(k,Wp,Wn,D);
% Form the real parameters of QUADPROG
% D: reducing scale to reduce convex hull
% Form Hessian matrix   (9.13)
G1=Wp*Wp';   % G1=G+ kxk matrix
G2=Wn*Wn';   % G2=G-
Q =Wp*Wn';
H=[G1,-Q; -Q',G2];
% matrix Aeq & beq of equality constraints
Kone=ones(1,k); Kzero=zeros(1,k);    % (9.14)
Aeq=[Kone, Kzero; Kzero, Kone];
beq=ones(2,1);
% Upper & lower bounds: 0<D<=1; a scale
LB=zeros(2*k,1); UB=D*ones(2*k,1); % (9.15)
% No inequality constraints & No item f'*x
A=[]; b=[];    f=[];
return;
```

输出结果

```
Xp =     0.0000     0.0000     0.5707
         0.4293     0.0000
Xn =     0.0000     1.0000     0.0000
         0.0000     0.0000
```

```
cdg =     76.7018     73.0000    3.7018
         174.2931    168.0000    6.2931
c0 =    -1.3541e+03
Y1 =    1    1    1    1    1
Y2 =   -1   -1   -1   -1   -1
```

运行结果分析：

（1）得到的权数（解 $\hat{\boldsymbol{x}}=(\hat{\boldsymbol{x}}_+^{\mathrm{T}},\hat{\boldsymbol{x}}_-^{\mathrm{T}})^{\mathrm{T}}$）为：

$\hat{\boldsymbol{x}}_+^{\mathrm{T}}=(\hat{\alpha}_{+1},\cdots,\hat{\alpha}_{+5})=$（0，0，0.5707，0.4293，0）（仅 $\boldsymbol{w}_{+3},\boldsymbol{w}_{+4}$ 的权数为正）

$\hat{\boldsymbol{x}}_-^{\mathrm{T}}=(\hat{\alpha}_{-1},\cdots,\hat{\alpha}_{-5})=$（0，1，0，0，0）（仅 $\boldsymbol{w}_{-2}$ 的权数为正 ＝ 1）

（2）由(1)两个凸壳上的最近点 $\boldsymbol{c}$ 与 $\boldsymbol{d}$ 分别为(见图 9.6)：

$\boldsymbol{c}^{\mathrm{T}}=\hat{\boldsymbol{x}}_+^{\mathrm{T}}[\boldsymbol{v}_+,\boldsymbol{u}_+]=(\hat{\alpha}_{+3}v_{+3}+\hat{\alpha}_{+4}v_{+4},\hat{\alpha}_{+3}u_{+3}+\hat{\alpha}_{+4}u_{+4})=$（76.7018，174.2931）

$\boldsymbol{d}^{\mathrm{T}}=\hat{\boldsymbol{x}}_-^{\mathrm{T}}[\boldsymbol{v}_-,\boldsymbol{u}_-]=(\hat{\alpha}_{-2}v_{-2},\hat{\alpha}_{-2}u_{-2})=(v_{-2},u_{-2})=$（73，168）$=\boldsymbol{w}_{-2}^{\mathrm{T}}$

（3）线段 cd 的垂直平分线方程 $\boldsymbol{g}^{\mathrm{T}}\boldsymbol{w}+c_0=0$(见图 9.6)，其中：

$\boldsymbol{g}^{\mathrm{T}}=(\boldsymbol{c}-\boldsymbol{d})^{\mathrm{T}}=(3.7018,\ 6.2931)$；$c_0=-(\boldsymbol{c}-\boldsymbol{d})^{\mathrm{T}}(\boldsymbol{c}+\boldsymbol{d})/2=-1354.1$

即 $3.7018v+6.2931u-1354.1=0$。　　(9.16)

（4）从主程序最后的 Yp 和 Yn 的结果以及图 9.6 可见，式(9.16)所确定的直线正确

分划例 9.1 的正类集点与负类集点：正类集点的决策函数值 Yp 的所有分量为$+1$，负类集点的决策函数值 Yn 的所有分量为 -1。

（5）主程序最后一行指令的结果表明，线段 cd 的中点在垂直平分线上。

9.2.5 最大间隔分类法

下面从直观上导出另一种分类方法。考虑如图 9.7(a)所示的平面上的分类问题。这时有许多直线能把两类点正确分开。我们来探讨一下，在直线的梯度 $\boldsymbol{g}$（法方向）给定的情况下，哪条直线更好些。

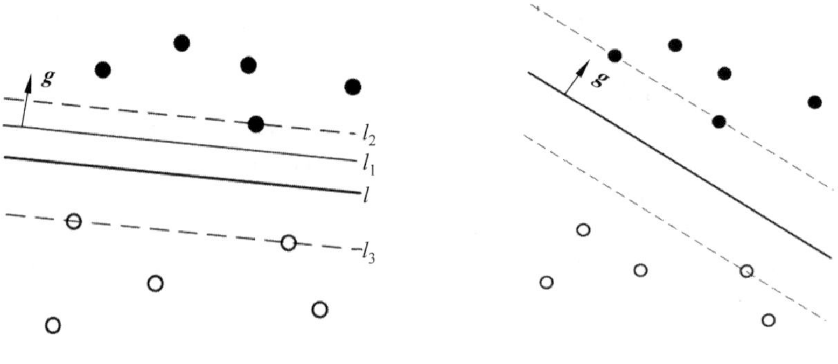

(a) 平移l_1可得到另外的分划直线　　(b) 使间隔最大的梯度

图 9.7　平面上的分类问题

图 9.7(a)中，$\boldsymbol{l}_1$ 就是一条以 $\boldsymbol{g}$ 为法方向，而且能正确分划两类点的直线。显然这样的直线无穷多，向右上方或左下方平行移动直线 $\boldsymbol{l}_1$，直到碰到某类训练点，就得到两条“极端的”直线 $\boldsymbol{l}_2$ 和 $\boldsymbol{l}_3$。在这两条直线之间的平行直线都可以作为候选的分划直线。显然，在这些候选的直线中，以 $\boldsymbol{l}_2$ 和 $\boldsymbol{l}_3$“中间”的那条直线 $\boldsymbol{l}$ 最好。以上分析给出了在已知梯度的情况下构造分划直线的方法。这样，把问题归结为寻求梯度 $\boldsymbol{g}$ 的问题。

如上所述，对于适当给定的梯度，会有两条极端的直线 $\boldsymbol{l}_2$ 和 $\boldsymbol{l}_3$，我们把这两条直线之间的距离称为与该梯度对应的**间隔**(margin)。不同的梯度对应不同的间隔。我们应该找到使间隔达到最大的梯度，如图 9.7(b)所示。

1. 方法的推导

给定适当的梯度 $\bar{\boldsymbol{g}}$，两条极端直线 $\boldsymbol{l}_2$ 和 $\boldsymbol{l}_3$ 可以分别表达为 $\bar{\boldsymbol{g}}^{\mathrm{T}}\boldsymbol{w}+\bar{c}=k_1$ 和 $\bar{\boldsymbol{g}}^{\mathrm{T}}\boldsymbol{w}+\bar{c}=k_2$。令 $c=\bar{c}-(k_1+k_2)/2$，$k=(k_1-k_2)/2$，上述两个表达式成为：

$$\bar{\boldsymbol{g}}^{\mathrm{T}}\boldsymbol{w}+c=k \text{ 和 } \bar{\boldsymbol{g}}^{\mathrm{T}}\boldsymbol{w}+c=-k$$

我们应该选取它们中间的直线 $\boldsymbol{l}$：$\bar{\boldsymbol{g}}^{\mathrm{T}}\boldsymbol{w}+c=0$ 作为分划直线。再令 $\boldsymbol{g}=\bar{\boldsymbol{g}}/k$，$c_0=c/k$，则上式等价于：

$$\boldsymbol{g}^{\mathrm{T}}\boldsymbol{w}+c_0=1 \text{ 和 } \boldsymbol{g}^{\mathrm{T}}\boldsymbol{w}+c_0=-1 \tag{9.17}$$

与此相应的分划直线的表达式为：

$$\boldsymbol{g}^{\mathrm{T}}\boldsymbol{w}+c_0=0 \tag{9.18}$$

这称为分划直线的规范化形式。从两条直线的距离公式可知，此时两条极端直线的距

离，即对应的间隔为 $2/\|\boldsymbol{g}\|$。而"max $2/\|\boldsymbol{g}\|$"等价于"min $\|\boldsymbol{g}\|/2$"或"min $\|\boldsymbol{g}\|^2/2$"。

设每个训练点都是 l 维空间中的点，即有 l 个分量，则最大间隔法就是求解变量为 $l+1$ 维的最优化问题（l 维的 $\boldsymbol{g}$ 和 1 维的 c_0）：

$$\boldsymbol{x}=(x_1,\cdots,x_l,x_{l+1})^{\mathrm{T}}=(g_1,\cdots,g_l,c_0)^{\mathrm{T}}=(\boldsymbol{g}^{\mathrm{T}},c_0)^{\mathrm{T}} \tag{9.19}$$

$$\min \frac{1}{2}\|\boldsymbol{g}\|^2=\frac{1}{2}\boldsymbol{x}^{\mathrm{T}}\boldsymbol{H}\boldsymbol{x} \tag{9.20a}$$

s.t.　对于正类集的点 $\boldsymbol{w}_{+j}$ 有 $\boldsymbol{g}^{\mathrm{T}}\boldsymbol{w}_{+j}+c_0\geqslant 1$（下面解释）　(9.20b)

（等价地，两端乘以 -1，得：$-\boldsymbol{g}^{\mathrm{T}}\boldsymbol{w}_{+j}-c_0\leqslant -1$）

对于负类集的点 $\boldsymbol{w}_{-j}$ 有 $\boldsymbol{g}^{\mathrm{T}}\boldsymbol{w}_{-j}+c_0\leqslant -1,\ j=1,2,\cdots,k$　(9.20c)

由于正类集的点，某些（被极端直线碰到的）位于极端直线"$\boldsymbol{g}^{\mathrm{T}}\boldsymbol{w}_{+j}+c_0=1$"上，其他点在梯度 $\boldsymbol{g}$ 指向的一侧，即 $\boldsymbol{g}^{\mathrm{T}}\boldsymbol{w}_{+j}+c_0$ 的值从 1 增加的方向，所以得到约束条件（式(9.20b)）。约束（式(9.20c)）可以类似地解释。

以上讨论也适用于三维（分划平面）与更多维（分划超平面）上用最大间隔法来解分类问题。

2. 内置函数 quadprog 实参的设置

(1) 目标函数式(9.20a)中的海森矩阵 $\boldsymbol{H}$。

由式(9.19)知道（其中，$\boldsymbol{I}_l$ 是 l 阶单位矩阵）：

$$\|\boldsymbol{g}\|^2=\boldsymbol{g}^{\mathrm{T}}\boldsymbol{g}=(\boldsymbol{g}^{\mathrm{T}}c_0)^{\mathrm{T}}\begin{bmatrix}\boldsymbol{I}_l & \boldsymbol{0}\\ \boldsymbol{0} & \boldsymbol{0}\end{bmatrix}\begin{pmatrix}\boldsymbol{g}\\ c_0\end{pmatrix}=\boldsymbol{x}^{\mathrm{T}}\boldsymbol{H}\boldsymbol{x}\rightarrow \boldsymbol{H}=\begin{bmatrix}\boldsymbol{I}_l & \boldsymbol{0}\\ \boldsymbol{0} & \boldsymbol{0}\end{bmatrix} \tag{9.21}$$

(2) 不等式约束式(9.20b)与式(9.20c)的矩阵 $\boldsymbol{A}$ 与常数向量 $\boldsymbol{b}$。

这已经在例 4.14 推导过，只是那里不分 $\boldsymbol{w}_{+j}$ 与 $\boldsymbol{w}_{-j}$，统一以 $\boldsymbol{w}_j$ 表示。依据 $\boldsymbol{g}^{\mathrm{T}}\boldsymbol{w}_j$ 是一个数，它等于自身的转置，即 $\boldsymbol{g}^{\mathrm{T}}\boldsymbol{w}_j=(\boldsymbol{g}^{\mathrm{T}}\boldsymbol{w}_j)^{\mathrm{T}}=\boldsymbol{w}_j^{\mathrm{T}}\boldsymbol{g}$。当正负集训练点各有 k 个，而第 j 个训练点 $\boldsymbol{w}_j$ 的数据有 l 个分量时，把以 $\boldsymbol{w}_j^{\mathrm{T}}$ 作为行块的矩阵记为 $\boldsymbol{W}_{k\times l}=(\boldsymbol{w}_1^{\mathrm{T}},\boldsymbol{w}_2^{\mathrm{T}},\cdots,\boldsymbol{w}_k^{\mathrm{T}})^{\mathrm{T}}$（$\boldsymbol{W}$ 是 k 个行块 1 个列块的分块矩阵，第 j 行是 $1\times l$ 行向量）；记 k 个分量都是 1 的向量为 $\boldsymbol{1}=(1,1,\cdots,1)^{\mathrm{T}}$。写出 $\boldsymbol{W}$ 的元素：

$$\boldsymbol{W}=\begin{bmatrix}w_{11} & \cdots & w_{1l}\\ \vdots & & \vdots\\ w_{k1} & \cdots & w_{kl}\end{bmatrix} \tag{9.22a}$$

在式(9.22a)中对 $\boldsymbol{W}$ 的每个元素的下标加入"+"或"−"就得到正负集训练点数据矩阵 $\boldsymbol{W}_+$ 或 $\boldsymbol{W}_-$。式(9.22b)是心脏病诊断例子的正类集的训练点数据（5×2）矩阵：

$$\boldsymbol{W}_+=[\boldsymbol{v}_+\quad \boldsymbol{u}_+]=\begin{bmatrix}v_{+11} & u_{+11}\\ v_{+21} & u_{+21}\\ \vdots & \vdots\\ v_{+k1} & v_{+k1}\end{bmatrix}=\begin{bmatrix}68 & 196\\ 82 & 190\\ 84 & 170\\ 67 & 180\\ 73 & 184\end{bmatrix} \tag{9.22b}$$

由分块乘法，式(9.20b)与式(9.20c)这两个不等式可以合并写为分块矩阵的形式：

$$\begin{bmatrix}-\boldsymbol{W}_+ & -\boldsymbol{1}\\ \boldsymbol{W}_- & \boldsymbol{1}\end{bmatrix}\begin{pmatrix}\boldsymbol{g}\\ c_0\end{pmatrix}\leqslant\begin{pmatrix}-\boldsymbol{1}\\ \boldsymbol{1}\end{pmatrix}\rightarrow \boldsymbol{A}=\begin{bmatrix}-\boldsymbol{W}_+ & -\boldsymbol{1}\\ \boldsymbol{W}_- & \boldsymbol{1}\end{bmatrix},\boldsymbol{b}=\begin{pmatrix}-\boldsymbol{1}\\ -\boldsymbol{1}\end{pmatrix} \tag{9.23}$$

（3）其他没有出现在式（9.20）中的项，都要设置为空：

① 目标函数没有一次项 $f^T x$，设置 f＝[ ]（空）。

② 没有线性等式约束，设置 Aeq＝[ ]，beq＝[ ]。

算法 9.2　最大间隔分类法

（1）输入 k 个正类点集 w_+，k 个负类点集 w_-；如式（9.6）所示。

（2）按照式（9.20）的以分划超平面的梯度 g 与截距 c_0 为未知量的二次规划问题，形成内置函数 quadprog 的实参。

① 按式（9.21）设置分块的海森矩阵 H。

② 按式（9.23）设置不等式约束的系数矩阵 A 和右端常数向量 b。

③ 其他实参设置为空"[ ]"。

（3）调用 quadprog 求出二次规划的解：梯度 g 与截距 c_0；得到分划超平面的方程 $g^T w + c_0 = 0$。

例 9.5　用算法 9.2（最大间隔法）求解例 9.1 的心脏病诊断问题。

解：主程序与设置二次规划的所有实参的函数子程序如下。

主程序 Ex9_5.m	函数子程序 Ex9_5MaxmagQP

clear; clc;　　　　　　% Name:　Ex9_5.m
% The 4 column vectors
vp=[68, 82, 84, 67, 73]';　% vp=v+
up=[196,190,170,180,184]';　% up=u+
vn=[61, 73, 76, 53, 62]';　% vn=v
un=[170,168,156,153,160]';　% un=u-
k=length(vp);　　　　　% = 5
Wp=[vp,up]; Wn=[vn,un];　% (9.22B)
[k,L]=size(Wp);　　% k 维数据,l 维参数
[H,f,A,b,Aeq,beq,LB,UB]= ...
Ex9_5MaxmagQP(L,k,Wp,Wn);　% 见右拦
% Solve the QP
x= quadprog(H,f,A,b,Aeq,beq,LB,UB);
g=x(1:2);　G=g',　c0=x(3)
Maxmag=2/sqrt(g'*g)
Ax=(A*x)'; % Check A*x<=b (b=-1)?
% Check if W+(3), W+(4) & W-(2) on line
Wp_34=g'*[vp(3), vp(4);up(3), up(4)]+c0
Wn_2=g'*[vn(2);un(2)]+c0
% Check if separate the 2 sets
wp=[vp';up']; wn=[vn';un'];
Yp=sign(g'*wp+c0) % Yp=[1,1,1,1,1]
Yn=sign(g'*wn+c0) % Yn=[-1,-1,-1,-1,-1]
% 检查例 9.4 的中点 mp 是否在分划直线上
mp=[74.8509; 171.1465];
z=g'*[74.8509; 171.1465]+c0 % nearly!
	function [H,f,A,b,Aeq,beq,LB,UB]=...
	Ex9_5MaxmagQP(L, k, Wp, Wn);
	% (1) Form Hessian matrix
	L1=L+1; H=zeros(L1,L1); % (9.21)
	H(1:L,1:L)=eye(L);
	% (2) A & b of inequality constraints
	Kone=ones(k,1);
	A=[-Wp, -Kone; Wn, Kone]; % (9.23)
	b= -ones(2*k,1);
	% No inequality constraints, bounds & f'*x
	Aeq=[];　beq=[];　LB=[]; UB=[]; f=[];
	return;
	
	输出结果:
	G = 　0.1389　　　0.2361
	c0 = 　 -50.8056
	Maxmag = 7.3011
	Wp_34 = 1.0000　　　1.0000
	Wn_2 = -1
	
	Yp = 　1　　1　　1　　1　　1
	Yn = 　-1　 -1　 -1　 -1　 -1
	
	z = -6.9444e-006

运行结果分析：

(1) 最大间隔＝7.3011，这就是两条(平行的)极端直线的距离。

(2) 对应于最大间隔的梯度为 $\boldsymbol{g}=(0.1389;0.2361)^{\mathrm{T}}$，梯度模长＝0.2739，截距 $c_0=-50.8056$；从而 OVU 平面上的分划直线为：

$$L_M:\ 0.1389v+0.2361u-50.8056=0$$

(3) 正负类集的点的 z 函数值 $z_{+j}=\boldsymbol{g}^{\mathrm{T}}\boldsymbol{w}_{+j}+c_0$ 与 $z_{+j}=\boldsymbol{g}^{\mathrm{T}}\boldsymbol{w}_{-j}+c_0$ 的值以及它们的符号函数值 $y_{+j}=\mathrm{sgn}(z_{+j})$ 与 $y_{-j}=\mathrm{sgn}(z_{-2j})$ 如表 9.2 所示。

表 9.2　正负类集的点的 z 函数值与它们的符号函数值 y

j	z 函数值	1	2	3	4	5
$\boldsymbol{w}_{+j}$	z_{+j}	4.9167	5.4444	**1.0000**	**1.0000**	2.7778
	y_{+j}	1	1	1	1	1
$\boldsymbol{w}_{-j}$	z_{-j}	−2.1944	**−1.0000**	−3.4167	−7.3194	−4.4167
	y_{-j}	−1	−1	−1	−1	−1

由此可见，所得的直线能够正确地分划正类集的点与负类集的点。同时，相应于刚刚碰到正类集点的极端直线 $\boldsymbol{l}_2$：$0.1389v+0.2361u-50.8056=1$ 通过正类集的两点 $\boldsymbol{w}_{+3}$ 和 $\boldsymbol{w}_{+4}$，因为它们的 z_1 值正是 1.000，(见表 9.2 中的黑体数字)；而相应于刚刚碰到负类集点的极端直线 $\boldsymbol{l}_3$：$0.1389v+0.2361u-50.8056=-1$ 通过负类集的点 $\boldsymbol{w}_{-2}$。

3. 与平分最近点分类法的关系

上面程序的最后一行指令的执行结果显示，连接用平分最近点法求出的最近点 $\boldsymbol{c}$ 与 $\boldsymbol{d}$ 的线段 cd 的中点 $P(74.8509,171.1465)$ 几乎就在用最大间隔法求出的分划直线上，因为该点的 z 值＝6.9444×10^{-6}，几乎为 0。

用最大间隔法求出的分划直线 L_M 与前面用平分最近点法作出的分划直线 L_B 放在一起比较：

$$L_M:\ 0.1389v+0.2361u-50.8056=0$$

$$L_B:\ 3.7018v+6.2931u-1354.1=0$$

看上去两者大不相同。如果把 L_M 的(g_1,g_2,c_0)按比例放大，使得 $g_1=3.7018$(与 L_B 的 g_1 相同)，则 L_M 的(等价)方程为 $3.7018v+6.2923u-1354.1=0$，与 L_B 相差无几。

实际上，可以严格证明：对于同一个线性可分问题，用平分最近点法作出的分划直线 L_B 与最大间隔法作出的分划直线 L_M 是同一条分划直线(对三维空间上的平面，更高维空间上的超平面也一样)。由于计算误差的原因，L_B 与 L_M 就差那么"一点点"。所以，用最大间隔法求出的分划直线的图像就是图 9.2。

9.2.6　关于名词"支持向量机"

在机器学习领域，常把一些算法看作一个机器，所以称分类算法为分类机。那么，什么是“支持向量”呢？它实际上是指训练点集中某些“特别的”训练点 $\boldsymbol{w}_j$ 的输入。在最大间隔法里，那两条极端直线所碰到(穿过)的点，例 9.5 中是正类集的两点 $\boldsymbol{w}_{+3}$ 和 $\boldsymbol{w}_{+4}$(它们的 z 值是+1)以及负类集的点 $\boldsymbol{w}_{-2}$(它的 z 值是 −1)。在例 9.4 中，解的每一个分量(权数)$\hat{\alpha}_{+j}$ 或 $\hat{\alpha}_{-j}$ 都与一个训练点 $\boldsymbol{w}_{+j}$ 或 $\boldsymbol{w}_{-j}$ 相对应。而所构造的分划直线仅依赖于相应于权数不为 0 的训练点(也是 $\boldsymbol{w}_{+3}$，$\boldsymbol{w}_{+4}$ 和 $\boldsymbol{w}_{-2}$)，而与相应于权数为 0 的训练点无关。所以我们特别关心相应于权数不为 0 的训练点，并称这些训练点的输入 $\boldsymbol{w}_j$ 为**支持向量**。这样，分类算法也就称为支持向量分类机。

9.3 支持向量回归机

支持向量机除了分类机外，还有一大类是回归机。这里只介绍线性支持向量回归机。在第 8 章一开始就介绍线性回归问题，那里是用线性最小二乘法和矩阵的广义逆来解线性回归问题的。现在来看看应用支持向量机是如何训练一个线性回归机的。

9.3.1 ε 带与硬 ε 带超平面

现在考虑线性回归问题，即限定回归问题所寻找的函数是线性**函数**。设训练集为

$$T=\{(\boldsymbol{w}_1,z_1),\cdots,(\boldsymbol{w}_k,z_k)\} \tag{9.24}$$

其中，$\boldsymbol{w}_j$ 是 k 个输入(指标向量)或模式，z_j 是输出指标($j=1,2,\cdots,k$)，可取任意实数。假设 $\boldsymbol{w}_j$ 是有 l 个分量的训练点，现在的问题是，寻找 $l+1$ 维(加上 z 一维)空间上的一个实值函数 $z=E(\boldsymbol{w})$，以便用 $z=E(\boldsymbol{w})$来推断任何一个新模式 $E(\boldsymbol{w})$的 z 值。用内积表达式(其中，$\bar{\boldsymbol{g}}$ 是有 $l+1$ 个分量的梯度，$\boldsymbol{w}$ 是训练点)：

$$z[=E(\boldsymbol{w})]=\bar{\boldsymbol{g}}^{\mathrm{T}}\boldsymbol{w}+c_0 \tag{9.25}$$

注意这里与分类问题的不同之处。对于 $\boldsymbol{w}_{+j}$ 与 $\boldsymbol{w}_{-j}$ 是有 l 个分量的训练点，分类问题是寻找 l 维空间上的一个分划超平面**方程** $\boldsymbol{g}^{\mathrm{T}}\boldsymbol{w}+c_0=0$：没有出现分类函数值 z 这一维。在分类问题中，分类函数值 z 要转换为决策函数值 y，而 y 只取+1 或−1 两个值。出现在分划超平面上的 y 值 0，已经体现在超平面方程的右端。

对于线性回归问题来说，当 $\boldsymbol{w}$ 为一维的点时，这是一条(回归)直线 $z=gw+c_0$，见图 9.8(a)；当 $\boldsymbol{w}=(v,u)^{\mathrm{T}}$ 为二维的点时，这是一个平面 $z=g_1v+g_2u+c_0$；当 $\boldsymbol{w}$ 的维数再高时，就是一个超平面。

如果把位于图 9.8(a)回归直线上方的训练点改为黑色小圆圈(见图 9.8(b))，看起来问题可以变为前面介绍的分类问题：那条回归直线变为分划直线。怎样把上方的点，变成正类集点，而把下方的点变成负类集点呢？这要牵涉到 ε 带与硬 ε 带直线(平面，超平面)的概念。这里仅对硬 ε 带直线来叙述，而对硬 ε 带平面，超平面都是成立的。

设 $\varepsilon>0$，直线的 ε 带在几何上是指它沿函数(z)轴依次上下平移所扫过的区域。它的数学定义是：给定训练集 T 和 $\varepsilon>0$，若直线的 ε 带包含训练集中所有的 k 个训练点，即它满足

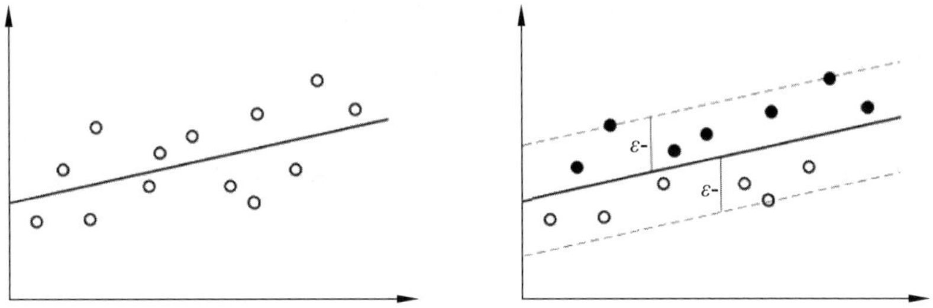

(a) 训练点与回归直线　　　　(b) ε带与硬ε带直线

图 9.8　回归直线

$$-\varepsilon \leqslant z_j - (\boldsymbol{g}^{\mathrm{T}}\boldsymbol{w}_j + c_0) \leqslant \varepsilon, \quad j=1,2,\cdots,k \tag{9.26a}$$

则称它为对于训练集 T 的硬 ε 带直线。式(9.26b)中 $z_j-(\boldsymbol{g}^{\mathrm{T}}\boldsymbol{w}_j+c_0)$是第 j 项观察值 z_j 与预报值 $\boldsymbol{g}^{\mathrm{T}}\boldsymbol{w}_j+c_0$ 的差值。

1. 如何寻找最小 ε

显然，对于有限个训练点组成的训练集来说，当 ε 充分大时，硬 ε 带直线总是存在的。而最小的能使硬 ε 带直线存在的 $\varepsilon_{\min}$应是下列满足前面约束式(9.26a)的最优化问题的最优值：

$$\min_{\varepsilon,c_0,\boldsymbol{g}} \varepsilon = \boldsymbol{f}^{\mathrm{T}}\boldsymbol{x} \tag{9.26b}$$

其中，$\boldsymbol{f}$ 在下面给出。注意，当 $\boldsymbol{g}$ 是 l 维向量时，式(9.26a)中要极小化的未知量是 $l+2$ 维的 ε、c_0 和 $\boldsymbol{g}$：

$$\boldsymbol{x}=(x_1,x_2,x_3,\cdots,x_{l+2})^{\mathrm{T}}=(\varepsilon,c_0,g_1,\cdots,g_l)^{\mathrm{T}} \tag{9.27}$$

这样，对 ε>0，有三种可能情况：当 $\varepsilon>\varepsilon_{\min}$时，硬 ε 带直线存在，而且不唯一；当 $\varepsilon=\varepsilon_{\min}$时，只存在一个硬 $\varepsilon_{\min}$带直线；当 $\varepsilon<\varepsilon_{\min}$时，硬 ε 带直线不存在。

最优化问题式(9.26)是线性规划(Linear Programming，LP)问题，它与前面的二次规划的不同之处仅在于它的目标函数是线性函数：只出现未知量的一次项。MATLAB 中有几个内置函数可以用来求解 LP 问题。linprog 函数是其中之一，我们用以下的形参和调用格式：

```
x=linprog(f,A,b,Aeq,beq,LB,UB);
```

可以发现，它比二次规划的内置函数仅少了一个形参 $\boldsymbol{H}$(海森矩阵)，而且所有的其他形参的设置与二次规划一样。

但是由于 ε>0，极小化 ε 等价于极小化 ε^2。式(9.26)也可以改为二次规划问题(式(9.26b)的约束应该写为两个不等式“≤”)：

$$\min_{x}\frac{1}{2}\varepsilon^2=\frac{1}{2}\boldsymbol{x}^{\mathrm{T}}\boldsymbol{H}\boldsymbol{x} \tag{9.28a}$$

$$\text{s.t.}\quad -\varepsilon-c_0-(\boldsymbol{g}^{\mathrm{T}}\boldsymbol{w}_j)\leqslant -z_j \tag{9.28b}$$

$$-\varepsilon + c_0 + \boldsymbol{g}^{\mathrm{T}}\boldsymbol{w}_j \leqslant z_j,\quad j=1,2,\cdots,k \tag{9.28c}$$

2. 内置函数 quadprog 与 linprog 实参的设置

(1) 目标函数式(9.26a)中的向量 $\boldsymbol{f}$。

极小化的函数式(9.26a)只有一项 ε,即 x_1,它的系数为 1,从而系数向量

$$\boldsymbol{f}=(1,0,0,\cdots,0)^{\mathrm{T}} \tag{9.29}$$

同样,式(9.28a)只有一项 ε^2,所以 quadprog 的海森矩阵,只有 $\boldsymbol{H}_{11}=1$,其余为 $\boldsymbol{0}$ 向量:

$$\boldsymbol{H}=\begin{bmatrix}1 & \boldsymbol{0}\\ \boldsymbol{0} & \boldsymbol{0}\end{bmatrix} \tag{9.30}$$

(2) 不等式约束式(9.28b)与式(9.28c)的矩阵 $\boldsymbol{A}$ 与常数向量 $\boldsymbol{b}$。

线性规划的不等式约束也应该写成式(9.28b)与式(9.28c)两个"$\leqslant$"不等式。设 k 个分量都是 1 的向量,函数训练点向量 $\boldsymbol{z}$ 与 k 个自变量训练点 $\boldsymbol{w}_j$ 形成的数据矩阵为:

$$\boldsymbol{1}=(1,1,\cdots,1)^{\mathrm{T}},\boldsymbol{z}=(z_1,z_2,\cdots,z_k)^{\mathrm{T}},\boldsymbol{W}=(\boldsymbol{w}_1^{\mathrm{T}},\cdots,\boldsymbol{w}_k^{\mathrm{T}})^{\mathrm{T}} \tag{9.31}$$

类似于式(9.23),式(9.28b)与式(9.28c)可以写为分块矩阵的形式:

$$\begin{bmatrix}-\boldsymbol{1} & -\boldsymbol{1} & -\boldsymbol{W}\\ -\boldsymbol{1} & \boldsymbol{1} & \boldsymbol{W}\end{bmatrix}\begin{pmatrix}\varepsilon\\ c_0\\ \boldsymbol{g}\end{pmatrix}\leqslant\begin{pmatrix}-\boldsymbol{z}\\ \boldsymbol{z}\end{pmatrix}\rightarrow \boldsymbol{A}=\begin{bmatrix}-\boldsymbol{1} & -\boldsymbol{1} & -\boldsymbol{W}\\ -\boldsymbol{1} & \boldsymbol{1} & \boldsymbol{W}\end{bmatrix},\boldsymbol{b}=\begin{pmatrix}-\boldsymbol{z}\\ \boldsymbol{z}\end{pmatrix} \tag{9.32}$$

算法 9.3　寻找使硬 $\boldsymbol{\varepsilon}$ 带超平面存在的最小 $\boldsymbol{\varepsilon}$

(1) 输入训练点集 $T=\{(\boldsymbol{w}_1,z_1),\cdots,(\boldsymbol{w}_k,z_k)\}$(式(9.24))。

(2) 按照式(9.26)或式(9.28)的以 ε、截距 c_0 和梯度 $\boldsymbol{g}$ 为未知量的 LP 或 QP 问题,形成内置函数 linprog(LP)或 quadprog(QP)的实参。

① 按式(9.29)设置 LP 目标函数的系数向量 $\boldsymbol{f}$ 或按式(9.30)设置 QP 的海森矩阵 $\boldsymbol{H}$。

② 按式(9.32)设置不等式约束的系数矩阵 $\boldsymbol{A}$ 和右端常数向量 $\boldsymbol{b}$。

③ 其他实参设置为空"[]"。

(3) 调用 linprog(LP)或 quadprog(QP)求出解 $\varepsilon_{\min}$。

例 9.6　对例 8.1(广告支出对销售收入的影响)用算法 9.3 求解最小的能使硬 ε 带直线存在的 $\varepsilon_{\min}$。

解:例 8.1 中的回归直线表达式:$y=a+bt$,这里式(9.25)的表达式(一维自变量 w)$z=gw+c_0$ 中 z、g、w 与 c_0 分别对应于例 8.1 中的回归直线表达式:$y=a+bt$ 中的 y、b、t 与 a。还是分别用训练点的本身值和它们的对数值,以及用 QP 与 LP 来求出 $\varepsilon_{\min}$、g 与 c_0。

生成 QP 实参的函数子程序 Ex9_6EpsPara 如下。LP 的实参只要在主程序中另外生成 $\boldsymbol{f}$ 即可。

主程序 Ex9_6.m

```
clear; clc;    % Name: Ex9_6.m
USElog= input('USElog= 1 or 0?  ');
t=[300 400 400 550 720 850 900 950]';
y=[300 350 490 500 600 610 700 660]';
if USElog==1
    t=log(t); y=log(y);
end
k=length(t); L=3; % x=[x1;x2;x3]=[EPS;c0;g]
% Form the real parameters of QUADPROG
[H,f,A,b,Aeq,beq,LB,UB]=Ex9_6EpsPara(L,k,t,y);
xQP=quadprog(H,f,A,b,Aeq,beq,LB,UB);    % Solve OP
EPSminQP=xQP(1), c0QP=xQP(2), gQP=xQP(3)
y0=gQP * t+c0QP; DIFQP=y-y0, L22QP=DIFQP' * DIFQP
Ik=eye(L);    F=Ik(:,1);                % for LP (9.29)
xLP=linprog(F,A,b,Aeq,beq,LB,UB);       % Solve LP
EPSminLP=xLP(1), c0LP=xLP(2), gLP=xLP(3)
y0=gLP * t+c0LP; DIFLP=y-y0, L22LP=DIFLP' * DIFLP
Ex9_6Figs(USElog,EPSminQP,t,y,gQP,gLP,c0QP,c0LP);
```

函数子程序 Ex9_6EpsPara.m

```
function [H,f,A,b,Aeq,beq,LB,UB]= ...
Ex9_6EpsPara(L,k,t,y);
% (1) Form Hessian matrix
H=zeros(L,L); H(1,1)=1;        % (9.30)
% (2) A & b of inequality
constraints
k2=2 * k;    Kone=ones(k,1); % (9.32)
A=[-Kone, -Kone, -t; -Kone, Kone, t];
b=[-y;y];
% (3) No equality constraints
Aeq=[];    beq=[];
% No item f' * x & bounds
f=[]; LB=[]; UB=[];
return;
```

输 出 结 果

```
USElog = 0    % 训练点本身值
EPSminQP = 70.0000
c0QP = 194.5455
gQP = 0.5636
DIFQP: % 见表 9.4"zj-(g^T wj+c0)"
L22 QP=2.2823e+004
% ---------
EPSminLP = 70.0000
c0LP= 217.8440
g LP= 0.5054
DIFLP: % 见表 9.4"zj-(g^T wj+c0)"
L22LP= 1.8564e+004
```

```
USElog = 1    % 训练点对数值
EPSminQP = 0.1682
c0QP = 1.6326
gQP = 0.7333
DIFQP: % 见表 9.4"zj-(g^T wj+c0)"
L22QP= 0.1352
% ----------
EPSminLP = 0.1682
c0 LP= 2.2765
g = 0.6258
DIFLP: % 见表 9.4"zj-(g^T wj+c0)"
L22LP = 0.0901
```

运行结果分析：

（1）QP 与 LP 两种方法所得的 $\varepsilon_{\min}$ 及其对应的直线见表 9.3。

表 9.3　分别用训练点的本身值和对数值所得的 $\varepsilon_{\min}$ 及其对应直线

训练点	模型	$\varepsilon_{\min}$	$\varepsilon_{\min}$ 对应的直线	L_2^2 误差
本身值	QP	70	$y = 0.5636t + 194.5455$	22823
	LP	70	$y = 0.5054t + 217.8440$	18564
对数值	QP	0.1682	$*Y = 0.7333T + 1.6326$	0.1352
	LP	0.1682	$*Y = 0.6258T + 2.2765$	0.0901

$*Y = \log(y), T = \log(t)$

QP 与 LP 模型对训练点的本身值与对数值都得到相同的 ε_{min}，但硬 ε 带直线的梯度与截距不同，从而得到不同的直线（见图 9.9）。

（2）表 9.4 列出了差值 $z_j-(\boldsymbol{g}^T\boldsymbol{w}_j+c_0)$，即程序中的 DIFQP（QP 模型）与 DIFLP（LP 模型）。两者的“边缘”训练点（黑体表示）不相同；LP 模型比 QP 模型少了一个边缘点 $(\boldsymbol{w}_8, z_8)$，即 (t_8, y_8)。

表 9.4　差值 $z_j-(\boldsymbol{g}^T\boldsymbol{w}_j+c_0)$ 以及“边缘”训练点（差值$=\varepsilon$ 或$-\varepsilon$）的下标

ε_{min}		1	*2	*3	4	5	6	7	*8
QP	70	−63.6	**−70**	**70**	−4.5	−0.4	−63.6	−1.8	**−70**
LP	70	−69.4	**−70**	**70**	4.2	18.3	−37.4	27.3	−38.0
QP	0.1682	−0.11	**−0.1682**	**0.1682**	−0.05	−0.06	−0.17	−0.07	**−0.1682**
LP	0.1682	−0.14	**−0.1682**	**0.1682**	−0.015	0.003	−0.08	0.02	−0.08

两个模型所得的硬 ε 带直线和上下平移 ε_{min} 以后的直线，以及作图用的函数子程序如下（主程序的最后一条语句是调用此子程序来作图（图 9.9））。

作图函数子程序 Ex9_6Figs.m

```
function Ex9_6Figs(USElog,...
EPSmin,t,y,gQP,gLP,c0QP,c0LP);
T=linspace(t(1),t(8),200);
yQP=gQP * T+c0QP; yLP=gLP * T+c0LP;
plot(T,yQP,'r-','LineWidth',3); hold on;
plot(T,yLP,'b--','LineWidth',3);
plot(t,y,'ko','LineWidth',4);
plot(T,yQP+EPSmin,'m-','LineWidth',2);
plot(T,yQP-EPSmin,'y-','LineWidth',2);
plot(T,yLP+EPSmin,'g--','LineWidth',2);
plot(T,yLP-EPSmin,'c--','LineWidth',2);
L=legend('QP 模型','LP 模型','训练点',...
'yQP+eps','yQP-eps','yLP+eps','yLP-eps', 'Location','Northwest');
set(L,'fontsize',12);
if USElog==0
    h=title('本身值');
else
    h=title('对数值');
end
set(h,'fontsize',18);
hold off;
return;
```

输 出 的 图

续表

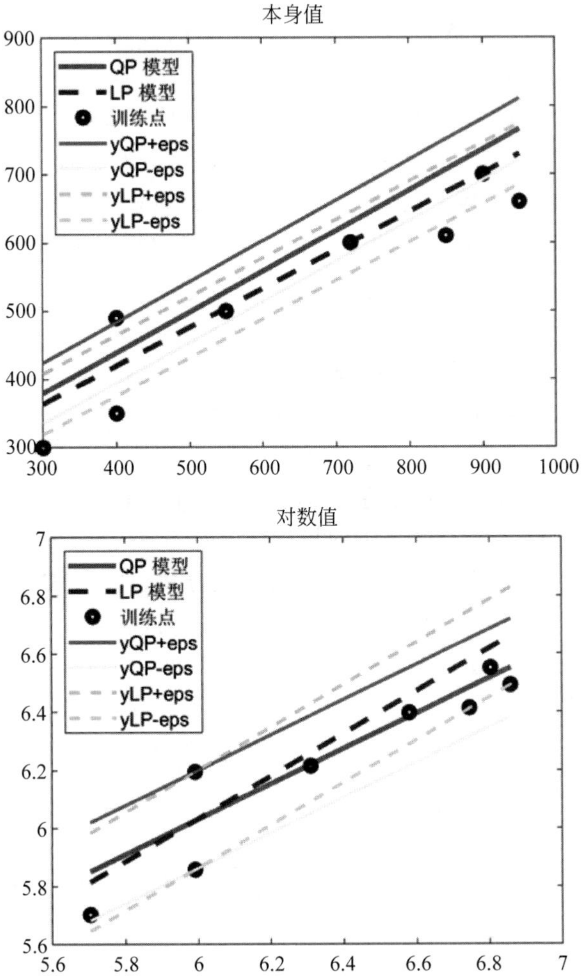

图 9.9 输出图

粗略地说，已知某个训练集 T，如果存在一个硬 ε 带超平面，而且 ε 又比较小，那么选择硬 ε 带超平面作为线性回归问题的解，应该是一个合理的选择。以下讨论如何构造硬 ε 带超平面。为此需要先研究一下硬 ε 带超平面和线性分划的关系。

9.3.2 硬 $\boldsymbol{\varepsilon}$ 带超平面和线性分划

先从给定的训练集 T 出发，构造出两类点：

$$D_+=\{(\boldsymbol{w}_j^{\mathrm{T}},z_j+\varepsilon)^{\mathrm{T}}\};\ D_-=\{(\boldsymbol{w}_j^{\mathrm{T}},z_j-\varepsilon)^{\mathrm{T}}\};j=1,2,\cdots,k \tag{9.33}$$

这样就把线性回归问题转换为对正负两类点进行线性分划的问题。注意，此时 D_+ 和 D_- 各有 k 个点，而且把问题的维数增加了一维或未知量增加了一个(原来的函数变量 $\boldsymbol{z}$)。例如，原来例 8.1 的问题是寻找一维的直线 $y=a+bt$(或按这一章的写法 $z=c_0+$

gw)或寻找两个未知量 $a(c_0)$ 与 $b(g)$,转换为寻找二维的分划平面的问题:

$$\boldsymbol{g}^{\mathrm{T}}\boldsymbol{w}+c_{00}=0$$

注意:这里的截距用 c_{00} 表示,以区别于回归直线的截距 c_0。其中,$\boldsymbol{g}=(g_1,g_2)^{\mathrm{T}}$,$\boldsymbol{w}=(t,y)^{\mathrm{T}}$;或寻找3个未知量:$g_1$,$g_2$ 与 c_{00}。

一般来说,如果原来是求拟合 k 个 l 维(自变量)训练点的 l 维回归超平面 P_l:$z=\boldsymbol{g}_{(l)}^{\mathrm{T}}\boldsymbol{w}_{(l)}+c_0$,其中,$\boldsymbol{g}_{(l)}$ 与 $\boldsymbol{w}_{(l)}$ 为 l 维向量;现在就转换为寻找 $l+1$ 维的分划超平面 P_{l+1}:$\boldsymbol{g}^{\mathrm{T}}\boldsymbol{w}+c_{00}=0$ 的问题,其中,$\boldsymbol{g}=(\boldsymbol{g}_{(l)}^{\mathrm{T}},g_{l+1})^{\mathrm{T}}$,$\boldsymbol{w}=(\boldsymbol{w}_{(l)}^{\mathrm{T}},\boldsymbol{z})^{\mathrm{T}}$;$P_{l+1}$的梯度向量 $\boldsymbol{g}$ 比 P_l 的梯度向量 $\boldsymbol{g}_{(l)}$ 多一个对应于 z 的分量 g_{l+1}。展开内积 $\boldsymbol{g}^{\mathrm{T}}\boldsymbol{w}$,得分划平面的方程为:

$$\boldsymbol{g}_{(l)}^{\mathrm{T}}\boldsymbol{w}_{(l)}+g_{l+1}z+c_{00}=0 \tag{9.34}$$

从中可以解出:

$$z=-\boldsymbol{g}_{(l)}^{\mathrm{T}}\boldsymbol{w}_{(l)}/g_{l+1}-c_{00}/g_{l+1} \tag{9.35}$$

对于例8.1来说,一维的回归直线 $y=a+bt$ 就是

$$y=-(c_{00}/g_2)-(g_1/g_2)t \text{ 或 } a=-(c_{00}/g_2),b=-(g_1/g_2) \tag{9.36}$$

可以证明,一个超平面是硬 ε 带超平面的充要条件为集合 D_+ 的凸壳和 D_- 的凸壳分别位于该超平面的两侧。联系到求 $\varepsilon_{\min}$ 的最优化问题 LP 式(9.26)或 QP 式(9.28)可知:当 $\varepsilon>\varepsilon_{\min}$ 时,硬 ε 带超平面存在,D_+ 和 D_- 的凸壳分离,D_+ 和 D_- 线性可分;当 $\varepsilon=\varepsilon_{\min}$ 时,存在唯一的硬 $\varepsilon_{\min}$—带超平面,D_+ 和 D_- 的凸壳相切,硬 $\varepsilon_{\min}$—带超平面不能把 D_+ 和 D_- 完全分离;当 $\varepsilon<\varepsilon_{\min}$ 时,硬 ε 带超平面不存在,D_+ 和 D_- 的凸壳相交。图9.10分别示意性地画出了这3种情况。

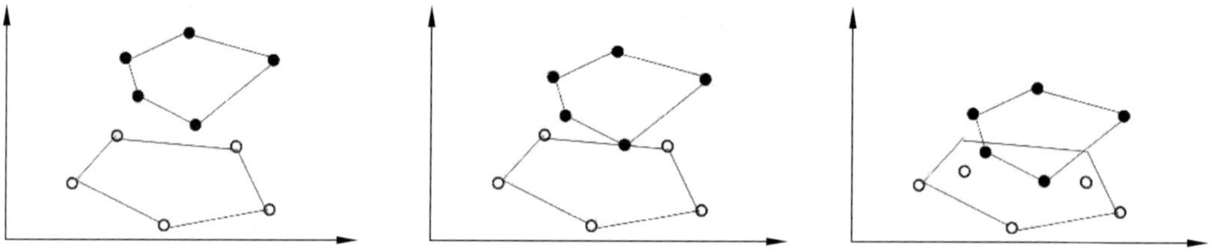

(a) 两凸壳分离　(b) 两凸壳相切　(c) 两凸壳相交

图 9.10　三种情况

综上所述,当 $\varepsilon>\varepsilon_{\min}$ 时,对于训练集 T 的硬 ε 带超平面等价于集合 D_+ 和 D_- 的分划超平面。这样,当 $\varepsilon>\varepsilon_{\min}$ 时,应用前面解决线性可分问题的平分最近点法或最大间隔法,可以建立以下构造硬 ε 带超平面的算法。

9.3.3　构造硬 ε 带超平面的平分最近点回归法

1. 方法的推导

回忆一下:两个凸壳上的点是正、负类集训练点的加权平均;而从正类集到负类集的最小距离的两个点 $\boldsymbol{c}$ 与 $\boldsymbol{d}$ 是通过求解一个关于未知量为权数的最优化问题来得到。对照 D_+ 和 D_- 的定义式(9.33)和正、负类点集的表达式(9.6),两者可以对应如下。

$$\boldsymbol{w}_j \longleftrightarrow \boldsymbol{v}_{+j}\&\boldsymbol{v}_{-j};\quad z_j+\varepsilon \longleftrightarrow \boldsymbol{u}_{+j};\quad z_j-\varepsilon \longleftrightarrow \boldsymbol{u}_{-j};\quad j=1,2,\cdots,k \tag{9.37}$$

这样,沿用式(9.7)的未知量(权数)的表达式

$$\boldsymbol{x}=(x_+^{\mathrm{T}},x_-^{\mathrm{T}})^{\mathrm{T}}[\boldsymbol{x}_+=(\alpha_{+1},\cdots,\alpha_{+k})^{\mathrm{T}},\boldsymbol{x}_-=(\alpha_{-1},\cdots,\alpha_{-k})^{\mathrm{T}}]$$

求正类集到负类集的最近点，即距离平方最小的点的二次规划问题，就是如式(9.10)所示：

$$\min \frac{1}{2}\boldsymbol{x}^{\mathrm{T}}\boldsymbol{H}\boldsymbol{x}$$

s.t.

$$\alpha_{+1}+\cdots+\alpha_{+k}=1;\ \alpha_{-1}+\cdots+\alpha_{-k}=1$$
$$1\geqslant\alpha_{+1},\cdots,\alpha_{+k}\geqslant 0;\ 1\geqslant\alpha_{-1},\cdots,\alpha_{-k}\geqslant 0$$

2. 内置函数 quadprog 实参的设置

(1) 目标函数的海森矩阵。

按照式(9.37)的对应关系，式(9.13)的海森矩阵 $\boldsymbol{H}$ 的表达式应改为：

$$\boldsymbol{W}_+=[\boldsymbol{W}(\boldsymbol{z}+\boldsymbol{\varepsilon})],\quad \boldsymbol{W}_-=[\boldsymbol{W}(\boldsymbol{z}-\boldsymbol{\varepsilon})]$$

$$\boldsymbol{H}=\begin{bmatrix}\boldsymbol{G}_+ & -\boldsymbol{Q}\\ -\boldsymbol{Q}^{\mathrm{T}} & \boldsymbol{G}_-\end{bmatrix}\quad \begin{aligned}\boldsymbol{G}_+&=\boldsymbol{w}\boldsymbol{w}^{\mathrm{T}}+(\boldsymbol{z}+\boldsymbol{\varepsilon})(\boldsymbol{z}+\boldsymbol{\varepsilon})^{\mathrm{T}}=\boldsymbol{W}_+\boldsymbol{W}_+^{\mathrm{T}}\\ \boldsymbol{G}_-&=\boldsymbol{w}\boldsymbol{w}^{\mathrm{T}}+(\boldsymbol{z}-\boldsymbol{\varepsilon})(\boldsymbol{z}-\boldsymbol{\varepsilon})^{\mathrm{T}}=\boldsymbol{W}_-\boldsymbol{W}_-^{\mathrm{T}}\\ \boldsymbol{Q}&=\boldsymbol{w}\boldsymbol{w}^{\mathrm{T}}+(\boldsymbol{z}+\boldsymbol{\varepsilon})(\boldsymbol{z}-\boldsymbol{\varepsilon})^{\mathrm{T}}=\boldsymbol{W}_+\boldsymbol{W}_-^{\mathrm{T}}\end{aligned}\tag{9.38}$$

其中，向量 $\boldsymbol{z}+\boldsymbol{\varepsilon}$ 与 $\boldsymbol{z}-\boldsymbol{\varepsilon}$ 的第 j 个分量分别为 $z_j+\varepsilon$ 与 $z_j-\varepsilon$。用矩阵 $\boldsymbol{W}_+$ 与 $\boldsymbol{W}_-$ 的表达式对任何 l 维的问题都适用。

(2) 等式约束矩阵 $\boldsymbol{A}_{\mathrm{eq}}$(Aeq)与常数向量 $\boldsymbol{b}_{\mathrm{eq}}$(beq)。

矩阵 $\boldsymbol{A}_{\mathrm{eq}}(2\times 2k)$ 的分块形式与常数向量 $\boldsymbol{b}_{\mathrm{eq}}$与前面的式(9.14)相同。

$$\boldsymbol{A}_{\mathrm{eq}}=\begin{bmatrix}\mathbf{1}^{\mathrm{T}} & \mathbf{0}^{\mathrm{T}}\\ \mathbf{0}^{\mathrm{T}} & \mathbf{1}^{\mathrm{T}}\end{bmatrix},\boldsymbol{b}_{\mathrm{eq}}=\begin{pmatrix}1\\1\end{pmatrix}$$

(3) 上下界约束的 $2k\times 1$ 向量 $\boldsymbol{l}(LB)$和 $\boldsymbol{u}(UB)$与前面的式(9.15)相同。

$$\begin{pmatrix}\mathbf{0}\\ \mathbf{0}\end{pmatrix}\leqslant\begin{pmatrix}\boldsymbol{x}_+\\ \boldsymbol{x}_-\end{pmatrix}\leqslant\begin{pmatrix}\mathbf{1}\\ \mathbf{1}\end{pmatrix}\rightarrow \boldsymbol{l}=\begin{pmatrix}\mathbf{0}\\ \mathbf{0}\end{pmatrix},\quad \boldsymbol{u}=\begin{pmatrix}\mathbf{1}\\ \mathbf{1}\end{pmatrix}$$

(4) 其他没有出现的项，都要设置为空：f=[],A=[],b=[]。

算法 9.4 构造硬 ε 带超平面的平分最近点回归法

(1) 输入训练点集 $T=\{(\boldsymbol{w}_1,z_1),\cdots,(\boldsymbol{w}_k,z_k)\}$(见式(9.24))与大于 $\varepsilon_{\min}$的 ε 值。

(2) 按照式(9.33)构造正类点集 D_+与负类点集 D_-。把原来的线性回归问题转换为 D_+与 D_-的线性分划问题。

(3) 把算法 9.1 用于构造的正类点集 D_+与负类点集 D_-，设置用来解二次规划 QP 问题的内置函数 quadprog 的实参。

① 按式(9.38)设置海森矩阵 $\boldsymbol{H}$。

② 按式(9.14)设置等式约束的系数矩阵 Aeq 和右端常数向量 beq。

③ 按式(9.15)设置未知量(形成 D_+与 D_-的凸壳的权数)的上界 UB=ones(2 * k,1)和下界 LB=zeros(2 * k,1)。

④ 其他实参设置为空“[]”。

(4) 调用 quadprog (QP)求出二次规划的解 $\hat{\alpha}_{+j}$与$\hat{\alpha}_{-j}$；得到 D_+与 D_-的两个凸壳的最近点 $\boldsymbol{c}$ 与 $\boldsymbol{d}$ 和分划 D_+与 D_-的超平面方程式(9.34)：

$$\boldsymbol{g}^{\mathrm{T}}\boldsymbol{w}+c_{00}=\boldsymbol{g}_{(l)}^{\mathrm{T}}\boldsymbol{w}_{(l)}+g_{l+1}z+c_{00}=0$$

(5) 从上述的分划超平面解出回归函数式(9.35)：$z=-\boldsymbol{g}_{(l)}^{\mathrm{T}}\boldsymbol{w}_{(l)}/g_{l+1}-c_{00}/g_{l+1}$。

例 9.7 根据例 9.6(按训练点本身值和它们的对数值两种情况)算出的最小的能使硬 ε 带直线存在的 $\varepsilon_{\min}$，用算法 9.4(构造硬 ε 带超平面的平分最近点回归法)，求出例 8.1 中的回归直线。

解：取 $\varepsilon=\varepsilon_{\min}+\boldsymbol{\Delta}$，设置 QP 的实参，仍然用例 9.4 的函数子程序 Ex9_4BisectQP，只要在调用它前面设置式(9.38)的矩阵 $\boldsymbol{W}_+$ 与 $\boldsymbol{W}_-$。主程序如下。

主程序 Ex9_7.m	输出结果

clear; clc;   % Name: Ex9_7.m
USElog= input('USElog= 1 or 0:');
t= [300 400 400 550 720 850 900 950]';
y= [300 350 490 500 600 610 700 660]';
k= length(t);
if USElog= = 1   % EPS= EPSmin+ Delta;
    Delta= 0.34
    EPS= 0.1682+ Delta;
    t= log(t); y= log(y);
else
    Delta= 127
    EPS= 70.+ Delta;
end
Dp= y+ EPS, Dn= y-EPS   % form D+ & D- 式(9.33)
% Set QP real parameters 式(9.38)
Wp= [t, Dp]; Wn= [t, Dn]; % Wp= W+; Wn= W-
[H,f,A,b,Aeq,beq,LB,UB]= Ex9_4BisectQP(k,Wp,Wn,1);
x= quadprog(H,f,A,b,Aeq,beq,LB,UB); % Solve the QP
k2= k * 2;
xp= x(1:k);   % xp= x+
xn= x(k+ 1:k2);   % xn= x-
% The two points with shortest distance
c= [t' * xp; Dp' * xp];   d= [t' * xn; Dn' * xn];
% Find the equation of the perpendicular bisector g * w+
% c00= 0
g1= c-d; c00= -g1' * (c+ d)/2;
Xp= xp', Xn= xn', cdg1= [c,d,g1], c00 % Display result
% Check if the bisector can separate the two kinds of
% points well
wp= [t';Dp']; wn= [t';Dn'];
Yp= sign(g1' * wp+ c00);
Yn= sign(g1' * wn+ c00);
% Check the middle point is on the bisector
mp= (c+ d)/2; Test= g1' * mp+ c00;
Yp,Yn,mp,Test
% Fitting line: y= a+ bt: a= -c00/g1(2); b= -g1(1)/g1(2);
a= -c00/g1(2); b= -g1(1)/g1(2);
y1= a+ b * t; DIF= y1-y; L22= DIF' * DIF;   a, b, L22
	USElog= 0
	Delta = 127
	Dp = [497;547;687;697;797;807;897;857]
	Dn = [103;153;293;303;403;413;503;463]
	Xp = 1.0000 0.0000 0.0000 0.0000
	    0.0000 0.0000 0.0000 0.0000
	Xn= 0.0000 0.0000 1.0000 0.0000
	    0.0000 0.0000 0.0000 0.000
	Yp = 1 1 1 1 1 1 1 1
	Yn = -1 -1 -1 -1 -1 -1 -1 -1
	mp = [350; 395] Test = 0
	a = 223.4314
	b = 0.4902
	L22 = 1.8382e+ 004
	
	USElog= 1
	Delta = 0.3400
	Dp = [6.2120;6.3661;6.7026;6.7228;
	    6.9051;6.9217;7.0593;7.0004]
	Dn = [5.1956;5.3497;5.6862;5.7064;
	    5.8887;5.9053;6.0429;5.9840]
	Xp = 0.9839 0.0161 0.0000 0.0000
	    0.0000 0.0000 0.0000 0.0000
	Xn = 0.0000 0.0000 1.0000 0.0000
	    0.0000 0.0000 0.0000 0.0000
	cdg1 = 5.7084 5.9915 -0.2831
	    6.2145 5.6862 0.5283
	c00 = -1.4874
	Yp = 1 1 1 1 1 1 1 1
	Yn = -1 -1 -1 -1 -1 -1 -1 -1
	mp = [5.8499; 5.9503]; Test = 0
	a = 2.8157
	b = 0.5358
	L22 = 0.0968

运行结果分析：

（1）用不同的 $\boldsymbol{\Delta}$ 值试运行，得到的拟合直线的 L_2 平方误差见表 9.5，其中：

$$\boldsymbol{\Delta 1}=[0.1,10,100,125];\boldsymbol{\Delta 2}=[127,127.001,127.01];$$

$$\boldsymbol{\Delta 3}=[0.001,0.01,0.1,0.2,0.25,0.3,0.34];$$

表 9.5 不同的 $\boldsymbol{\Delta}$ 值得到的 L_2 平方误差

训练点	本身值				对数值		
$\boldsymbol{\Delta}$	$\boldsymbol{\Delta 1}$	126	$\boldsymbol{\Delta 2}$	127.02	$\boldsymbol{\Delta 3}$	0.35	0.4
L_2^2误差	18475	18402	**18382**	18381	**0.0968**	0.0997	0.1524

从以上结果看来，$\boldsymbol{\Delta}$ 有一定的区间值，使得 L_2 平方误差最小。但是，使得 L_2 平方误差取相同值的不同的 $\boldsymbol{\Delta}$ 值所对应的支持向量、最近点 c 与 d，以及分划平面的法向（梯度）不尽相同。

（2）使得 L_2 平方误差取相同值的不同的 $\boldsymbol{\Delta}$ 值所对应的回归直线（的方程）是相同的。

使得 L_2 平方误差最小的 $\boldsymbol{\Delta}$ 值所对应的回归直线为：

训练点本身值（$\boldsymbol{\Delta}=127$）$y=223.4314+0.4902t$，L_2^2 误差$=18382$。

训练点对数值（$\boldsymbol{\Delta}=0.1682$）$\log y=2.8157+0.5358\log t$，$L_2^2$ 误差$=0.0968$。

对比表 8.2 所列的最小二乘法得到的直线方程的 L_2^2 误差（分别为 17138 和 0.0784），这里的两项误差都比较大。

9.3.4 构造硬 $\boldsymbol{\varepsilon}$ 带超平面的最大间隔回归法

对于式(9.33)所定义的正、负类点集 D_+ 和 D_-，也可以用解线性可分问题的最大间隔法来求出线性分类超平面 P_{l+1}，然后得到线性回归超平面 P_l。其中：

$$P_{l+1}: \boldsymbol{g}^{\mathrm{T}}\boldsymbol{w}+c_{00}=0（或\ \boldsymbol{g}_{(l)}^{\mathrm{T}}\boldsymbol{w}_{(l)}+g_{l+1}z+c_{00}=0，见式(9.34)）；$$

$$P_l: z=-\boldsymbol{g}_{(l)}^{\mathrm{T}}\boldsymbol{w}_{(l)}/g_{l+1}-c_{00}/g_{l+1}（见式(9.35)）$$

从而，根据式(9.20)求 P_{l+1} 的最优化问题为：

$$\min\left(\frac{1}{2}\|\boldsymbol{g}\|^2=\frac{1}{2}\|\boldsymbol{g}_{(l)}\|^2+\frac{1}{2}g_{l+1}^2=\right)\frac{1}{2}\boldsymbol{x}^{\mathrm{T}}\boldsymbol{H}\boldsymbol{x}$$

$$\begin{aligned}\text{s.t.}\quad & -\boldsymbol{g}_{(l)}^{\mathrm{T}}\boldsymbol{w}_{(l)j}-g_{l+1}(z_j+\varepsilon)-c_{00}\leqslant -1,\\ & \boldsymbol{g}_{(l)}^{\mathrm{T}}\boldsymbol{w}_{(l)j}+g_{l+1}(z_j-\varepsilon)+c_{00}\leqslant -1,(j=1,2,\cdots,k)\end{aligned}\tag{9.39}$$

这里的目标函数是 $l+1$ 维的 $\boldsymbol{g}$ 再加 1 维的 c_{00} 的二次型。这样，式(9.39)的 $l+2$ 维变量和海森矩阵的分块形式为：

$$\boldsymbol{x}=(x_1,\cdots,x_l,x_{l+1},x_{l+2})^{\mathrm{T}}=(g_1,\cdots,g_l,g_{l+1},c_{00})^{\mathrm{T}},\boldsymbol{H}=\begin{bmatrix}\boldsymbol{I}_{l+1} & O\\ O & 0_-\end{bmatrix}\tag{9.40}$$

算法 9.5 构造硬 $\boldsymbol{\varepsilon}$ 带超平面的最大间隔回归法

（1）输入训练点集 $T=\{(\boldsymbol{w}_1,z_1),\cdots,(\boldsymbol{w}_k,z_k)\}$（式(9.24)）与大于 $\varepsilon_{\min}$ 的 ε 值。

（2）按照式(9.33)构造正类点集 D_+ 与负类点集 D_-。把原来的线性回归问题转换

为 D_+ 与 D_- 的线性分划问题。

(3) 把算法 9.2 用于构造的正类点集 D_+ 与负类点集 D_-，设置用来解二次规划 QP 问题(式(9.39)：以梯度 $\boldsymbol{g}$ 与截距 c_{00} 为未知量)的内置函数 quadprog 的实参。

① 按式(9.40)设置分块的海森矩阵 $\boldsymbol{H}$。

② 参照式(9.23)设置不等式约束的系数矩阵 $\boldsymbol{A}$ 和右端常数向量 $\boldsymbol{b}$。

③ 其他实参设置为空“[]”。

(4) 调用 quadprog 求出 QP 的解：梯度 $\boldsymbol{g}$ 与截距 c_{00}；得到分划超平面的方程：

$$\boldsymbol{g}^{\mathrm{T}}\boldsymbol{w}+c_{00}=\boldsymbol{g}_{(l)}^{\mathrm{T}}\boldsymbol{w}_{(l)}+\boldsymbol{g}_{l+1}z+c_{00}=0$$

(5) 从上述的分划超平面解出回归函数：$z=-\boldsymbol{g}_{(l)}^{\mathrm{T}}\boldsymbol{w}_{(l)}/g_{l+1}-c_{00}/g_{l+1}$。

例 9.8 根据例 9.6(按训练点本身值和它们的对数值两种情况)算出的最小的能使硬 ε 带直线存在的 $\varepsilon_{\min}=70$(训练点本身值)/$\varepsilon_{\min}=0.1682$(训练点对数值)，以及例 9.7 使用的 $\boldsymbol{\Delta}=127$(训练点本身值)/$\boldsymbol{\Delta}=0.34$(训练点对数值)，用算法 9.5(构造硬 ε 带超平面的最大间隔回归法)求出例 8.1 中的回归直线。

解：这里 $l=1$，问题的变量是 $\boldsymbol{x}=(x_1,x_2,x_3)^{\mathrm{T}}=(g_1,g_2,c_{00})^{\mathrm{T}}$，训练点有 $k=8$ 个。设置 QP 实参的函数子程序 MaxmagQP 与例 9.5 一样，只要在调用它前令 $\boldsymbol{w}_+=[t\ z+\varepsilon]$ 与 $\boldsymbol{w}_-=[t\ z-\varepsilon]$。主程序如下。

主程序 Ex9_8.m

```
clear; clc;     % Name: Ex9_8.m
USElog=input('USElog=1 or 0:');
t=[300 400 400 550 720 850 900 950]';
y=[300 350 490 500 600 610 700 660]';
if USElog==1
    t=log(t); y=log(y); EPS=0.1682+0.34
else
    EPS=70+127
end
k=length(t); k2=2*k;
Dp=y+EPS;   Dn=y-EPS;   DP=Dp', DN=Dn'
% Form the real parameters of QUADPROG
Wp=[t,Dp]; Wn=[t,Dn]; [k,L]=size(Wp);
[H,f,A,b,Aeq,beq,LB,UB]= ...
Ex9_5MaxmagQP(L,k,Wp,Wn);
x=quadprog(H,f,A,b,Aeq,beq,LB,UB);
g=x(1:2);   c00=x(3); G=g', c00
% Check if the bisector can separate the sets well
wp=[t';Dp']; wn=[t';Dn'];   Yp=sign(g'*wp+c00),
Yn=sign(g'*wn+c00)
Ax=(A*x)'   % Check if A*x<=b (b=-1)
% Obtaining regression function from bisector equation
a=-c00/g(2); b=-g(1)/g(2);
y1=a+b*t; DIF=y1-y; L22=DIF'*DIF; a, b, L22
```

```
USElog= 0
EPS = 197
DP = 497 547 687 697 797 807 897 857
DN = 103 153 293 303 403 413 503 463
G = -0.0039   0.0079,   c00 = -1.7661
Yp =   1   1   1   1   1   1   1   1
Yn =  -1  -1  -1  -1  -1  -1  -1  -1
Ax = -1.0000  -1.0077 -2.1144  -1.6122  -1.7440
-1.3193  -1.8369 -1.3270  -2.1144  -2.1066
-1.0000  -1.5022 -1.3704 -1.7951 -1.2774 -1.7874
a = 223.4314,   b = 0.4902, L22 = 1.8382e+004

USElog= 1
EPS =   0.5082
DP =   6.2120     6.3661     6.7026     6.7228
       6.9051     6.9217     7.0593     7.0004
DN =5.1956     5.3497     5.6862     5.7064
     5.8887     5.9053     6.0429     5.9840
G =    -1.5762   2.9415,    c00 = -8.2824
Yp =   1   1   1   1   1   1   1   1
Yn =  -1  -1  -1  -1  -1  -1  -1  -1
Ax = -1.0000 -1.0000   -1.9897   -1.5472 -1.6590
-1.4460 -1.7607   -1.5024   -1.9897 -1.9897
-1.0000 -1.4425 -1.3307 -1.5437 -1.2290   -1.4873
a =       2.8157,    b = 0.5358
L22 = 0.0968
```

运行结果分析：

取例 9.7 所用的 ε 值得到对应的回归直线为：

训练点本身值($\boldsymbol{\Delta}=127$) $y=223.4314+0.4902t$，L_2^2 误差 $=18382$

训练点对数值($\boldsymbol{\Delta}=0.1682$) $\log y=2.8157+0.5358\log t$，$L_2^2$ 误差 $=0.0968$

这与例 9.7 的结果完全一致。

对于同样的正、负类点集 D_+ 和 D_-，例 9.7 与例 9.8 所用的两种方法构造出来的硬 ε 带超平面是一样的。下面从两例的数值结果来说明(B：平分最近点法；M：最大间隔法)。

训练点本身值：gB=[−100;204]；c00B=−45580；

gM=[−0.0039；0.0079]；c00M=−1.7661；

两者比：r1=gB/gM=[25641；25823]，r2=c00B/c00M=25808，比值接近。

训练点对数值：gB=[−0.2831;0.5283]；c00B=−1.4874；

gI=[−1.5762;2.9415]；c00M=−8.282；

两者比：r1=gB/gM =[0.1796；0.1796]，r2=c10B/c00M=0.1796，比值相同。

使用训练点本身值时，比值的差别是由计算误差造成的。不过从中也可以看出，使用训练点对数值的优越之处。

附录：平分最近点的二次规划的二次型的推导

推导是根据以下两点。

(1) 内积与二次型是一个数，所以等于它的转置；而且，内积的平方等于它的转置与它本身的乘积。例如：$(\boldsymbol{v}_+^{\mathrm T}\boldsymbol{x}_+)^2=(\boldsymbol{v}_+^{\mathrm T}\boldsymbol{x}_+)^{\mathrm T}(\boldsymbol{v}_+^{\mathrm T}\boldsymbol{x}_+)$ 与 $(\boldsymbol{v}_-^{\mathrm T}\boldsymbol{x}_-)^2=(\boldsymbol{v}_-^{\mathrm T}\boldsymbol{x}_-)^{\mathrm T}(\boldsymbol{v}_-^{\mathrm T}\boldsymbol{x}_-)$。

(2) 矩阵(向量与数都看作矩阵)乘法满足结合律。

从式(9.8)可见：

$\boldsymbol{E}_1^2$ 的平方项 $=(\boldsymbol{v}_+^{\mathrm T}\boldsymbol{x}_+)^{\mathrm T}(\boldsymbol{v}_+^{\mathrm T}\boldsymbol{x}_+)+(\boldsymbol{v}_-^{\mathrm T}\boldsymbol{x}_-)^{\mathrm T}(\boldsymbol{v}_-^{\mathrm T}\boldsymbol{x}_-)=\boldsymbol{x}_+^{\mathrm T}(\boldsymbol{v}_+\boldsymbol{v}_+^{\mathrm T})\boldsymbol{x}_++\boldsymbol{x}_-^{\mathrm T}(\boldsymbol{v}_-\boldsymbol{v}_-^{\mathrm T})\boldsymbol{x}_-$

$\boldsymbol{E}_1^2$ 的交叉项 $=-2(\boldsymbol{v}_+^{\mathrm T}\boldsymbol{x}_+)(\boldsymbol{v}_-^{\mathrm T}\boldsymbol{x}_-)=-2(\boldsymbol{v}_+^{\mathrm T}\boldsymbol{x}_+)^{\mathrm T}(\boldsymbol{v}_-^{\mathrm T}\boldsymbol{x}_-)=-2\boldsymbol{x}_+^{\mathrm T}(\boldsymbol{v}_+\boldsymbol{v}_-^{\mathrm T})\boldsymbol{x}_-$　(＊1)

把 $\boldsymbol{v}$ 改成 $\boldsymbol{u}$，就得到：

$$\boldsymbol{E}_2^2=\boldsymbol{x}_+^{\mathrm T}(\boldsymbol{u}_+\boldsymbol{u}_+^{\mathrm T})\boldsymbol{x}_++\boldsymbol{x}_-^{\mathrm T}(\boldsymbol{u}_-\boldsymbol{u}_-^{\mathrm T})\boldsymbol{x}_--2\boldsymbol{x}_+^{\mathrm T}(\boldsymbol{u}_+\boldsymbol{u}_-^{\mathrm T})\boldsymbol{x}_- \quad (*2)$$

推导过程较长，且需要一定的技巧，这里把推导过程(每步可逆)倒过来，用分块矩阵的乘法来验证二次型的海森矩阵 $\boldsymbol{H}$ 的正确性：

$$\frac{1}{2}L_2^2=\frac{1}{2}\boldsymbol{x}^{\mathrm T}\boldsymbol{H}\boldsymbol{x}=\frac{1}{2}(\boldsymbol{x}_+^{\mathrm T},\boldsymbol{x}_-^{\mathrm T})\begin{bmatrix}\boldsymbol{G}_+ & -\boldsymbol{Q}\\ -\boldsymbol{Q}^{\mathrm T} & \boldsymbol{G}_-\end{bmatrix}\begin{pmatrix}\boldsymbol{x}_+\\ \boldsymbol{x}_-\end{pmatrix}$$

$$=\frac{1}{2}(\boldsymbol{x}_+^{\mathrm T}\boldsymbol{G}_+\boldsymbol{x}_+-\boldsymbol{x}_-^{\mathrm T}\boldsymbol{Q}^{\mathrm T}\boldsymbol{x}_+-\boldsymbol{x}_+^{\mathrm T}\boldsymbol{Q}\boldsymbol{x}_-+\boldsymbol{x}_-^{\mathrm T}\boldsymbol{G}_-\boldsymbol{x}_-)$$

上式中首尾两项和为：

$$\begin{aligned}\boldsymbol{x}_+^{\mathrm T}\boldsymbol{G}_+\boldsymbol{x}_++\boldsymbol{x}_-^{\mathrm T}\boldsymbol{G}_-\boldsymbol{x}_-&=\boldsymbol{x}_+^{\mathrm T}(\boldsymbol{v}_+\boldsymbol{v}_+^{\mathrm T}+\boldsymbol{u}_+\boldsymbol{u}_+^{\mathrm T})\boldsymbol{x}_++\boldsymbol{x}_-^{\mathrm T}(\boldsymbol{v}_-\boldsymbol{v}_-^{\mathrm T}+\boldsymbol{u}_-\boldsymbol{u}_-^{\mathrm T})\boldsymbol{x}_-\\&=[\boldsymbol{x}_+^{\mathrm T}(\boldsymbol{v}_+\boldsymbol{v}_+^{\mathrm T})\boldsymbol{x}_++\boldsymbol{x}_-^{\mathrm T}(\boldsymbol{v}_-\boldsymbol{v}_-^{\mathrm T})\boldsymbol{x}_-]+[\boldsymbol{x}_+^{\mathrm T}(\boldsymbol{u}_+\boldsymbol{u}_+^{\mathrm T})\boldsymbol{x}_+\\&\quad+\boldsymbol{x}_-^{\mathrm T}(\boldsymbol{u}_-\boldsymbol{u}_-^{\mathrm T})\boldsymbol{x}_-]\\&=\boldsymbol{E}_1^2\text{ 的平方项}+\boldsymbol{E}_2^2\text{ 的平方项}\end{aligned}$$

上式中中间两项和为：

$$-(\boldsymbol{x}_-^{\mathrm{T}}\boldsymbol{Q}^{\mathrm{T}}\boldsymbol{x}_+ + \boldsymbol{x}_+^{\mathrm{T}}\boldsymbol{Q}\boldsymbol{x}_-) = -[(\boldsymbol{x}_-^{\mathrm{T}}\boldsymbol{Q}^{\mathrm{T}}\boldsymbol{x}_+)^{\mathrm{T}} + \boldsymbol{x}_+^{\mathrm{T}}\boldsymbol{Q}\boldsymbol{x}_-] = -2\boldsymbol{x}_+^{\mathrm{T}}\boldsymbol{Q}\boldsymbol{x}_-$$
$$= -2\boldsymbol{x}_+^{\mathrm{T}}(\boldsymbol{v}_+\boldsymbol{v}_-^{\mathrm{T}} + \boldsymbol{u}_+\boldsymbol{u}_-^{\mathrm{T}})\boldsymbol{x}_- = \boldsymbol{E}_1^2 \text{ 的交叉项} + \boldsymbol{E}_2^2 \text{ 的交叉项}$$

所以，$\frac{1}{2}\boldsymbol{x}^{\mathrm{T}}\boldsymbol{H}\boldsymbol{x} = \frac{1}{2}(\boldsymbol{E}_1^2 + \boldsymbol{E}_2^2) = \frac{1}{2}L_2^2$。

习　　题

X9.1　(1)如果例 9.1 的负类集(无心脏病)少了最后一个病人的数据(v_{-5},u_{-5})=(62,160)，如何把主程序 Ex9_4.m 做最少的变更，用算法 9.1(平分最近点分类法)来求解？

(2) 如果少了负类集的第二个病人的数据(v_{-2},u_{-2})=(73,168)呢？

X9.2　用算法 9.2(最大间隔分类法)来解 X9.1。对照 X9.1 的结果，说明两种算法的关系。

X9.3　对例 8.9 的训练点集，用算法 9.3(求解最小的能使硬 ε 带直线存在的 $\varepsilon_{\min}$)。仅使用训练点的对数值与 Logistic 模型。

提示：①用例 8.9 的函数子程序 Ex8ssData.m 来生成模型数据。②用例 9.6 的函数子程序 Ex9_6EpsQPpara.m 生成二次规划(QP)或线性规划(LP)的实参。但要注意，其中使用的形参 $\boldsymbol{t}$ 与 $\boldsymbol{y}$ 是行向量，而调用 Ex8ssData.m 生成的与此对应的参数 CT 与 YZ 是列向量。在主程序中要调整。③主程序 X9_3.m 可参考 Ex9_6.m。

第 10 章

线性支持向量机的推广

第 9 章介绍了线性可分支持向量分类机和线性支持向量回归机。本章把它们推广，应用到解决近似线性可分问题，二次分划问题及一些回归问题[12]。

10.1 近似线性可分问题

近似线性可分问题是指任何线性分划超平面，都不能把训练集的正类点与负类点正确划分，总有错划的点。这里来探讨如何推广线性分划的平分最近点方法与最大间隔法，来作出一个尽可能少错划的分划超平面。

例 10.1 在例 9.1 的心脏病诊断问题的训练集中各增加一个正类点与一个负类点 $\boldsymbol{w}_{+6}=(73,162)^{\mathrm{T}}$，$\boldsymbol{w}_{-6}=(67,170)^{\mathrm{T}}$，如何作出一条尽可能少错划的分划直线？

这个问题的正类点集与一个负类点集及它们的凸壳见图 10.1。从图上可见，两凸壳相交，所以不存在一条把两个点集正确划分的直线。它不是线性可分问题。但从图上也可以看出，可能错划的点很少。例如，直接观察，通过连接 $\boldsymbol{w}_{+3}$ 和 $\boldsymbol{w}_{+6}$ 的线段的中点与连接 $\boldsymbol{w}_{+4}$ 和 $\boldsymbol{w}_{+6}$ 的线段的中点的直线只错划 $\boldsymbol{w}_{-2}$ 和 $\boldsymbol{w}_{+6}$ 两点。

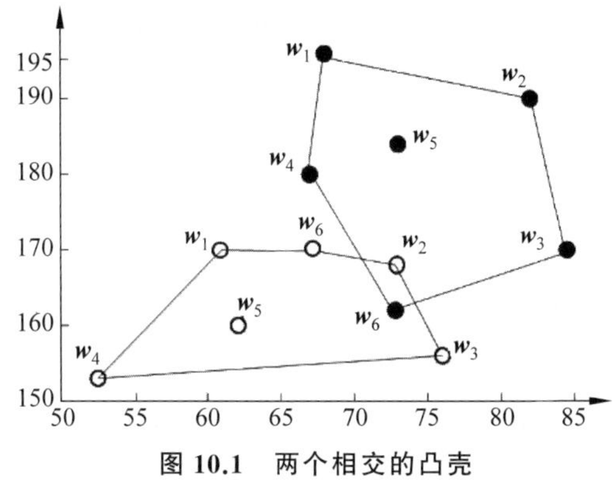

图 10.1 两个相交的凸壳

那么，如何来构造一“近似”分划直线呢？实际上，如果能够适当缩小这两个凸壳，使得缩小后的两个凸壳不再相交，就可以对缩小后的两个凸壳“平分最近点”或找出“最大间隔”了。

怎样“缩小”凸壳呢？给出 k 个点的正类点集 $S_+=\{\boldsymbol{w}_{+1},\boldsymbol{w}_{+2},\cdots,\boldsymbol{w}_{+k}\}$，我们已经知道它的凸壳就是这 k 个点的所有可能加权平均得到点的集合，即

$$\operatorname{conv}(S_+)=\{\boldsymbol{w}_+=\alpha_{+1}\boldsymbol{w}_{+1}+\cdots+\alpha_{+k}\boldsymbol{w}_{+k}\mid\alpha_{+1}+\cdots+\alpha_{+k}=1;0\leqslant\alpha_j\leqslant 1\}$$

缩小这个凸壳的一种方法是，取参数 $D<1$，把上式的不等式 $0\leqslant\alpha_j\leqslant1$ 加强为 $0\leqslant\alpha_j\leqslant D$，即把正类点的凸壳缩小为

$$\{w_+=\alpha_{+1}w_{+1}+\cdots+\alpha_{+k}w_{+k}\mid\alpha_{+1}+\cdots+\alpha_{+k}=1;0\leqslant\alpha_j\leqslant D<1\}\qquad(10.1)$$

这里的参数 D 是个比例因子，当它逐渐减小时，相应的凸壳会逐渐缩小。用同样的方法把负类点的凸壳缩小。图 10.2 是 $D=0.5$ 时，缩小了的两个凸壳的示意图：这两个凸壳与原来的两个凸壳并不按比例相似。

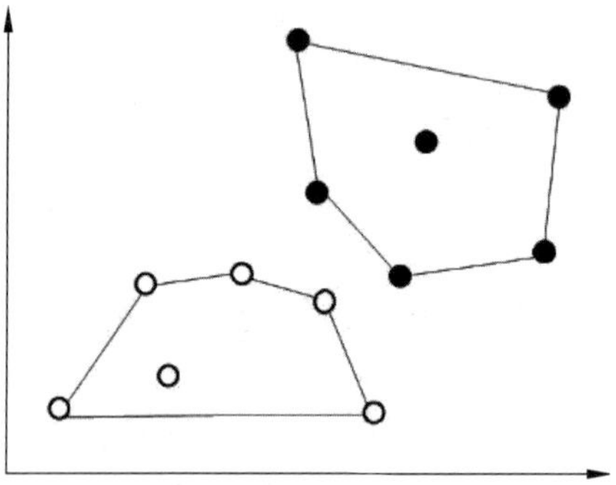

图 10.2　缩小后分离的两个凸壳

当两个缩小后的凸壳不再相交时，就可以用平分最近点法或最大间隔法来作出分划直线。当然下面可以看到，这条分划直线放到原来的训练点的平面上，是存在一些错划的点。

10.1.1　推广的平分最近点分类法(缩小凸壳)

1. 方法的推导

与第 9 章的平分最近点法一样，这里只叙述训练点为($l=$)2 维的情况。实际上，只要把那里的不等式 $0\leqslant\alpha_j\leqslant1$ 加强为 $0\leqslant\alpha_j\leqslant D<1$ 即可，详情如下(参见式(9.5)～式(9.9))。

已知 $2k$ 个训练点：k 个正类点集 $\boldsymbol{w}_+$，k 个负类点集 $\boldsymbol{w}_-$；其中：

$$\boldsymbol{w}_+=(\boldsymbol{v}_+,\boldsymbol{u}_+)^{\mathrm{T}}:\boldsymbol{v}_+=(v_{+1},v_{+2},\cdots,v_{+k})^{\mathrm{T}},\boldsymbol{u}_+=(u_{+1},u_{+2},\cdots,u_{+k})^{\mathrm{T}}$$

$$\boldsymbol{w}_-=(\boldsymbol{v}_-,\boldsymbol{u}_-)^{\mathrm{T}}:\boldsymbol{v}_-=(v_{-1},v_{-2},\cdots,v_{-k})^{\mathrm{T}},\boldsymbol{u}_-=(u_{-1},u_{-2},\cdots,u_{-k})^{\mathrm{T}}$$

设问题的未知量为：

$$\boldsymbol{x}=(x_+^{\mathrm{T}},x_-^{\mathrm{T}})^{\mathrm{T}}[\boldsymbol{x}_+=(\alpha_{+1},\cdots,\alpha_{+k})^{\mathrm{T}},\boldsymbol{x}_-=(\alpha_{-1},\cdots,\alpha_{-k})^{\mathrm{T}}]$$

选取适当的常数 $D<1$，构造并求解对变量 $\boldsymbol{x}$ 的二次规划问题：

$$\min\frac{1}{2}[(\boldsymbol{v}_+^{\mathrm{T}}\boldsymbol{x}_+-\boldsymbol{v}_-^{\mathrm{T}}\boldsymbol{x}_-)^2+(\boldsymbol{u}_+^{\mathrm{T}}\boldsymbol{x}_+-\boldsymbol{u}_-^{\mathrm{T}}\boldsymbol{x}_-)^2]=\frac{1}{2}\boldsymbol{x}^{\mathrm{T}}\boldsymbol{H}\boldsymbol{x}\qquad(10.2a)$$

s.t.

$$\alpha_{+1}+\cdots+\alpha_{+k}=1;\ \alpha_{-1}+\cdots+\alpha_{-k}=1\qquad(10.2b)$$

$$0\leqslant\alpha_{+1},\cdots,\alpha_{+k}\leqslant D;0\leqslant\alpha_{-1},\cdots,\alpha_{-k}\leqslant D\qquad(10.2c)$$

2. 内置函数 quadprog 实参的设置

此处与例 9.4 的唯一不同处是不等式(10.2c)的上界，这里把例 9.4 的 1 改为 D。

也就是在调用函数子程序 Ex9_4BisectQP 时，这里代入的最后一个实参是 D(在主

程序中是用键盘输入的变量 ScaleD)而不是 1。

算法 10.1　推广的平分最近点分类法(缩小凸壳)

(1) 输入 k 个正类点集 $\boldsymbol{w}_+$，k 个负类点集 $\boldsymbol{w}_-$；输入缩小比例因子 D：$0<D<1$。

(2) 按照式(10.2)的以产生正、负类点集的凸壳的各 k 个权数(α_{+j} 与 α_{-j})为未知量的二次规划问题，参照算法 9.1 形成内置函数 quadprog 的实参。

① 仅仅是“设置权数的上界”与算法 9.1 的“UB=ones(2 * k,1)”不同，而是把它改为“UB=ones(2 * k,**D**)”。

② 而以下都相同：目标函数的海森矩阵 $\boldsymbol{H}$；等式约束的系数矩阵 Aeq 和右端常数向量 beq；其他实参设置为空“[]”。

(3) 调用 quadprog 求出二次规划的解 $\hat{\alpha}_{+j}$ 与 $\hat{\alpha}_{-j}$；得到两个凸壳的最近点 $\boldsymbol{c}$ 与 $\boldsymbol{d}$；

从而得到分划超平面的方程：$\boldsymbol{g}^{\mathrm{T}}\boldsymbol{w}+c_0=0$。

例 10.1 的解：用算法 10.1(推广的平分最近点分类法)。在以下的主程序中，如果输入的 ScaleD(缩小比例因子 D)的值为 1，这个程序也可以直接用来解例 9.4 的问题。在解例 10.1 时，试运行了许多 D 值，发现当 $D\geqslant 0.625$ 时，得到的梯度 $\boldsymbol{g}=\boldsymbol{0}$。这说明两个凸壳还没有缩小到分离，所以找不到这样的分划直线。用 $D=0.5$ 的输出结果列在主程序右侧，并与 $D=0.621$、0.622、0.623 与 0.624 时的主要结果列在下面的表 10.1 中。

主程序 Ex10_1.m	输 出 结 果
clear; clc;　% Name: Ex10_1.m	
ScaleD=input('ScaleD=');	
% 试用 D=0.5,　0.621, 0.622, 0.623, 0.624。	**% 以下是输入 ScaleD=0.5 的结果**
% D>=0.625, g=0! 无解	% 0<ScaleD<=1: if=1 -　Normal Bisector
% The 4 column vectors	% if <1 -　Extended Bisector
vp=[68, 82, 84, 67, 73]';　　% vp=v+	cdg=[c,d,g]
up=[196,190,170,180,184]';　　% up=u+	70.8740　70.0000　0.8740
vn=[61, 73, 76, 53, 62]';　　% vn=v-	170.4859　169.0000　1.4859
un=[170,168,156,153,160]';　　% un=u-	c0= -313.7789
k=length(vp);　　% =5	
if ScaleD<1	
k=k+1;	
vp(k)=73;　up(k)=162;　vn(k)=67;　un(k)=170;	% 正类集权数 Xp=xp'
end　% Form the real parameters of QUADPROG	Xp = 0.0000　-0.0000　0.0514
Wp=[vp,up]; Wn=[vn,un];	0.4486　-0.0000　0.5000
[H,f,A,b,Aeq,beq,LB,UB]=Ex9_4BisectQP(k,Wp,Wn,ScaleD);	% 负类集权数 Xn=xn'
x=quadprog(H,f,A,b,Aeq,beq,LB,UB);　% Solve the QP	Xn= 0.0000　0.5000　-0.0000
xp=x(1:k);　xn=x(k+1:2 * k);	0.0000　-0.0000　0.5000
% The two points with shortest distance	Yp= [1,　1,　1,　1,　1,　# -1]
c=[vp' * xp; up' * xp];　d=[vn' * xn; un' * xn];	Yn=[-1,　-1,　-1,　-1,　-1,　- 1]
% Find the bisector's equation g * w+c0=0	
g=c-d;　c0=-g' * (c+d)/2;　cdg=[c,d,g], c0 % Display	

续表

主程序 Ex10_1.m	输 出 结 果
Xp=xp', Xn=xn' % To be isplayed as a row vector % Check if the bisector can separate the two sets wp=[vp';up']; wn=[vn';un']; Yp=sign(g' * wp+c0), Yn=sign(g' * wn+c0) % Check if the middle point is on the bisector mp=(c+d)/2, Test=g' * mp+c0 % 中点在上！	mp = % cd 中点 70.4370 169.7429 Test=0 % 表明中点在分划直线上

运行结果分析：

(1) 输入在区间[0.5,0.624]上的不同 D 值，都能得到仅错分一点 $\boldsymbol{w}_{+6}$($Y=-\mathbf{1}$)的分划直线。但得到不同的最近点 $\boldsymbol{c}$ 与 $\boldsymbol{d}$，以及不同的梯度 $\boldsymbol{g}$。表 10.1 列出 5 个不同 D 值得到的最近点 $\boldsymbol{c}$ 与 $\boldsymbol{d}$，梯度 $\boldsymbol{g}$ 以及截距 c_0。

表 10.1 不同的 D 值所得的最近点与分划直线

D	c	d	g	c_0
0.5	[70.8740; 170.4859]	[70.0000; 169.0000]	[0.8740; 1.4859]	−313.7789
0.621	[70.7540; 168.8055]	[70.7260; 168.7580]	[0.0280; 0.0475]	−10.0037
0.622	[70.7530; 168.7917]	[70.7320; 168.7560]	[0.0210; 0.0357]	−7.5025
0.623	[70.7520; 168.7778]	[70.7380; 168.7540]	[0.0140; 0.0238	−5.0015
0.624	[70.7510; 168.7639]	[70.7440; 168.7520]	[0.0140; 0.0238]	−2.5007

因为 $\boldsymbol{g}=\boldsymbol{c}-\boldsymbol{d}$，所以梯度的模长 $\|\boldsymbol{g}\|$，就是缩小了的两个凸壳的最近点 $\boldsymbol{c}$ 与 $\boldsymbol{d}$ 之间的距离。从表 10.1 可以看出，随着缩小因子 D 的减少，两个凸壳的最近点的距离增大，即两个凸壳分离得越远。

(2) 取 $D=0.5$ 时，分划直线方程为 $0.8740v+1.4859u-313.7789=0$。它过 $\boldsymbol{cd}$ 的中点(70.4370,169.7429)。图 10.3 显示了在原来两个凸壳上的位置，也显示了唯一被错划的正类点 $\boldsymbol{w}_{+6}$ 位于这条分划直线的左下方。

(3) 从结果的非 0 分量 $\hat{\alpha}_{-2}=0.5$ 与 $\hat{\alpha}_{-6}=0.5$ 来看，$\boldsymbol{d}$ 是点 $\boldsymbol{w}_{-2}$ 和 $\boldsymbol{w}_{-6}$ 的中点；从非 0 分量 $\hat{\alpha}_{+4}=0.4486$ 与 $\hat{\alpha}_{+6}=0.5$(还有 $\hat{\alpha}_{+3}=0.0514$ 要小得多)来看，$\boldsymbol{c}$ 与点 $\boldsymbol{w}_{+4}$ 和 $\boldsymbol{w}_{+6}$ 的中点很接近。图 10.3 显示了这种情况。

10.1.2 推广的最大间隔分类法

1. 方法的推导

第 9 章的最大间隔法的约束条件要求($j=1,2,\cdots,k$)：

正类集的点 $\boldsymbol{w}_{+j}$ 满足 $\boldsymbol{g}^{\mathrm{T}}\boldsymbol{w}_{+j}+c_0\geqslant 1$；

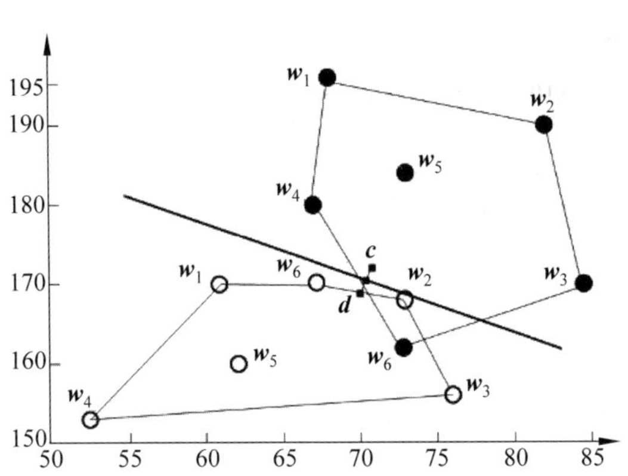

图 10.3　错划一个点的分划直线

负类集的点 $\boldsymbol{w}_{-j}$ 满足 $\boldsymbol{g}^{\mathrm{T}}\boldsymbol{w}_{-j}+c_0\leqslant -1$。

但从例 10.1 已经看到，当训练集不是线性可分时，任何超平面必有错划。所以这些约束条件应该放松：对第 j 对训练点 $\boldsymbol{w}_{+j}$ 与 $\boldsymbol{w}_{-j}$ 引进**松弛变量** $\sigma_{+j}\geqslant 0$ 与 $\sigma_{-j}\geqslant 0$，把上述约束条件放松为（$j=1,2,\cdots,k$）。

正类集的点 $\boldsymbol{w}_{+j}$ 满足 $\boldsymbol{g}^{\mathrm{T}}\boldsymbol{w}_{+j}+\sigma_{+j}+c_0\geqslant 1$

（等价于 $-\boldsymbol{g}^{\mathrm{T}}\boldsymbol{w}_{+j}-\sigma_{+j}-c_0\leqslant -1$）

负类集的点 $\boldsymbol{w}_{-j}$ 满足 $\boldsymbol{g}^{\mathrm{T}}\boldsymbol{w}_{-j}+\sigma_{-j}+c_0\leqslant -1$

对某个 $\boldsymbol{w}_{+j}$ 来说，比起原来的约束，就差那么一点"$\sigma_{+j}>0$"能满足。同理，解释对 $\boldsymbol{w}_{-j}$ 的放松了的约束条件。所以由向量 $\boldsymbol{\sigma}_{+}=(\sigma_{+1},\cdots,\sigma_{+k})^{\mathrm{T}}$ 与 $\boldsymbol{\sigma}_{-}=(\sigma_{-1},\cdots,\sigma_{-k})^{\mathrm{T}}$ 可以构造出描述训练集被错划的程度。例如，这里采用 $\sum\limits_{j=1}^{k}(\sigma_{+j}+\sigma_{-j})$ 的大小作为错划的度量。原来希望 $\|\boldsymbol{g}\|/2$ 尽可能小（即它的倒数 $2/\|\boldsymbol{g}\|$ 一间隔尽可能大）；现在同时希望错划程度 $\sum\limits_{j=1}^{k}(\sigma_{+j}+\sigma_{-j})$ 尽可能小。为把这两个极小化的目标综合为一个目标，可以引进一个**惩罚参数** $C>0$ 作为综合这两个目标的权重。即极小化新的目标函数

$$\frac{1}{2}\|\boldsymbol{g}\|^2+C\sum_{j=1}^{k}(\sigma_{+j}+\sigma_{-j})$$

这就导出了推广的最大间隔法，对未知量向量（训练点为 l 维）：

$$\boldsymbol{x}=(\boldsymbol{g}^{\mathrm{T}},\boldsymbol{\sigma}_{+}^{\mathrm{T}},\boldsymbol{\sigma}_{-}^{\mathrm{T}},c_0)^{\mathrm{T}}=(g_1,\cdots,g_l,\sigma_{+1},\cdots,\sigma_{+k},\sigma_{-1},\cdots,\sigma_{-k},c_0)^{\mathrm{T}} \tag{10.3}$$

解以下的二次规划问题：

$$\min\left(\frac{1}{2}\|\boldsymbol{g}\|^2+C\sum\nolimits_{j=1}^{k}(\sigma_{+j}+\sigma_{-j})=\right)\frac{1}{2}\boldsymbol{x}^{\mathrm{T}}\boldsymbol{H}\boldsymbol{x}+\boldsymbol{f}^{\mathrm{T}}\boldsymbol{x} \tag{10.4a}$$

$$\text{s.t.}\quad -\boldsymbol{g}^{\mathrm{T}}\boldsymbol{w}_{+j}-\sigma_{+j}-c_0\leqslant -1, \tag{10.4b}$$

$$\boldsymbol{g}^{\mathrm{T}}\boldsymbol{w}_{-j}+\sigma_{-j}+c_0\leqslant -1, \tag{10.4c}$$

$$-\sigma_{+j}\leqslant 0,\ -\sigma_{-j}\leqslant 0\quad (j=1,2,\cdots,k) \tag{10.4d}$$

2. 内置函数 quadprog 实参的设置

(1) 目标函数式(10.4a)中的海森矩阵 $\boldsymbol{H}$。

目标函数中只有 $\|\boldsymbol{g}\|^2$ 一项有 $\boldsymbol{l}$ 个平方项,而总的未知量为 $2k+l+1$ 个,所以,海森矩阵是 $2k+l+1$ 阶,其左上角为 l 阶的单位矩阵 $\boldsymbol{I}_l$,其余均为 0 的分块矩阵。

$$\boldsymbol{H}=\begin{bmatrix}\boldsymbol{I}_l & 0\\ 0 & 0\end{bmatrix} \tag{10.5}$$

(2) 目标函数式(10.4a)中的一次项系数 $\boldsymbol{f}$。

目标函数中只出现 $-\sigma_{+j}$ 和 $-\sigma_{-j}$ 的一次项,这些系数为 C($2k$ 个),其他对应于 $g_1,\cdots,g_l$(l 个)和 c_0(1 个)的系数为 0。

$$\boldsymbol{f}=(0,\cdots,0,C,\cdots,C,0)^{\mathrm{T}} \tag{10.6}$$

(3) 不等式约束式(10.4b)、式(10.4c)与式(10.4d)的矩阵 $\boldsymbol{A}$ 与常数向量 $\boldsymbol{b}$。

设 k 个分量全为 1 与全为 0 的列向量分别为 $\mathbf{1}$ 与 $\mathbf{0}$,$k\times l$ 零矩阵为 $\boldsymbol{O}_{k\times l}$,$k\times k$ 零矩阵为 $\boldsymbol{O}_{k\times k}$,以及式(9.21)所示的 $k\times l$ 矩阵 $\boldsymbol{w}_+$ 与 $\boldsymbol{w}_-$。从而这三个不等式可以合并写为分块矩阵的形式(参见推导式(9.22)的上下文):

$$\begin{bmatrix}-\boldsymbol{w}_+ & -\boldsymbol{I}_k & \boldsymbol{O}_{k\times k} & -\mathbf{1}\\ \boldsymbol{w}_- & \boldsymbol{O}_{k\times k} & \boldsymbol{I}_k & \mathbf{1}\\ \boldsymbol{O}_{k\times l} & -\boldsymbol{I}_k & \boldsymbol{O}_{k\times k} & \boldsymbol{O}\\ \boldsymbol{O}_{k\times l} & \boldsymbol{O}_{k\times k} & -\boldsymbol{I}_k & \boldsymbol{O}\end{bmatrix}\begin{pmatrix}\boldsymbol{g}\\ \boldsymbol{\sigma}_+\\ \boldsymbol{\sigma}_-\\ c_0\end{pmatrix}\leqslant\begin{pmatrix}-\mathbf{1}\\ -\mathbf{1}\\ \boldsymbol{O}\\ \boldsymbol{O}\end{pmatrix}$$

$$\rightarrow \boldsymbol{A}=\begin{bmatrix}-\boldsymbol{w}_+ & -\boldsymbol{I}_k & \boldsymbol{O}_{k\times k} & -\mathbf{1}\\ \boldsymbol{w}_- & \boldsymbol{O}_{k\times k} & \boldsymbol{I}_k & \mathbf{1}\\ \boldsymbol{O}_{k\times l} & -\boldsymbol{I}_k & \boldsymbol{O}_{k\times k} & \boldsymbol{O}\\ \boldsymbol{O}_{k\times l} & \boldsymbol{O}_{k\times k} & -\boldsymbol{I}_k & \boldsymbol{O}\end{bmatrix},\boldsymbol{b}=\begin{pmatrix}-\mathbf{1}\\ -\mathbf{1}\\ \boldsymbol{O}\\ \boldsymbol{O}\end{pmatrix} \tag{10.7}$$

其中,$\boldsymbol{I}_k$ 是 k 阶单位矩阵。

算法 10.2　推广的最大间隔分类法

(1) 输入 k 个正类点集 $\boldsymbol{w}_+$,k 个负类点集 $\boldsymbol{w}_-$;输入惩罚参数 $C>0$。

(2) 按照式(10.4)的以分划超平面的梯度 $\boldsymbol{g}$、截距 c_0 以及 $2k$ 个松弛变量 σ_{+j} 与 σ_{-j}(式(10.3))为未知量的二次规划问题,形成内置函数 quadprog 的实参。

① 设置目标函数的分块海森矩阵 $\boldsymbol{H}$(式(10.5))与一次项系数向量 $\boldsymbol{f}$(式(10.6))。

② 按式(10.7)设置不等式约束的系数矩阵 $\boldsymbol{A}$ 和右端常数向量 $\boldsymbol{b}$。

③ 其他实参设置为空“[]”。

(3) 调用 quadprog 求出二次规划的解:梯度 $\boldsymbol{g}$ 与截距 c_0 以及 $2k$ 个松弛变量 σ_{+j} 与 σ_{-j};得到分划超平面的方程:$\boldsymbol{g}^{\mathrm{T}}\boldsymbol{w}+c_0=0$。

例 10.1　使用推广的最大间隔法,求解例 10.1 的心脏病诊断问题。

解:本题 $l=2,k=6$。$\boldsymbol{w}_+=[\boldsymbol{v}_+\ \boldsymbol{u}_+]$,$\boldsymbol{w}_-=[\boldsymbol{v}_-\ \boldsymbol{u}_-]$。整个程序如下。

<table>
<tr><th>主程序 Ex10_2.m</th><th>函数子程序 Ex10_2MaxmagQP.m</th></tr>
<tr><td rowspan="3"><pre>
clear; clc;   % Name: Ex10_2.m
% C: punishment factor; Input 1 or 100
C=input('choose 1 or 100? C= ');
vp=[68, 82, 84, 67, 73, 73]';   % vp=v+
up=[196,190,170,180,184,162]';   % up=u+
vn=[61, 73, 76, 53, 62,67]';   % vn=v-
un=[170,168,156,153,160,170]';   % un=u-
k=length(vp); L=2; K2L1=2*k+L+1; % k=6
Wp=[vp,up]; Wn=[vn,un];
[H,f,A,b,Aeq,beq,LB,UB]=...
Ex10_2MaxmagQP(L,k,Wp,Wn,C,K2L1);
% Solve the QP
x=quadprog(H,f,A,b,Aeq,beq,LB,UB);
g=x(1:L);   G=g'
Psigma=x(3:k+L); Nsigma=x(k+3:2*k+L);
PSIGMA=Psigma', NSIGMA=Nsigma'
c0=x(K2L1)
% Check if A*x<=b
Ax=(A*x)'   % A*x<=b Correct!
% Check if bisector can separate the 2 sets
% wp=[vp';up']; wn=[vn';un'];
Yp=sign(g'*Wp'+c0), Yn=sign(g'*Wn'+c0)
% Check if the middle point mp (from Ex10_1.m)
% is on the partition line
mp=[70.43702;169.7429];
gM=[0.8740; 1.4859]; c0M=-319.7224;
Test=gM'*mp+c0M
% Test =-5.9438 mp in the side of set {W-}
</pre></td><td><pre>
function [H,f,A,b,Aeq,beq,LB,UB]=...
      Ex10_2MaxmagQP(L,k,Wp,Wn,C,K2L1);
% (1) Form Hessian matrix H & f
H=zeros(K2L1,K2L1);   % (10.5)
H(1:L,1:L)=eye(L);
Kone=ones(k,1); Lzero=zeros(L,1);   % (10.6)
f=C*[Lzero;Kone;Kone;0];
% (2) A & b of inequality constraints (10.7)
Ik=eye(k);   Kzero=zeros(k,1); KL0=zeros(k,2);
Q=zeros(k,k); K0=zeros(k,1);
A=[-Wp,-Ik,Q,-Kone; Wn,Q, Ik,Kone; ...
   KL0,-Ik,Q,K0;   KL0,Q,-Ik, K0];
b=[-Kone; -Kone; Kzero; Kzero];
% No equality constraints & bounds
Aeq=[];   beq=[];   LB=[]; UB=[];
return;
</pre></td></tr>
<tr><th>输出结果(C=1→100)</th></tr>
<tr><td><pre>
G = 0.1389   0.2361 (梯度)
PSIGMA=   (sigma +)
  0.   0.   0.   0.   0.   3.4167
NSIGMA=   (sigma -)
0.   0.   0.   0.   0。
c0 = -50.8056
Ax <= b (略)
Yp (Y+)= 1   1   1   1   1   -1
Yn (Y-)= -1   -1   -1   -1   -1   -1
Test = -5.9395
</pre></td></tr>
</table>

运行结果分析：

（1）本例输入 $C=[1,100]$ 区间上的任何值，结果完全相同，得到的分划直线都是

$$L_M: 0.1389v+0.2361u-50.8056=0$$

（2）决策函数值 $\boldsymbol{Y}_-$ 全部为 -1，而 $\boldsymbol{Y}_+$ 的分量 $\boldsymbol{Y}_+(6)=-1$，其余分量为 $+1$。这表明分划直线只错划了一个点 $\boldsymbol{w}_+(6)$。

（3）例10.1用推广的平分最近点分类法得到的分划直线是：

$$L_B: 0.8740v+1.4859u-313.7789=0$$

如果用"format long;"来输出两条直线的梯度与截距值，再计算相应的比值，得到如下结果：g_1 的比 $=6.29305912596458$；g_2 的比 $=6.29305912596400$；截距 c_0 的比为 6.1760。这表明两者的梯度是平行的。把 L_M 的梯度换为 L_B 的梯度，截距按比例放大，成为 $c_0=-319.7224$。即 L_M 的方程可以等价地写为：

$$L_M: 0.8740v+1.4859u-319.7224=0$$

程序的最后是检测 L_B 通过的中点是否在 L_M 上，得到的 $z=-5.9395$，这表明此中点在 L_M 的负类集的一侧。也就是说，把图10.3的分划直线稍稍往右上方（正类集的一侧）平移，就是 L_M。

10.2　推广的线性支持向量回归机

在第 9 章通过构造硬 ε 带超平面来确定线性回归函数的方法中，需要假定硬 ε 带超平面存在。但当 $\varepsilon<\varepsilon_{\min}$ 时，硬 ε 带不存在，所以必须对前面的构造硬 ε 带超平面的平分最近点回归法与最大间隔回归法进行改造和推广。

在应用推广的平分最近点分类法时，要调整控制收缩程度的常数 D，使得回归直线(超平面)的 L_2 平分误差较小；同样在应用推广的最大间隔分类法时，要调整惩罚参数 C。下面介绍一个 0.618 的算法[13]，只要输入使得 L_2 平分误差局部极小值存在的 D 或 C 的一个区间的两个端点值，就可以迭代得到这个极小值。

10.2.1　黄金分割法

黄金分割法(Golden Section Search)，又称 0.618 优选法，是解非线性规划(有约束或无约束的非线性函数的极值问题)的一种简单方法。第 8 章的梯度下降法的一维搜索常常使用黄金分割法。

它适用于求解"两头低，中间高"的单峰函数的极大值，或者"两头高，中间低"的单谷函数(见图 10.4)的极小值。这里详细叙述后者，前者同理：因为目标函数添加一个负号，极大与极小可以互相转换。

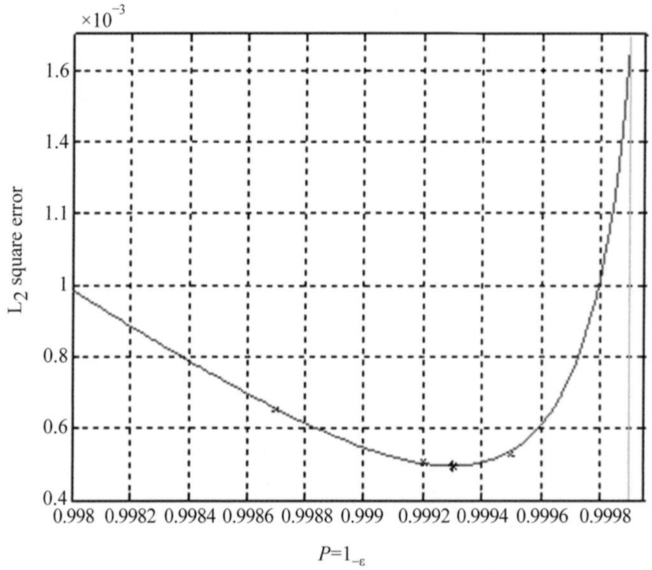

图 10.4　用 0.618 优选法来求害虫死亡率 $P=1$ 时的最佳扰动值

回忆一下，例 8.9 应用 Logistic 的两个参数模型来拟合害虫死亡率的实验数据。训练点中，有死亡率为 $P=1(100\%)$ 的数据时，如果直接把它由链接函数转换为 z 值，则为无穷大"Inf"。所以，必须给它一个小的扰动。那时提到，用 0.618 方法可以找到使 L_2 平方误差接近最小的扰动值。

从图 10.4 可以看出，当扰动后的 P 值位于区间[0.998,0.9999]上时，L_2 平方误差是

扰动后 P 值的单谷函数：$P=0.998$ 与 $P=0.9999$ 所对应的 L_2 平方误差都大，而中间的误差小。0.618 方法就是用**最少的迭代次数**找到中间的极小点。

首先，在确定了使函数图像呈现单谷形状的区间两端点 $[x_0, x_3]$（图 10.4 中为 $[0.998, 0.9999]$）后，求出使得与区间长度成黄金比值 $(\sqrt{5}-1)/2 \approx 0.618$ 的中间两个点 x_1 与 x_2：

$$(x_3-x_1):(x_3-x_0)\approx 0.618 \text{ 或} (x_1-x_0):(x_3-x_0)\approx 1-0.618=0.382$$

$$(x_2-x_0):(x_3-x_0)\approx 0.618 \text{ 或} (x_3-x_2):(x_3-x_0)\approx 0.382$$

以上两式可以等价地写为：

$$d=x_3-x_0, R=0.618, r=0.382;\quad x_1=x_0+rd, x_2=x_0+Rd \tag{10.8}$$

然后求出它们的函数值 $f_1=f(x_1)$ 与 $f_2=f(x_2)$：图 10.4 所涉及的问题中，就是用相应的扰动后 P 值求出的回归直线的 L_2 平方误差。

从图 10.4 可见，整个单谷区间分为三段：左段 $[x_0, x_1]$、中段 $[x_1, x_2]$ 和右段 $[x_2, x_3]$。以后的任何一步迭代，包含极小点的整个单谷区间长度每次缩小到前一次的0.618：中段始终保留，根据中间两点 x_1(左)与 x_2(右)的函数值哪一侧大，就丢弃三段中的那一侧小区间：左侧函数值大，丢弃左侧小区间；右侧函数值大，丢弃右侧小区间。具体来说，

(1) 如果"左侧"函数值 f_1 大于"右侧"函数值 f_2，丢弃左段 $[x_0, x_1]$，见图 10.5(a)；重新命名点 $(x_1, x_2) \to (x_0, x_1)$，$f_1 \leftarrow f_2$（把原来的函数值 f_2 赋给新命名的 x_1）并且按式(10.8)计算新的点 x_2 及新的函数值 f_2。

(2) 否则丢弃右段 $[x_2, x_3]$，见图 10.5(b)。重新命名点 $(x_1, x_2) \to (x_2, x_3)$，$f_2 \leftarrow f_1$（把原来的函数值 f_1 赋给新命名的 x_2）并且按式(10.8)计算新的点 x_1 及新的函数值 f_1。

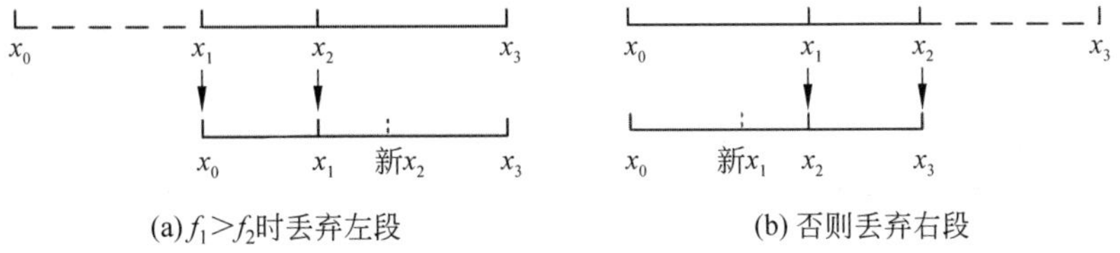

图 10.5　丢弃分段

这样做的结果是程序中始终保留 3 个点 (x_0, x_1, x_3)（求出新点 x_2）或 (x_0, x_2, x_3)（求出新点 x_1）。而且新的 4 个点始终保持 0.618 的比值关系。也就是说，除了初始步骤，以后每次迭代只要计算一个新点及其函数值。这正是 0.618 方法的优越之处。

迭代结束以后，一般取最后留存的单谷区间的中点作为极小点的近似值。

算法 10.3　黄金分割法

(1) 用试探法确定函数的单谷区间 $[x_0, x_3]$；设定最大迭代次数 Kmax；$k=1$。

(2) 根据式(10.8)求出此区间内符合黄金比值的两点 x_1 与 x_2 以及对应的函数值 f_1 与 f_2。

(3) $k=k+1$；比较 f_1 与 f_2 的大小。

① 若 $f_1>f_2$，则丢弃左段，依次重新编排保留的三点为 (x_0, x_1, x_3) 并且 $f_1 \leftarrow f_2$，求出新点 x_2 及其新函数值 f_2。

② 否则丢弃右段，依次重新编排保留的三点为 (x_0, x_2, x_3) 并且 $f_2 \leftarrow f_1$，求出新点 x_1 及其新函数值 f_1。

③ 如果 $k<=\mathrm{Kmax}$，转(3)，否则转(4)。

(4) 取最后留下的区间的中点 $x=(x_0+x_3)/2$ 作为极小点的近似值。

例 10.3 用 0.618 方法求下列分段连续函数的极小点：

$$f(x)=\begin{cases}4-x+x^2/10, & x\leqslant 4\\ 13.6-5x+x^2/2, & x>4\end{cases}$$

函数在此区间上的图像见图 10.6。

解：选定初始区间为 $[x_0,x_3]=[3,6]$。

主程序 Ex10_3GoldSec.m

```
clear; clc;   %Name: Ex10_3GoldSec.m ---0.618
x0=input('Left   end point x0=');   % [3,6] or [1,8]
x3=input('Right end point x3=');
x00=x0;   x30=x3;   % 留存作图用
R=(sqrt(5)-1)/2; r=1-R;   % R=0.618003399;
% 求初始的中间两点
d=x3-x0; x1=x0+r * d;   x2=x0+R * d;
Kmax=10; k=1;        % 设定最大迭代次数 Kmax
f1=Goldfunc(x1);   f2=Goldfunc(x2); % 求函数值
while k<=Kmax
     k=k+1;
if f1>f2
     % 丢弃左段 [x0,x1], 重新命名点
       % 以下 X 是描绘迭代过程中的区间
       K1=k-1, X=[x0,x1,x2,x3]
       x0=x1; x1=x2;   f1=f2;
       d=x3-x0; x2=x0+R * d;    % 式(10.8)
       f2=Goldfunc(x2); F12=[f1,f2]
else
     % 丢弃右段 [x2,x3], 重新命名点
       % 以下 X 是描绘迭代过程中的区间
       K2=k-1, X=[x0,x1,x2,x3]
       x3=x2; x2=x1;   f2=f1;
       d=x3-x0; x1=x0+r * d;    % 式(10.8)
       f1=Goldfunc(x1); F12=[f1,f2]
     end
end
% 以上部分对其他"函数"都适用,只要用相应的求
% 函数值 f1/f2 的子程序与上面所用调用语句
xmin=0.5 * (x3+x0)   % 取最后区间的中点为极小点
Fmin=Goldfunc(xmin)    % 求极小点的函数值
X1=linspace(x00,4,200);    % 取左段 200 个自变量点
Y1=Goldfunc(X1); % 求左段这 200 个点上的函数值
% 求左段函数值的极小值与极小点
[Y1min,IY1]=min(Y1), X1min=X1(IY1)
X2=linspace(4.001,x30,200); % 取右段 200 个自变量点
Y2=Goldfunc(X2); % 求右段这 200 个点上的函数值
% 求右段函数值的极小值与极小点
[Y2min,IY2]=min(Y2), X2min=X2(IY2)
%% 作图 10.6(描出极小点)
plot([X1,X2],[Y1,Y2],'r'); hold on;
plot(xmin,Fmin,'k * ');      hold off;
```

函数子程序 Goldfunc.m

```
function f=Goldfunc(x);
if x<=4
     f=4-x+0.1 * x. * x;
else
     f=13.6-5 * x+0.5 * x. * x;
end
return;
```

输 出 结 果

```
Left   end point x0=3
Right end point x3=6
K1 =       1
X =    3.0000     4.1459     4.8541     6.0000
F12 =    1.1106     1.1426
K2 =       2
X =    4.1459     4.8541     5.2918     6.0000
F12 =       1.1867     1.1106
K1 =       3
X =    4.1459     4.5836     4.8541     5.2918
F12 =  1.1106     1.1002
K1 =       4
X =    4.5836     4.8541     5.0213     5.2918
F12 =    1.1002     1.1078
K2 =       5
X =    4.8541     5.0213     5.1246     5.2918
F12 =    1.1009     1.1002
K1 =       6
X =    4.8541     4.9574     5.0213     5.1246
F12 =    1.1002     1.1018
K2 =      7
X =   4.9574     5.0213     5.0608     5.1246
F12 =  1.1000     1.1002
K2 =       8
X =   4.9574     4.9969     5.0213     5.0608
F12 =  1.1002     1.1000
K1 =       9
X =   4.9574     4.9818     4.9969     5.0213
F12 =  1.1000     1.1000
K2 =     10
X =   4.9818     4.9969     5.0062     5.0213
F12 =     1.1000     1.1000
xmin =       4.9940,Fmin =       1.1000
% Y1min & Y2min 见运行结果分析(2)
```

运行结果分析：

(1) 10 次迭代的单谷区间 4 个点以及迭代后丢弃的区段见表 10.2。

表 10.2　10 次迭代的单谷区间(左段：$[x_0, x_1]$；右段：$[x_2, x_3]$)

【$k=1$：设置初始点 x_0, x_3 与计算中间两点】

k	x_0	x_1	x_2	x_3	丢弃的区段
1	3.0000	4.1459	4.8541	6.0000	左段
2	4.1459	4.8541	5.2918	6.0000	右段
3	4.1459	4.5836	4.8541	5.2918	左段
4	4.5836	4.8541	5.0213	5.2918	左段
5	4.8541	5.0213	5.1246	5.2918	右段
6	4.8541	4.9574	5.0213	5.1246	左段
7	4.9574	5.0213	5.0608	5.1246	右段
8	4.9574	4.9969	5.0213	5.0608	右段
9	4.9574	4.9818	4.9969	5.0213	左段
10	4.9818	4.9969	5.0062	5.0213	—

(2) 取最后留存区间[4.9818,5.0213]的中点作为极小点的近似值，得 $\boldsymbol{x}_{\min}=4.9940$。它的函数值为 1.1000，以黑色的 * 号标在图 10.6 上。注意，用在作出左右两段函数图像的各 200 对点中，左段极小点坐标为(4,1.6)，右段极小点坐标为(4.9955,1.1)，从而整个分段函数的极小点是(4.9955,1.1)。这与上面求出的(4.9940,1.1000)非常接近。另外，初始单谷区间越大(比如取[1,8])，达到同样精度的极小点需要的迭代次数越多。

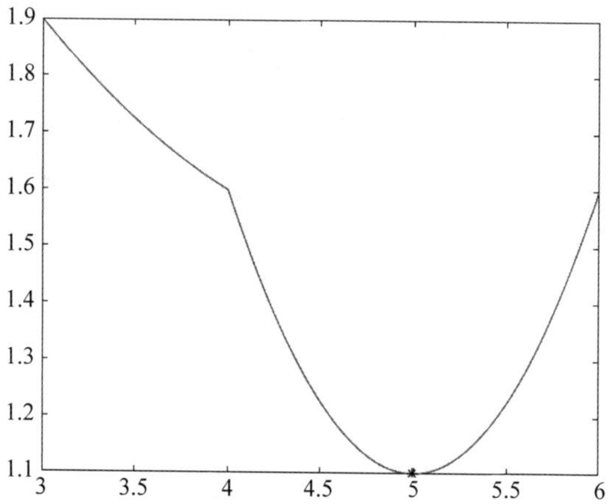

图 10.6　分段函数的单谷区间

10.2.2　推广的构造硬 $\boldsymbol{\varepsilon}$ 带超平面的平分最近点回归法

对于没有限制的 $\varepsilon>0$，式(9.33)定义的

$$D_+=\{(\boldsymbol{w}_j^{\mathrm{T}}, z_j+\varepsilon)^{\mathrm{T}}\} \text{ 和 } D_-=\{(\boldsymbol{w}_j^{\mathrm{T}}, z_j-\varepsilon)^{\mathrm{T}}\}(j=1,2,\cdots,k)$$

的凸壳可能有交点，此时需要 10.1.1 节中处理分类问题的推广的平分最近点法，即将两

个凸壳适当缩小，以使它们不再相交。这样就导出未知量为：

$$x=(x_+^{\mathrm{T}},x_-^{\mathrm{T}})^{\mathrm{T}}[x_+=(\alpha_{+1},\cdots,\alpha_{+k})^{\mathrm{T}},x_-=(\alpha_{-1},\cdots,\alpha_{-k})^{\mathrm{T}}]$$

的最优化问题：

$$\min\frac{1}{2}\left|\left|\sum_{j=1}^{k}[\alpha_{+j}(w_j^{\mathrm{T}},z_j+\varepsilon)^{\mathrm{T}}-\alpha_{-j}(w_j^{\mathrm{T}},z_j-\varepsilon)^{\mathrm{T}}]\right|\right|^2=\frac{1}{2}x^{\mathrm{T}}Hx$$

s.t.

$$\alpha_{+1}+\cdots+\alpha_{+k}=1;\ \alpha_{-1}+\cdots+\alpha_{-k}=1$$
$$D\geqslant\alpha_{+1},\cdots,\alpha_{+k}\geqslant 0;\ D\geqslant\alpha_{-1},\cdots,\alpha_{-k}\geqslant 0 \tag{10.9}$$

其中，$D\leqslant 1$是体现收缩程度的常数，对于D_+与D_-的凸壳本来不相交的情况，D可以为1。

二次规划问题式(10.9)的实参，除了未知量的上界改成D以外，其他与9.3.3节一样。

算法10.4　推广的构造硬ε带超平面的平分最近点回归法

(1) 输入训练点集$T=\{(w_1,z_1),\cdots,(w_k,z_k)\}$；输入缩小比例因子$D$：$0<D<1$。

(2) 按照式(9.33)构造正类点集D_+与负类点集D_-。把原来的线性回归问题转换为D_+与D_-的线性分划问题。

(3) 把算法9.1用于构造的正类点集D_+与负类点集D_-。参照算法10.1，设置用来解二次规划QP问题(权数α_{+j}与α_{-j}为未知量)的内置函数quadprog的实参。

(4) 调用quadprog(QP)求出二次规划的解$\hat{\alpha}_{+j}$与$\hat{\alpha}_{-j}$；得到D_+与D_-的两个凸壳的最近点c与d和分划D_+与D_-的超平面方程式(9.33)：

$$g^{\mathrm{T}}w+c_{00}=g_{(l)}^{\mathrm{T}}w_{(l)}+g_{l+1}z+c_{00}=0$$

(5) 从上述的分划超平面解出回归函数式(9.34)：$z=-g_{(l)}^{\mathrm{T}}w_{(l)}/g_{l+1}-c_{00}/g_{l+1}$。

例10.4　用构造硬ε带超平面的平分最近点法，求出例8.1中(广告与销售额)的回归直线。①采用训练点的本身值(USElog=0)与对数值(USElog=1)两种不同的策略。②用0.618优选法来选出使得L_2平方误差尽可能小的凸壳收缩因子D：每种策略考虑$\boldsymbol{\Delta}=0$(凸壳相切)与$\boldsymbol{\Delta}<0$(凸壳相交)两种情况。

这里是用更改$\boldsymbol{\Delta}$的取值来更改$\varepsilon(=\boldsymbol{\Delta}+\varepsilon_{\min})$的值，下面经过调试所取的$\boldsymbol{\Delta}$负值，首先保证$\varepsilon>0$，其次可使与取$\boldsymbol{\Delta}=0$时有相同的单谷区间。这样总共有以下四种情况。

情况1：本身值与$\boldsymbol{\Delta}=0$(凸壳相切)。

情况2：本身值与$\boldsymbol{\Delta}=-10$(凸壳相交)。

情况3：对数值与$\boldsymbol{\Delta}=0$(凸壳相切)。

情况4：对数值与$\boldsymbol{\Delta}=-0.01$(凸壳相交)。

解：这次分两步走：①用试探法找出单谷区间，即使得函数值(这里是L_2平方误差)为"大、小、大"的3个D值。②用0.618优选法在单谷区间内来选出使得L_2平方误差尽可能小的凸壳收缩因子D，并求出对应的解。

为了这两步都可以用，解二次规划的程序设为函数子程序Ex10_4BiSec，输出3个分量的向量L22ab：L22=L_2平方误差，a=线性回归函数$y=a+bt$的截距，$b=t$的系数。

程序与例9.7的主程序Ex9_1.m除了以下一项，其他都一样。

在调用生成二次规划实参的函数子程序时，把原来权数之和等于 1 改为等于 D。

第 1 步　用试探法找出单谷区间。解二次规划的 Ex10_4BiSec 与调用它的主程序如下。

形参 D1 与 Delta1 是对应于 USElog=1(用训练点的对数值)的 D 值与 $\boldsymbol{\Delta}$ 值。

形参 D0 与 Delta0 是对应于 USElog=0(用训练点的本身值)的 D 值与 $\boldsymbol{\Delta}$ 值

"Case 1(USElog=0 & Delta0=0),D=0.9"的输出结果列在主程序的右侧。回忆一下，这里给出数据是 8 对(t_j,y_j)，其中，t_j 是广告费，y_j 是销售额；需要求线性回归函数 $y=a+bt$(或按新的写法，$z=c0+gw$)。我们构造出正类集 D_+ 与负类集 D_- 各 8 个点，把问题转化为求 D_+ 与 D_- 的分划平面。所以下面程序解出的未知量 $\boldsymbol{x}$(即输出 SOL)共有 16 个分量，前 8 个和后 8 个分别为生成 D_+ 和 D_- 的凸壳的权数。

主程序 Ex10_4Input

```
clear; clc;   % Name: Ex10_4Input
USElog=input('USElog= 1 or 0: ');
if USElog==1
    Delta1=input('Delta1= 0 or -0.01? Delta1= ');
    D1=input(' 0<D1<1:  D1= ');
    Delta0=0;  D0=0;
else
    Delta0=input('Delta0= 0 or -10? Delta0= ');
    D0=input('0<D0<1: D0= ');
    Delta1=0;  D1=0;
end
L22ab=Ex10_4BiSec(USElog,D1,D0,Delta1,Delta0,1);
```

输出结果

```
USElog = 1 or  0: 0
Delta0= 0 or -0.01? Delta0= 0 (Case 1)
0<D1<1:  D1=0.9
Test=0
SOL(以下分量非零,其余分量全为 0):
S(1)= 0.0124,  S(2)= 0.9000,  S(8)=0.0876
S(11)=0.9000,   S(15)=0.1000
g1=-3.0647;  5.5334,  c00= -1081.1
Yp=ones(1,8),  Yn= -ones(1,8)
L22 = 2.0618e+004
a= 195.3846
b= 0.5538
```

函数子程序 Ex10_4BiSec.m

```
function L22ab=Ex10_4BiSec...
(USElog,D1,D0,Delta1,Delta0,OUT);
t=[300 400 400 550 720 850 900 950]';
y=[300 350 490 500 600 610 700 660]';
k=length(t);
if USElog==1   % EPS=EPSmin+Delta;
    EPS=0.1682+Delta1;
    t=log(t); y=log(y);
    D=D1;
else
    EPS=70.+Delta0;
    D=D0;
end
Dp=y+EPS;  Dn=y-EPS;   % D+ & D-  (9.33)
Wp=[t, Dp];  Wn=[t, Dn];  % Wp=W+; Wn=W-
% Set QP real parameters (9.38)
[H,f,A,b,Aeq,beq,LB,UB]=Ex9_4BisectQP(k,Wp,Wn,D);
% Solve the QP
x=quadprog(H,f,A,b,Aeq,beq,LB,UB);
k2=k * 2;
xp=x(1:k);       % xp=x+
xn=x(k+1:k2);    % xn=x-
% The two points with shortest distance
c=[t' * xp; Dp' * xp];  d=[t' * xn; Dn' * xn];
% Find the equation of the perpendicular
% bisector g * w+c00=0
g1=c-d;   c00=-g1' * (c+d)/2;
% Check if the bisector can separate the 2 sets
Yp=sign(g1' * Wp'+c00);
Yn=sign(g1' * Wn'+c00);
% Check the middle point is on the bisector
mp=(c+d)/2; Test=g1' * mp+c00
% Fitting line: % y=a+bt:
a=-c00/g1(2);   b=-g1(1)/g1(2);
y1=a+b * t;   DIF=y1-y;   L22=DIF' * DIF;
L22ab=[L22,a,b];
if OUT==1
SOL=x', g1=g1', c00
Yp, Yn, L22, a, b
end
return;
```

仅以 Case 1 为例说明如何用试探法(不另编程序,而是输入 D 的试探值,运行上述程序)找出单谷区间。我们知道,收缩因子 D 的取值范围是 $0<D<1$。开始可以选取相差很大的两个值,例如 $D=0.9$ 与 $D=0.1$,求出它们对应的 L22(L_2 平方误差)。舍弃对应于 L22 值大的 D 值,新选的点通常大约在前面两个点的中间("对分"),且向保留的 D 值那个方向继续试探。整个试探过程见表 10.3(只列出 L22 值)。$D=0.9$(第一行)的所有输出结果已在主程序的右侧给出。

表 10.3　试探法找出单谷区间的示例

次序	*D* 值	L22	舍弃原因	保留的点或区间
1	0.9	20618		0.9
2	0.1	144790	L22 太大	0.9
3	0.5	17865	L22(0.9)大	0.5
4	0.3	17645	L22(0.5)大	0.3
5	0.2	17645		[0.2,0.3]
6	0.25	27275	L22(0.25)变大	[0.2,0.3]
7	0.26	17622		0.2,0.26,0.3
8	0.251	23508	* 缩小区间	0.251,0.26,0.3

* 注:第 7 次试探的结果所得区间[0.2,0.3]已经是单谷区间,中间点 0.26 的 L22 小。

而第 8 次试探的结果所得区间 [0.251,0.3] 也是单谷区间,但此区间长度小,而且与 Case 2 一致。

运行结果分析:

四种情况得到的单谷区间见表 10.4 的前 3 列。

表 10.4　四种情况得到的单谷区间与极小点以及各点对应的 L_2 平方误差

	左端点(L_2^2)	中间点(L_2^2)	右端点(L_2^2)	极小点(L_2^2)
Case 1	0.251 (23508)	0.26 (17622)	0.3 (17645)	0.2546 (17139)
Case 2	0.251 (17879)	0.26 (17622)	0.3 (17645)	0.2518 (17621)
Case 3	0.16 (0.0799)	0.187 (0.0797)	0.2 (0.0799)	0.1935 (0.0797)
Case 4	0.16 (0.0799)	0.187 (0.0797)	0.2 (0.0799)	0.1912 (0.0797)

第 2 步　用 0.618 法在单谷区间内来选出使得 L_2 平方误差尽可能小的凸壳收缩因子 D,并求出对应的解。

这一步仍然使用解二次规划的函数子程序 Ex10_4BiSec;而调用它的主程序是 Ex_4Gold.m,它与例 10.3 的 Ex10_3GoldSec.m 的不同之处在于把后者所有调用函数子程序 Goldfunc 的语句,改为通过函数子程序 Ex10_4CasePara 调用 Ex10_4BiSec。

主程序 Ex10_4Gold.m

```
clear; clc;   % Ex10_4Gold.m(0.618)
Case=input('one of 1,2,3,4 in succession. Case=');
USElog=0; D1=0; D0=0;   Delta1=0; Delta0=0;
if Case==1
    x0=0.251,   x3=0.3
elseif Case==2
    x0=0.251,   x3=0.3, Delta0=-10
elseif Case==3
    USElog=1, x0=0.16,    x3=0.2
else
    USElog=1, x0=0.16,    x3=0.2, Delta1=-0.01
end
R=(sqrt(5)-1)/2; r=1-R;   % R=0.618003399;
d=x3-x0; x1=x0+r * d;   x2=x0+R * d;
L22ab1=Ex10_4CasePara (Case,x1,USElog,D1,D0,Delta1,Delta0,0);
L22ab2=Ex10_4CasePara (Case,x2,USElog,D1,D0,Delta1,Delta0,0);
f1=L22ab1(1);   f2=L22ab2(1);
Kmax=7; k=1;
while k<=Kmax
    k=k+1;
    if f1>f2
        x0=x1; x1=x2;   f1=f2;
        d=x3-x0; x2=x0+R * d;
L22ab2=Ex10_4CasePara(Case,x2,USElog,D1,D0,Delta1,Delta0,0);
        f2=L22ab2(1);
    else
        x3=x2; x2=x1;   f2=f1;
        d=x3-x0; x1=x0+r * d;
        L22ab1=Ex10_4CasePara(Case,x1,USElog,D1,D0,Delta1,Delta0,0);
        f1=L22ab1(1);
    end
end
xmin=0.5 * (x3+x0)
L22abmin=Ex10_4CasePara(Case,xmin,USElog,D1,D0,Delta1,Delta0,1);
```

函数子程序 Ex10_4CasePara.m

```
function L22ab=Ex10_4CasePara(Case,X12,USElog,D1,D0,Delta1,Delta0,OUT);
% 此子程序是把主程序中一再重复的“if   end”控制结构(为了调用
% Ex10_4BiSec 来计算“函数值”f (L22))抽出来编成的函数子程序。
if Case==1 | Case==2   % 这两种情况不用 D1,X12 代以 x1 或 x2
    L22ab=Ex10_4BiSec(USElog, D1, X12, Delta1, Delta0,OUT); % 求 f1 或 f2
else % Case:3 或 Case4:% 这两种情况 X12 代以 x1 或 x2,不用 D0
    L22ab=Ex10_4BiSec(USElog, X12, D0, Delta1, Delta0,OUT); % 求 f1 或 f2
end
return;
```

运行结果分析：

(1) 四种情况所得到的极小点及其对应的 L_2 平方误差见表 10.4 最后一列。从表上可以看出 Case 1 的结果最好，已经与例 8.1 的最小二乘法的广义逆解的误差(17138)不相上下(参见例 8.5 与例 8.6 的结果)。而其他情况所得的极小点的误差都比例 9.7 的误差大(用训练点的对数值时，例 8.7 的 L_2 平方误差为 0.0784)，而且都与初始单谷区间的中间点的误差一样。实际上，原来的单谷区间存在一个以那些中间点为内点的小区间，误差保持不变。Case 3 和 Case 4 的结果差不多。

(2) 四种情况所得到的极小点所对应的回归直线如下。

Case 1：$y=189.0570+0.5332t$。

Case 2：$y=169.1088+0.5636t$。

Case 3：$\log y=1.8814+0.6814\log t$。

Case 4：$\log y=1.8812+0.6814\log t$。

10.2.3 推广的构造硬 $\boldsymbol{\varepsilon}$ 带超平面的最大间隔回归法

回忆一下，给定训练集 $T=\{(\boldsymbol{w}_1,z_1),\cdots,(\boldsymbol{w}_k,z_k)\}$ 的线性回归问题(其中，训练点 $\boldsymbol{w}_j$ 为 l 维向量)是要寻找分类函数 $z=\boldsymbol{g}_{(l)}^{\mathrm{T}}\boldsymbol{w}_{(l)}$。我们已经知道，这可以转化为寻找由 T 生成的训练集 D_+ 与 D_- 的线性分划方程 $\boldsymbol{g}_{(l)}^{\mathrm{T}}\boldsymbol{w}_{(l)}+g_{l+1}z+c_{00}=0$ 的问题。然后从中解出线性回归函数 z。在 $\varepsilon<\varepsilon_{\min}$ 时，硬 ε 带不存在，所以必须对构造硬 ε 带超平面的最大间隔法进行推广。

推广的办法与 10.1.2 节中一样：对第 j 对训练点：

$$\boldsymbol{w}_{+j}=(\boldsymbol{w}_j^{\mathrm{T}},z_j+\varepsilon)^{\mathrm{T}} \text{ 与 } \boldsymbol{w}_{-j}=(\boldsymbol{w}_j^{\mathrm{T}},z_j-\varepsilon)^{\mathrm{T}} \tag{10.10a}$$

引进松弛变量 $\sigma_{+j}\geqslant 0$ 与 $\sigma_{-j}\geqslant 0$，得到以下二次规划问题(见式(9.38)和式(10.4))：

$$\begin{aligned}
&\min\left(\frac{1}{2}\|\boldsymbol{g}\|^2+\sum\nolimits_{j=1}^{k}(\sigma_{+j}+\sigma_{-j})=\right)\frac{1}{2}\boldsymbol{x}^{\mathrm{T}}\boldsymbol{H}\boldsymbol{x}+\boldsymbol{f}^{\mathrm{T}}\boldsymbol{x}\\
&\text{s.t.}\quad -\boldsymbol{g}^{\mathrm{T}}\boldsymbol{w}_{+j}-\sigma_{+j}-c_{00}\leqslant -1,\\
&\qquad\ \ \boldsymbol{g}^{\mathrm{T}}\boldsymbol{w}_{-j}+\sigma_{-j}+c_{00}\leqslant -1,\\
&\qquad\ \ -\sigma_{+j}\leqslant 0,\ -\sigma_{-j}\leqslant 0\quad (j=1,2,\cdots,k)
\end{aligned} \tag{10.10b}$$

其中，C 为某个事先取定的惩罚参数。

这里的解二次规划的内置函数的设置与 10.1.2 节的唯一不同是当原来的训练点 $\boldsymbol{w}_j$ 为 l 维时，式(10.10a)的 $\boldsymbol{w}_{+j}$ 或 $\boldsymbol{w}_{-j}$ 是 $l+1$ 维，增加了一维 $z_j+\varepsilon$ 或 $z_j-\varepsilon$。

算法 10.5　推广的构造硬 $\boldsymbol{\varepsilon}$ 带超平面的最大间隔回归法

(1) 输入训练点集 $T=\{(\boldsymbol{w}_1,z_1),\cdots,(\boldsymbol{w}_k,z_k)\}$；输入惩罚参数 $C>0$。

(2) 按照式(9.32)构造正类点集 D_+ 与负类点集 D_-。把原来的线性回归问题转换为 D_+ 与 D_- 的线性分划问题。

(3) 按照式(10.10)的以分划超平面的梯度 $\boldsymbol{g}$、截距 c_0 以及 $2k$ 个松弛变量 σ_{+j} 与 σ_{-j} 为未知量的二次规划问题，参照算法 10.2 形成内置函数 quadprog 的实参。

(4) 调用 quadprog 求出二次规划的解：梯度 $\boldsymbol{g}$ 与截距 c_0(以及 $2k$ 个松弛变量 σ_{+j} 与 σ_{-j})；得到分划超平面的方程：$\boldsymbol{g}^{\mathrm{T}}\boldsymbol{w}+c_{00}=\boldsymbol{g}_{(l)}^{\mathrm{T}}\boldsymbol{w}_{(l)}+g_{l+1}z+c_{00}=0$。

(5) 从上述的分划超平面解出回归函数式(9.34)：$z=-\boldsymbol{g}_{(l)}^{\mathrm{T}}\boldsymbol{w}_{(l)}/g_{l+1}-c_{00}/g_{l+1}$。

例 10.5 用算法10.5(构造硬ε带超平面的最大间隔回归法)，求出例8.1中的回归直线。

解：与例10.4一样分两步走：首先找出 C 值的单谷区间。然后用0.618方法在单谷区间上求出使 L_2 平方误差最小的 C 值。同样，为了这两步都可以用，解二次规划的程序改为函数子程序，输出 L_2 平方误差。而且使用与例10.4相同的 $\boldsymbol{\Delta}$ 值，也有一样的4种情况。

解二次规划的函数子程序 Ex10_5MaxMargin 与调用它用试探法来确定单谷区间的主程序如下。

形参 C1 与 Delta1 是对应于 USElog=1(用训练点的对数值)的 C 值与 $\boldsymbol{\Delta}$ 值。

形参 C0 与 Delta0 是对应于 USElog=0(用训练点的本身值)的 C 值与 $\boldsymbol{\Delta}$ 值。

主程序 Ex10_5Input

```
clear; clc;    % Name: Ex10_5Input
USElog=input('USElog=');
if USElog==1
      Delta1=input('Delta1=  0 or -0.01?  Delta1=');
      disp(['If Delta1=0: Select C1=600,700,1000']);
      disp(['If Delta1=-0.01: Select C1=5000,7000,10000']);
      C1=input('C1=');
      Delta0=0;    C0=0;
else
      Delta0=input('Delta0=  0 or -10?  Delta0=');
      C0=input('Select 1,100,10000: C0=');
      Delta1=0;    C1=0;
end
L22ab=Ex10_5MaxMargin (USElog,C1,C0,Delta1,Delta0);
```

函数子程序 Ex10_5MaxMargin.m

```
function L22ab=Ex10_5MaxMargin ...
(USElog,C1,C0,Delta1,Delta0);
% The 4 column vectors
t=[300 400 400 550 720 850 900 950]';
y=[300 350 490 500 600 610 700 660]';
if USElog==1    % EPS=EPSmin+Delta;
      EPS=0.1682+Delta1;
      t=log(t); y=log(y);
      C=C1;
else
      EPS=70.+Delta0;
      C=C0;
end
Dp=y+EPS;    Dn=y-EPS;    % form D+ & D-(9.33)
Wp=[t, Dp];    Wn=[t, Dn]; % Wp=W+; Wn=W-(10.10a)
[k,L]=size(Wp); K2L1=2*k+L+1;
```

续表

```
%(1) Form Hessian matrix H & f
H=zeros(K2L1,K2L1);                    %(10.5)
H(1:L,1:L)=eye(L);
Kone=ones(k,1); Lzero=zeros(L,1);      %(10.6)
f=C * [Lzero;Kone;Kone;0];
%(2) A & b of inequality constraints
Ik=eye(k);   Kzero=zeros(k,1); KL0=zeros(k,2); %(10.7)
Q=zeros(k,k); K0=zeros(k,1);
A=[-Wp,-Ik,Q,-Kone; Wn,Q, Ik,Kone; ...
   KL0,-Ik,Q,K0;    KL0,Q,-Ik, K0];
b=[-Kone; -Kone; Kzero; Kzero];
% No equality constraints, & bounds
Aeq=[];   beq=[];   LB=[]; UB=[];
% Solve the QP
x=quadprog(H,f,A,b,Aeq,beq,LB,UB);
g=x(1:L);    G=g'
Psigma=x(3:k+L); Nsigma=x(k+3:2 * k+L);
PSIGMA=Psigma',   NSIGMA=Nsigma'
c00=x(K2L1)
% Check A * x<=b
Ax=(A * x)'   % A * x<=b Correct!
% if the bisector can separate the 2 sets?
Yp=sign(g' * Wp'+c00);
Yn=sign(g' * Wn'+c00);
% Obtaining regression function
a=-c00/g(2); b=-g(1)/g(2);
y1=a+b * t; DIF=y1-y; L22=DIF' * DIF;
L22ab=[L22,a,b];   L22=L22ab(1),
a=L22ab(2), b=L22ab(3)
return;
```

运行结果分析：

总共有与例 10.4 相同的以下四种情况。

Case 1：USElog = 0，$\boldsymbol{\Delta}=0$。

Case 2：USElog = 0，$\boldsymbol{\Delta}=-10$。

Case 3：USElog = 1，$\boldsymbol{\Delta}=0$。

Case 4：USElog = 1，$\boldsymbol{\Delta}=-0.01$。

这四种情况得到的单谷区间见表 10.5 的前 3 列。

表 10.5　单谷区间与极小点以及各点对应的 L_2 平方误差

	左端点(L_2^2)	中间点(L_2^2)	右端点(L_2^2)	“极小点”(L_2^2)
Case 1	1 (22743)	100(22743)	10000(22743)	3779.6(22743)
Case 2	1 (28730)	100(28730)	10000(28730)	4762.5(28730)

续表

	左端点(L_2^2)	中间点(L_2^2)	右端点(L_2^2)	"极小点"(L_2^2)
Case 3	600 (0.1287)	700 (0.1280)	1000(0.1282)	790.4805 (0.1278)
Case 4	5000 (0.1282)	7000 (0.1278)	10000(0.1284)	6438.7 (0.1278)

本来第 2 步是用 0.618 优选法求单谷区间内的极小点，这样做的话(完全模仿例 10.4 的程序)，结果列在上表的最后一列。但仔细分析一下表 10.5 的结果就会发现：四种情况中的任何一种情况，C 取初始区间上的任何一个值得到的 L_2 平方误差都一样。所以这第 2 步对这个例子可以省去。但是不同的 C 值，得到的回归直线不尽相同。另外，与例 10.4 相比，这里所有情况的 L_2 平方误差都比较大。

为什么这样的情况，仍然可以求出"极小值"呢？因为在 0.618 方法中，"若 $f_1>f_2$，则丢弃左段；否则丢弃右段"，这里的"否则(else)"就是"若 $f_1\leqslant f_2$"，包括等号成立的情况。

四种情况所得到的"极小点"所对应的回归直线如下。

Case 1：$y=201.1538+0.5538t$。

Case 2：$y=287.5000+0.4200t$。

Case 3：$\log y=2.1593+0.6508\log t$。

Case 4：$\log y=2.1613+0.6505\log t$。

10.3　从线性分划到二次分划

有些分类问题，像如图 10.7 所示的分类问题：它的正、负类点集被椭圆周隔开。它显然不能用前面的线性支持向量机来解，必须拓广线性分划方法。严格的拓广理论与方法的详尽论述请参考支持向量机的文献中有关"核(Kernel)"的部分，这要涉及很多数学基础理论。这里只是通过具体例子介绍它的基本思想。

10.3.1　中心在原点的椭圆分划

中心在原点的椭圆分划是一个特殊的二次分划。但它对理解如何把一个二次分划转换成线性分划的想法很有启发。

例 10.6　表 10.6 列出来正类集与负类集各 8 个训练点。

表 10.6　8 个正类集点与 8 个负类集点的数据

正类集 $y_j=+1$	$\boldsymbol{v}_+$	−24	−2	22	24	14	−4	−14	−26
	$\boldsymbol{u}_+$	4	14	8	−8	−12	14	−12	−4
负类集 $y_j=-1$	$\boldsymbol{v}_-$	−20	−12	−2	12	20	8	−8	0
	$\boldsymbol{u}_-$	0	6	8	4	−4	−10	−8	−2

试用平面上的一条二次曲线把正类集与负类集正确划分。

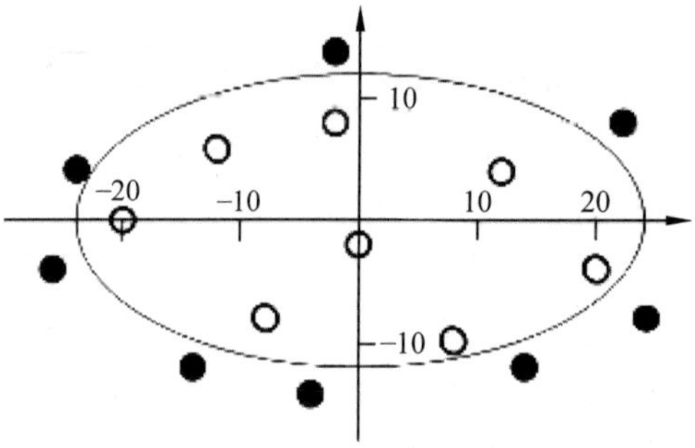

图 10.7　分隔开正类集与负类集的椭圆

解：把表 10.6 所列的 16 个点画在 *VU* 平面上得到图 10.7。从图上看它们可被一个中心在原点的椭圆划分开。这样的椭圆，其方程可以写为：

$$c_1 v^2 + c_2 u^2 + c_0 = 0 \tag{10.11}$$

容易做一个变换，把上面的曲线分划变成直线分划。只要令

$$V = v^2, U = u^2 \tag{10.12}$$

（数学术语：作 *vu*-平面到 *VU*-平面的一个映射 Φ：$W = (V, U)^{\mathrm{T}} = \Phi(w) = (v^2, u^2)^{\mathrm{T}}$）

就可以把式(10.11)变换为线性分划：

$$c_1 V + c_2 U + c_0 = 0 \tag{10.13}$$

用**平分最近点**的方法求出线性分划式(10.13)的整个程序如下。它调用了生成二次规划实参的函数子程序 Ex9_4BisectQP。

主程序 Ex10_6Ellip.m

```
clear; clc;    % Name: Ex10_6Ellip.m
vp=[  -24    -2   22   24    14    -4   -14   -26]';
up=[    4    14    8   -8   -12   -14   -12    -4]';
vn=[  -20   -12   -2   12    20     8    -8     0]';
un=[    0     6    8    4    -4   -10    -8    -2]';
k=length(vp); % =8
Vp=vp.* vp; Up=up.* up; Vn=vn.* vn; Un=un.* un;      %(10.9)
Wp=[Vp,Up]; Wn=[Vn,Un];
[H,f,A,b,Aeq,beq,LB,UB]=Ex9_4BisectQP(k,Wp,Wn,1);
% ------------------------------------------------
x=quadprog(H,f,A,b,Aeq,beq,LB,UB); % Solve the QP
xp=x(1:k);          % xp=[0.72,028,0,0,0,0,0,0]
xn=x(k+1:2 * k); % xn=[0,0,0,0,1,0,0,0]
% The two points with shortest distance
c=[Vp' * xp; Up' * xp];    d=[Vn' * xn; Un' * xn];
% c=[415.8583;66.3942],    d=[400,16]!!!
% Find the equation of the perpendicular bisector g * w+c0=0
g=c-d; c0=-g' * (c+d)/2;    % g=[15.8583;50.3942], c0=-8.5452e+003
Xp=xp', Xn=xn', cdg=[c,d,g], c0 % Display results
```

续表

主程序 Ex10_6Ellip.m
% Check if the bisector can separate the two kinds of points well % wp=[Vp';Up']; wn=[Vn';Un']; Yp=sign(g' * Wp'+c0)　　% Yp=[1,1,1,1,1,1,1,1] Yn=sign(g' * Wn'+c0)　　% Yn=[-1,-1,-1,-1,-1,-1,-1,-1] % Check the middle point is on the bisector mp=(c+d)/2, Test=g' * mp+c0　　% mp=[407.9292;41.1971] Test=0! % find a & b in standard eqution: v^2/a^2+u^2/b^2=1 c1=-c0/(g(1) * g(2)), a=sqrt(c1 * g(2)), b=sqrt(c1 * g(1)) % c1=10.6926; a= 23.2130, b=13.0218 % Check the Ellip v^2/24^2+u^2/12^2-1=0 is also a bisector g1=[1/24^2,1/12^2]'; c10=-1; Yp1=sign(g1' * Wp'+c10) % Yp=[1,1,1,1,1,1,1,1] Yn1=sign(g1' * Wn'+c10) % Yn=[-1,-1,-1,-1,-1,-1,-1,-1]

运行结果分析：

在 VU 平面上的分划直线为 $15.8583V+50.3942U-8545.2=0$，变换回 VU 平面上的二次曲线为 $15.8583v^2+50.3942u^2-8545.2=0$。把常数项移到右端，再两边除以它，写为标准形式（见上面程序的最后一行指令）：

$$v^2/a^2+u^2/b^2=1(a=23.2130,b=13.0218)$$

这是一个长半轴为 23.2130，短半轴为 13.0218，中心在原点的椭圆。

注意，这与图 10.7 上的长半轴为 24，短半轴为 12，中心在原点的椭圆略有不同。但是，图上所示的椭圆也是一条分划曲线。此曲线的标准方程是 $v^2/a^2+u^2/b^2=1(a=24, b=12)$，在 VU 平面上的直线方程是 $V/a^2+U/b^2-1=0$：梯度 $\boldsymbol{g}=(1/a^2,1/b^2)^{\mathrm{T}}$，截距 $c_0=-1$。上面主程序最后 3 行语句，就是验证它也是一条分划曲线。实际上，存在无穷多的 VU 平面上的分划直线，对应 vu 平面上的不同椭圆。

10.3.2　一般二次曲线分划

再考察一个稍广泛些的例子。假定正负类训练点可以用 vu 平面上的一条二次曲线

$$c_1+2c_2v+2c_3u+2c_4vu+c_5v^2+c_6u^2+c_0=0 \tag{10.14}$$

来正确分划。如何求这条二次曲线？

实际上，可以通过变换：

$$w_1=1,w_2=2v,w_3=2u,w_4=2vu,w_5=v^2,w_6=u^2 \tag{10.15}$$

把问题转化为求（7 维）空间上的一个 6 维分划超平面：

$$\boldsymbol{g}^{\mathrm{T}}\boldsymbol{w}+c_0=0,\quad \boldsymbol{g}=(c_1,c_2,\cdots,c_6)^{\mathrm{T}} \tag{10.16}$$

注意，这个问题的正负类训练点是（**1** 是分量全为 1 的向量）：

$$\begin{aligned}&\boldsymbol{w}_{+1}=\boldsymbol{w}_{-1}=\mathbf{1},\ \boldsymbol{w}_{+2}=2\boldsymbol{v}_+,\boldsymbol{w}_{-2}=2\boldsymbol{v}_-,\boldsymbol{w}_{+3}=2\boldsymbol{u}_+,\boldsymbol{w}_{-3}=2\boldsymbol{u}_-,\\&\boldsymbol{w}_{+4}=2(\boldsymbol{v}_+).*(\boldsymbol{u}_+),\boldsymbol{w}_{-4}=2(\boldsymbol{v}_-).*(\boldsymbol{u}_-),\boldsymbol{w}_{+5}=(\boldsymbol{v}_+).*(\boldsymbol{v}_+),\\&\boldsymbol{w}_{-5}=(\boldsymbol{v}_-).*(\boldsymbol{v}_-),\boldsymbol{w}_{+6}=(\boldsymbol{u}_+).*(\boldsymbol{u}_+),\boldsymbol{w}_{-6}=(\boldsymbol{u}_-).*(\boldsymbol{u}_-)\end{aligned} \tag{10.17}$$

例 10.7 正负类训练点各 5 个，它们的纵坐标 u 全为 0，横坐标 v 按大小依次为：

(正类：(0,0)，(1,0)，(2,0))；

(负类：(4,0)，(5,0)，(6,0) ，(7,0)，(8,0))；

(正类：(10,0)，(11,0))；

即所有训练点在横轴上，5 个正类点被 5 个负类点分隔开，左边 3 个，右边 2 个。显然，不存在一条直线，把它们分隔开。只能寻求一条二次分划曲线。

解：使用变换式(10.15)，以及最大间隔法寻找 6 维分划超平面。程序(包括作图)如下。

主程序 Ex10_7Maxg.m

```
clear; clc;    % Name: Ex10_7Maxg。
vp=[0, 1, 2, 10, 11]';   k=length(vp);
up=zeros(k,1);           vn=[4, 5, 6, 7, 8]';    un=up;
wp(:,1)=ones(k,1);   wn(:,1)=ones(k,1); % wpj=w+j; wnj=w-j
wp(:,2)=2 * vp;           wn(:,2)=2 * vn;
wp(:,3)=2 * up;           wn(:,3)=2 * un;
wp(:,4)=2 * vp. * up;     wn(:,4)=2 * vn. * un;
wp(:,5)=vp. * vp;        wn(:,5)=vn. * vn;
wp(:,6)=up. * up;        wn(:,6)=un. * un;
[k,L]=size(wp);
%(1) Hessan Matrix
H=zeros(L+1,L+1); H(1:L,1:L)=eye(L);
%(2) Aeq & beq of equality constraints
A(1:k,1:L)=-wp;    A(k+1:2 * k,1:L)=wn;
A(:,L+1)=zeros(2 * k,1); b=-ones(2 * k,1);
%(3) No bounds,equality constraints & f' * x
LB=[]; UB=[]; Aeq=[]; beq=[]; f=[];
x=quadprog(H,f,A,b,Aeq,beq,LB,UB); % Solve the QP
g=x(1:L); G=g',    c0=x(L+1)
% Check if the bisector can separate the two sets
Yp=sign(g' * wp'+c0)       % Yp=[ 1, 1, 1, 1, 1]
Yn=sign(g' * wn'+c0)       % Yn=[-1,-1,-1,-1,-1]
% convert to the standard form of c5 * (v+v0)^2+d0=0
% c0=c3=c4=c6=0!
d0=g(1)-g(2)^2/g(5)        % d0=-1.667=-5/3
v0=g(2)/g(5)               % v0=-6 --> 1/3 * (v-6)^2-5/3=0
v=linspace(-1,12,200);     % figure
u=g(5) * (v+v0).^2+d0;     % parabola bisector
plot(v,u,'r-'); hold on;
plot([-1,12],[0,0]); plot(vp,up,'k * ');
plot(vn,un,'kd'); hold off;
```

运行结果分析：

得到的超平面的梯度 $\boldsymbol{g}=\left(\frac{13}{3},-1,0,0,\frac{1}{6},0\right)^{\mathrm{T}}$，$c_0=0$。由于梯度的第 4、6 分量为 0，从而超平面转换回 vu 平面上的曲线是抛物线，方程为(见上面程序的最后部分)：

$$c_1+2c_2v+c_5v^2+c_0=0\text{ (配方)}\rightarrow c_5(v+v_0)^2+d_0=0$$
$$[v_0=c_2/c_5,\ d_0=c_1-c_2^2/c_5+c_0] \tag{10.18}$$

由梯度,得到 $v_0=-6, d_0=-5/3$。所以$[(v-6)^2-10]/6=0$。但这不是直线方程,因为其中不含 u。它是由于训练点的 u 坐标全为 0,从而使式(10.14)中 u 的系数 $c_3=0$ 引起。从这个只含 v 的方程得到两个解 $v=6\pm\sqrt{10}$:$v_1=2.8377, v_2=9.1623$;它们的 u 坐标为 0 时,表示横轴上的两点$(v_1,0)$与$(v_2,0)$。也就是说,过这两点的抛物线 $u=[(v-6)^2-10]/6$ 是分划曲线。这条分划曲线与正负类训练点见图 10.8。

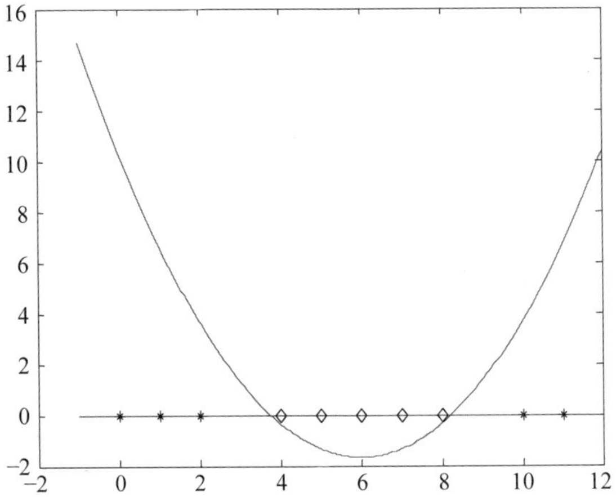

图 10.8　被负类点分隔在它左右两侧的正类点及其分划曲线

仔细查看从二次曲线到 6 维超平面的变换式(10.14),两头的 c_1 与 c_0 都是常数,为何 c_1 不合并到 c_0 成为一项,而要对 c_1 另行设置一个恒等于 1 的变量 w_1 呢?实际上,对平分最近点分类法来说,去掉第一项 c_1 及其对应的 w_1(c 与 w 的下标要重新从 1 编排)来说,是不影响最后结果的。但对最大间隔分类法来说,这样做,会得不到结果:在程序中,如果把映射到 6 维超平面的数据部分的语句,而改用映射到 5 维超平面的数据,就会得出 $\boldsymbol{g}=0$,也就是不存在这样的分划超平面。究其原因,前者对应的二次规划的未知量是生成两个凸壳的权数,不包括 c_1,而且两个凸壳的权数,两者的结果一样,见习题 $X10.4$。而后者的未知量正是 $\boldsymbol{g}$ 的模长平方,包括 c_1 的平方,见习题 X10.3。

习　　题

X10.1　如果把例 10.2 的二次规划的目标函数由原来的"$\mathbf{min}\ \frac{1}{2}\|\boldsymbol{g}\|^2+C\sum_{j=1}^{k}(\sigma_{+j}+\sigma_{-j})$"改为"$\mathbf{min}\ \frac{1}{2}\|\boldsymbol{g}\|^2+\frac{1}{2}C\sum_{j=1}^{k}(\sigma_{+j}^2+\sigma_{-j}^2)$",然后求解例 10.1 的心脏病诊断问题。分析所得结果(程序参见例 10.2 的 Ex10_2.m)。

X10.2　①简化求解例 8.14 的程序 YZss.m:仅使用 Probit 方法和训练点的对数值。再把它改变为函数子程序,输入形参为 P5(即 P(5),要用 0.618 方法求出它的最佳扰动值),输出形参为 PL22c10=[PL22,c0,c1],PL22 是 P 值对应的 L_2 平方误差。②作一个主程序来调用此函数子程序,其中包括用键盘输入 P5 值的语句 input()。分别输入 0.618 方法初始区间的两端点的 P5 值 0.998 与 0.9999,及计算两个中间点的值,证实这是单谷区间。③用 0.618 方法求出 P5 的最佳扰动值。④写出作图 10.4 的程序。

X10.3 把 6 维分划超平面的变换式(10.15)改用 5 维分划超平面(删去其中的变量 w_1)的变换,用最大间隔分类来求解例 10.7 的问题,看看得到什么结果。

X10.4 用 vu 平面上的二次曲线到高维空间上的 6 维分划超平面的变换式(10.15)及 5 维分划超平面(删去其中的变量 w_1)的变换,但用平分最近点分类法来求解例 10.7 的问题。比较两者的结果。

X10.5 正负类训练点各 5 个,它们的坐标 u 全为 0,纵坐标 u 按大小依次为:

(+:(0,0),(0,1),(0,2));(-:(0,4),(0,5),(0,6) ,(0,7),(0,8));

(+:(0,10),(0,11));

寻求一条二次分划曲线。

第 3 篇

线性代数与微积分应用篇

第 11 章

攻克线性代数的难点

由于 MATLAB 提供极好的交互式环境，所以它可以作为辅助工具，帮助用户攻克学习线性代数难点。用户可以在 MATLAB 的指令窗口中“做作业”：做一步，看看结果如何，然后决定下一步怎么做。本章介绍如何借助 MATLAB 去辅助解决以下问题。

- 作矩阵的初等变换解线性方程组。
- 求一个向量用一组向量线性表出时的表出系数。
- 用行初等变换求逆矩阵。
- 用初等变换化简(符号)行列式并求值。
- 确定使齐次线性方程组有非零解的参数值并求基础解。
- 确定使线性方程组无解、有唯一解或有无穷多解的参数值(并求出唯一解或无穷多解的表达式)。
- 求解符号线性方程组。
- 求解非线性方程(组)。

11.1 矩阵的初等变换

做矩阵的初等变换是一开始就要学习的线性代数知识。看似简单，但极易出错。一旦出错，“前功尽弃”。MATLAB 可以模仿手算的过程，检查每一步的结果是否正确。

我们知道，用矩阵的行初等变换可以把任意一个矩阵转换为阶梯矩阵。从而，行初等变换可以用来解线性方程组。如果所给的线性方程组，其增广矩阵的元素是整数，可以证明，它可以转换为整数的行阶梯形矩阵。进而可转换为每行的第一个非零元素为 1，且这个 1 所在的列的其他元素为 0。这称为简约的行阶梯形矩阵。

11.1.1 把任一矩阵转换为简约的行阶梯形矩阵

调用内置函数 rref 把任一矩阵转换为简约的行阶梯形矩阵。

例 11.1 把增广矩阵 $\mathbf{A}_0$ 转换为简约的行阶梯形矩阵，其中：

$$\mathbf{A}_0=\begin{bmatrix} 1 & 0 & -1 & 3 & 2 & \vdots & 0 \\ -2 & -1 & 0 & 5 & -3 & \vdots & -8 \\ 4 & 1 & -2 & 1 & 7 & \vdots & 8 \\ 0 & -1 & -2 & 10 & 3 & \vdots & -5 \end{bmatrix}$$

输入指令	输出结果
% 第 1 行指令最后的"..."是续行号 >> A0 = [1,0,-1,3,2,0;-2,-1,0,5,-3,-8; ... 4,1,-2,1,7,8;0,-1,-2,10,3,-5]; R=rref(A0)	R=1 0 -1 0 8 9 0 1 2 0 -23 -25 0 0 0 1 -2 -3 0 0 0 0 0 0

例 11.2 取例 11.1 中的矩阵 $\boldsymbol{A}_0$，指令 [R, jb]=rref(A0) 的输出中，除了简约的行阶梯形矩阵 $\boldsymbol{R}$ 以外，还有(行)向量 $\boldsymbol{jb}$。

输入指令	输出结果
% 例 11.2,rref 的另一项输出 >> A0 = [1,0,-1,3,2,0;-2,-1,0,5,-3,-8; ... 4,1,-2,1,7,8;0,-1,-2,10,3,-5]; [R, jb]=rref(A0)	R=1 0 -1 0 8 9 0 1 2 0 -23 -25 0 0 0 1 -2 -3 0 0 0 0 0 0 jb= 1 2 4

向量 $\boldsymbol{jb}$ 表明：①$\boldsymbol{A}_0$ 的第 1、2、4 列是 $\boldsymbol{A}_0$ 的列向量组的基底；②x_1，x_2 和 x_4 是以 $\boldsymbol{A}_0$ 为增广矩阵的线性方程组的自由未知量；③r=length(jb)(这里等于 3)是矩阵 $\boldsymbol{A}_0$ 的秩；④R(1:r,jb)是 $\boldsymbol{R}$ 的一个 3 阶单位阵子块。

调用 rref 与调用 MATLAB 的其他内置函数一样，只有最终结果，而没有中间过程的结果。怎样用 MATLAB 来一步一步模仿手算的行初等变换呢？我们知道，尽管初等变换的计算不复杂，但极容易出错，特别是消法变换，若想同时作数乘与加减，"一心两用"，欲速则不达，十有八九会出错。以下介绍如何用 MATLAB(指令窗口)来做矩阵的行初等变换，帮助核对手算的结果。

11.1.2 行初等变换

设矩阵为 $\boldsymbol{A}$，三类行初等变换与对应的 MATLAB 指令为：

- 倍法变换，用非零数 c 乘以第 i 行：**A(i, :) = c* A(i, :)**。
- 消法变换，第 i 行加上 c 乘以第 j 行：**A(i, :) = A(i, :) + c* A(j, :)**。
- 位置变换，对换第 i、j 行(需要暂存 A(i, :) 或 A(j, :))：

T = A(i, :); **A(i, :) = A(j, :)**; **A(j, :) = T**(这里先把 A(i, :) 暂存入 T)

例 11.3 写出步骤，把例 11.1 的矩阵 $\boldsymbol{A}_0$ 转换为行阶梯矩阵。

输入指令	输出结果
>> A0 = [1,0,-1,3,2,0;-2,-1,0,5,-3,-8;... 4,1,-2,1,7,8;0,-1,-2,10,3,-5]; A=A0	A= 1 0 -1 3 2 0 -2 -1 0 5 -3 -8 4 1 -2 1 7 8 0 -1 -2 10 3 -5

续表

输入指令	输出结果
% A 的第 2 行加上 2 倍的第 1 行,第 3 行减去 4 倍的第 1 行,把(2,1) % 与(3,1)元素化为 0,结果赋给 B A (2,:)=A (2,:)+2 * A (1,:); A (3,:)=A (3,:)-4 * A (1,:); B=A　　% 因为结果赋给 B,所以这两个消法变换,写成向量等 % 式为 b2=a2+2a1,　b3=a3-4a1	B=1　0　-1　3　2　0 0　-1　-2　11　1　-8 0　1　2　-11　-1　8 0　-1　-2　10　3　-5
% 把 B 的 (3,2) 与 (4,2) 元素化为 0,结果赋给 C B(3,:)=B(3,:)+B(2,:); B(4,:)=B(4,:)-　B(2,:); C=B　% c3=b3+b2,　c4=b4-b2	C=1　0　-1　3　2　0 0　-1　-2　11　1　-8 0　0　0　0　0　0 0　0　0　-1　2　3
% C 的第 3 行全零,应与第 4 行对换 T=C(3,:);　C(3,:)=C(4,:);　C (4,:)=T; D=C	D=1　0　-1　3　2　0 0　-1　-2　11　1　-8 0　0　0　-1　2　3 0　0　0　0　0　0

D 已是行阶梯形矩阵。不过,可以进一步把它转换为简约行阶梯形矩阵,与例 11.1 的矩阵 ***R*** 相同。

从行阶梯形矩阵 ***D*** 可以获得以下的信息(为方便计,在不涉及数学推导时,本章直接用程序中的变量名来命名向量与矩阵):

(1) 矩阵 $\boldsymbol{A}_0$ 的秩＝矩阵 ***D*** 的秩＝非全零行向量数＝3。

(2) 矩阵 ***D*** 中每行第一个非零元素所在的列(第 1、2、4 列)组成 $\boldsymbol{A}_0$ 的列向量组的基底。

(3) 以这些列序号为序号的变量(x_1,x_2 和 x_4)是以 $\boldsymbol{A}_0$ 为增广矩阵的线性方程组的自由未知量。

(4) 由(1),$\boldsymbol{A}_0$ 的 4 个行向量线性相关,从而存在非全零的组合系数,使得这 4 个行向量线性组合为 **0**。从变换过程中,可以追溯到一组非全零的组合系数:*D* 的第 4 行,即 *C* 的第 3 行为 **0** 向量,从第(2)步,也就是 **c3＝b3＋b2＝0**,把从第(1)步得到的"**b2＝a2＋2a1**, **b3＝a3－4a1**"代入第(2)步的结果就有(**a3－4a1**)＋(**a2＋2a1**)＝**0**,即－2**a1**＋**a2**＋**a3＝0**。这可以用指令"－2＊A0(1,:)＋A0(2,:)＋A0(3,:)"的结果为"0　0　0　0　0　0"来验证。

例 11.4　给出一组(行)向量:$\boldsymbol{a}_1=[1,3,-1,3,2,0]$,$\boldsymbol{a}_2=[-2,8,-2,9,5,-2]$,$\boldsymbol{a}_3=[-1,7,-2,7,2,-3]$;与向量 $\boldsymbol{b}=[3,-1,0,-1,2,3]$。问:向量 ***b*** 可否用向量组 $\boldsymbol{a}_1$、$\boldsymbol{a}_2$、$\boldsymbol{a}_3$ 线性表出?若不能,说明理由;若能,给出一组表出系数。

解法一:在 4.5.2 节证明了:线性方程组有解的充分必要条件为 ***b*** 可以用 ***A*** 的列向量线性表出,而表出系数正是解向量的各个分量。这样,可以先把 $\boldsymbol{a}_1$、$\boldsymbol{a}_2$、$\boldsymbol{a}_3$ 转置成列向量,以它们为列的矩阵作为系数矩阵 ***A***,而 ***b*** 作为右端常数项。然后用行初等变换化简增广矩阵 $[\boldsymbol{A}\,|\,\boldsymbol{b}]_{6\times4}$ 的方法来解 $\boldsymbol{Ax}=\boldsymbol{b}$。这些留给读者,可以体会到所做的行初等变换比解法二要多(因为所涉及的矩阵的行数要多)。这里只给出(验证)本题所涉及的线性方程组的一组解与线性表出。

输入指令	输出结果
>> a1=[1,3,-1,3,2,0]; a2=[-2,8,-2,9,5,-2]; a3=[-1,7,-2,7,2,-3];　b=[3,-1,0,-1,2,3]; A=[a1',a2',a3'] % 以 a1, a2, a3 转置为列的系数矩阵 x=[2;0;-1];　　% Ax=b 的一组解 b1=A * x % 验证 b1=b' (转置)! (x 是 Ax=b 的一组解) % 以下验证 x 的各分量确实是表出系数:b2=b1' b2=2 * a1+0 * a2-a3	A=　1　-2　-1 　　3　8　7 　　-1　-2　-2 　　3　9　7 　　2　5　2 　　0　-2　-3 b1 = [3;　-1;　0;　-1;　2;　3] b2 =　3　-1　0　-1　2　3

解法二：从例 11.3 后的说明(4)可见，可以把这 4 个行向量 $\boldsymbol{a}_1$、$\boldsymbol{a}_2$、$\boldsymbol{a}_3$ 与 $\boldsymbol{b}$ 作为行，形成矩阵 $\boldsymbol{A}_{4\times 6}$（它是解法一的增广矩阵的转置）。然后，用行初等变换把它转换为阶梯形。如果把 $\boldsymbol{b}$ 所在的行转换为全 0，则 $\boldsymbol{b}$ 可用 $\boldsymbol{a}_1$、$\boldsymbol{a}_2$、$\boldsymbol{a}_3$ 线性表出。从变换过程中，可以追溯到一组非全零的表出系数。

输入指令	输出结果
% 形成矩阵 A >>a1=[1,3,-1,3,2,0]; a2=[-2,8,-2,9,5,-2]; a3=[-1,7,-2,7,2,-3];　b=[3,-1,0,-1,2,3]; A=[a1;a2;a3;b]　% 以 a1, a2, a3, b 为行的矩阵	A= 1　3　-1　3　2　0 　-2　8　-2　9　5　-2 　-1　7　-2　7　2　-3 　3　-1　0　-1　2　3
% (1)以下把(2,1)、(3,1)与 (4,1)元素化为 0 A(2,:)=A(2,:)+2 * A(1,:); A(3,:)=A(3,:)+A(1,:); A(4,:)=A(4,:)-3 * A(1,:);　B=A % b2=a2+2a1,　b3=a3+a1, % b4=b-3a1 (b 即 a4)	B=1　3　-1　3　2　0 　0　14　-4　15　9　-2 　0　10　-3　10　4　-3 　0　-10　3　-10　-4　3
% (2)把 (4,2) 元素化为 0,把 (2,2) 元素化小 B(4,:)=B(4,:)+B(3,:); B(2,:)=B(2,:)-B(3,:); C=B　% c4=b4+b3,　c2=b2-b3	C=1　3　-1　3　2　0 　0　4　-1　5　5　1 　0　10　-3　10　4　-3 　0　0　0　0　0　0
% (3)先把 (3,2) 元素化小,再把 (2,2) 元素化为 0 C(3,:)=C(3,:)-2 * C(2,:); C(2,:)=C(2,:)-2 * C(3,:); D=C　% d3=c3-2c2,　d2=c2-2c3	D=1　3　-1　3　2　0 　0　0　1　5　17　11 　0　2　-1　0　-6　-5 　0　0　0　0　0　0
% (4)对换 D 的第 2、3 行,得到阶梯形矩阵 T=D(2,:);　D(2,:)=D(3,:); D(3,:)=T; E=D	E=1　3　-1　3　2　0 　0　2　-1　0　-6　-5 　0　0　1　5　17　11 　0　0　0　0　0　0
bb=2 * a1-a3	bb=　3　-1　0　-1　2　3

第(3)步以后，已使 c4＝b4＋b3＝0，或 b4＝－b3；再从第(1)步，b3＝a3＋a1，b4＝b－

3a1→b＝b4＋3a1＝－(a3＋a1)＋3a1＝2a1－a3，所以 **b** 可用 a_1，a_2(表出系数为 0)，a_3 线性表出。以上程序的最后一行是验算：bb＝2 * a1－a3(＝**A** 的最后一行)，正确！

例 11.5　用行初等变换求 **A** 的逆阵，其中，**A**＝[3，－4，－5；5，－4，－10；7，－7，－13]。

解：在 **A** 的右边放上单位矩阵，形成矩阵 **B**：用行初等变换把 **B** 的左半部分转换为单位阵时，右半部分就是 **A** 的逆阵。初看起来，**A** 的元素虽然都是整数，但都比较大，初等变换时，计算比较复杂。实际上，det(A)＝1，所以它的逆阵的元素全是整数。我们在做初等变换时，要尽量避免分数与大数运算：在做倍法变换以及消法变换时，先把参与变换的非零元素(用消法变换)变小(见以下第(1)、(2)步)。

输入指令	输出结果
>> A = [3,-4,-5; 5,-4,-10; 7,-7,-13]; B=[A,eye(3)] B0=B;　　% 原矩阵保存在 B0,作验算用	B=3　-4　-5　1　0　0 5　-4　-10　0　1　0 7　-7　-13　0　0　1
%(1) 把第 1 列第 2、3 行的元素化小 B(2,:)=B(2,:)-2 * B(1,:);　B(3,:)=B(3,:)-2 * B(1,:); B1=B % 验算:变换后的右半矩阵乘以原矩阵(或它的左半 % 部)应等于变换后的矩阵(或它的左半部) B1(:, 4:6) * B0　　　　%=B1 或 B1(:, 4:6) * B0(:, 1:3)　　%=B1(:, 1:3)	B1= 3　-4　-5　1　0　0 -1　4　0　-2　1　0 1　1　-3　-2　0　1 B1= 3　-4　-5　1　0　0 -1　4　0　-2　1　0 1　1　-3　-2　0　1 ans= 3　-4　-5 -1　4　0 1　1　-3
%(2) 对换第 1、3 行 T=B1(1,:);　B1(1,:)=B1(3,:);　B1(3,:)=T; B2=B1　　　% 验算:B2(:,4:6) * B0 %=B2	B2= 1　1　-3　-2　0　1 -1　4　0　-2　1　0 3　-4　-5　1　0　0
%(3) 把第 1 列第 2、3 行的元素化为 0 B2(2,:)=B2(2,:)+B2(1,:);　B2(3,:)=B2(3,:)-3 * B2(1,:); B3=B2　　% 验算:B3(:,4:6) * B0 %=B3	B3= 1　1　-3　-2　0　1 0　5　-3　-4　1　1 0　-7　4　7　0　-3
%(4)把第 2 列第 2、3 行的元素化小 B3(2,:)=B3(2,:)+B3(3,:);　B3(3,:)=B3(3,:)-4 * B3(2,:); B4=B3　　% 验算:B4(:,4:6) * B0 %=B4	B4= 1　1　-3　-2　0　1 0　-2　1　3　1　-2 0　1　0　-5　-4　5
%(5)对换第 2、3 行,并把第 2 列第 3 行的元素化为 0 T=B4(2,:);　B4(2,:)=B4(3,:);　B4(3,:)=T; B4(3,:)=B4(3,:)+2 * B4(2,:); B5=B4　　% 验算:B5(:,4:6) * B0 %=B5	B5=1　1　-3　-2　0　1 0　1　0　-5　-4　5 0　0　1　-7　-7　8
%(6) 把第 1 行第 2、3 列的元素化为 0 B5(1,:)=B5(1,:)-B5(2,:);　B5(1,:)=B5(1,:)+3 * B5(3,:); B6=B5　　% 验算:B6(:,4:6) * B0 %=B6 (*)	B6= 1　0　0　-18　-17　20 0　1　0　-5　-4　5 0　0　1　-7　-7　8
InvA=B6(:,4:6), InvA * A　%= 3 阶单位阵,所以 InvA 是 A 的逆阵	InvA= -18　-17　20 -5　-4　5 -7　-7　8 ans = eye(3)

例 11.6 用行初等变换求矩阵 $\boldsymbol{Q}$(见下面 $\boldsymbol{P}$ 的左半分块)的逆阵。这里 det(Q)=8,所以逆阵中有的元素为分数。

输入指令	输出结果
% 在 Q 的右边放上单位矩阵,形成矩阵 P: >>Q=[-1,0,4; 2,-1, 3; -2,1,5]; P=[Q, eye(3)]	P=-1 0 4 1 0 0 2 -1 3 0 1 0 -2 1 5 0 0 1
% (1)把(2,1), (3,1) 元素化为 0, 再把(1,1)元素化为 1 P(2,:)=P(2,:)+2 * P(1,:); P(3,:)=P(3,:)-2 * P(1,:); P(1,:)=-P(1,:)	P=1 0 -4 -1 0 0 0 -1 11 2 1 0 0 1 -3 -2 0 1
% (2) 把 (3,2) 元素化为 0, 再把(2,2)元素化为 1 P(3,:)=P(3,:)+P(2,:); P(2,:)=-P(2,:)	P=1 0 -4 -1 0 0 0 1 -11 -2 -1 0 0 0 8 0 1 1
% (3) 把(2,3) 元素化小, 再把(3,3)元素化为 1 P(2,:)=P(2,:)+P(3,:); P(3,:)=P(3,:)/8; rats(P) % 显示字符	ans = 3×84 char 数组 '1 0 -4 -1 0 0 ' '0 1 -3 -2 0 1 ' '0 0 1 0 1/8 1/8 '
% (4) 把第 3 列第 1、2 行的元素化为 0。显示分数 P(1,:)=P(1,:)+4 * P(3,:); P(2,:)=P(2,:)+3 * P(3,:); rats(P) % 左半块已化为单位阵,所以右半块即为 Q 的逆阵	ans = 3×84 char 数组 ' 1 0 0 -1 1/2 1/2 ' ' 0 1 0 -2 3/8 11/8 ' ' 0 0 1 0 1/8 1/8 '

11.2 齐次线性方程组的基础解

求齐次线性方程组 $\boldsymbol{A}\boldsymbol{x}=0$ 的基础解,就是求它的系数矩阵 $\boldsymbol{A}$ 的零空间的一组基底。这可用内置函数 null()来实现。

Z=null(A)产生的 $\boldsymbol{Z}$ 的列向量是矩阵 $\boldsymbol{A}$ 的零空间的一组标准正交基(即 $\boldsymbol{Z}^{\mathrm{T}}\boldsymbol{Z}=\boldsymbol{I}$),A * Z 与零向量的差别极小,即解的精度很高。而 Z=null(A,'r')产生 $\boldsymbol{A}$ 的零空间的一组有理基。

手算时,先要把系数矩阵用行初等变换化简,但用内置函数 null()求基础解时用原矩阵或化简了的矩阵是等价的,但答案不一定相同,因为基础解并不止一组。

例 11.7 求齐次线性方程组 $\boldsymbol{A}\boldsymbol{x}=\boldsymbol{0}$ 的基础解系的一组标准正交基与一组有理基,并验算。其中,$\boldsymbol{A}$ 如以下程序所示。

输入指令	输出结果	
>> A = [1,0,-1,3,2;... -2,-1,0,5,-3;... 4,1,-2,1,7;... 0,-1,-2,10,3]; [h,c]=size(A), r=rank(A) %一组基础解有 c-r=2 个列向量 Y1=null(A), C= Y1' * Y1, b1=A * Y1 %求有理基并验算 Y2=null(A,'r'), b2=A * Y2	h = 4, c = 5 r = 3 Y1 = 0.4127 -0.0725 -0.7901 -0.5154 0.4531 -0.8274 0.0101 -0.1887 0.0051 -0.0944 C = 1.0000 0.0000 0.0000 1.0000	Y1=-0.4179 0.0311 0.6392 -0.6937 -0.6425 -0.6907 -0.0561 -0.1804 -0.0281 -0.0902 Y2= 1 -8 -2 23 1 0 0 2 0 1 b2 = zeros(4,2)

11.3 符号数学在线性代数中的应用

与前面的数值矩阵一样，符号矩阵可以求它的转置、尺寸以外，还可以求它的行列式、各行(或列)元素或整个矩阵元素的和，以及实施行或列的初等变换。但是求符号矩阵的秩和逆矩阵有时会出错。用于求符号矩阵的行列式、秩、逆的内置函数与用于数值矩阵的一样。

11.3.1 符号矩阵的一元运算

例 11.8 求下列矩阵 **A** 的行列式、秩与逆矩阵

$$\mathbf{A}=\begin{bmatrix}\cos t & -\sin t\\ \sin t-1/\sin t & \cos t\end{bmatrix}$$

输入指令	输出结果
>> syms t; A=sym([cos(t), -sin(t); sin(t)-1/sin(t), cos(t)]); d=det(A), d1=simplify(d) %行列式的值 r=rank(A) % d1=0→r<2 B=inv(A)	d =cos(t)^2… + sin(t)^2 -1, d1 =0 r = 2 %答案出错! B =[Inf, Inf] [Inf, Inf]

例 11.9 用于求符号矩阵的行、列和，与矩阵的和的内置函数与用于数值矩阵的一样(显示时，各项的次序是随机的！即这次运行与下次运行，显示的各项次序可能不同)。

输入指令	输出结果
>> syms t; A=sym([cos(t), -sin(t); sin(t)-1/sin(t), cos(t)]); sumAr1=sum(A(1,:)) %A 的第 1 行元素之和:	sumAr1 =cos(t) -sin(t)

续表

输入指令	输出结果
sumAc2=sum(A(:,2)) % A 的第 2 列元素之和:sumAc2 = cos(t) -sin(t) sumC=sum(A,1) % 实参 1 表示对列求和,得行向量 sumR=sum(A,2) % 实参 2 表示对行求和,得列向量 % 第 2 个实参的默认值是 1,即对列求和,得行向量 SUM=sum(A) sumA=sum(sum(A)) % 求 A 的所有元素的和	sumAc2 =cos(t) -sin(t) sumC =[cos(t) + sin(t) -1/sin(t), cos(t) -sin(t)] sumR = cos(t) -sin(t) cos(t) + sin(t) -1/sin(t) SUM =[cos(t) + sin(t) -1/sin(t), cos(t) -sin(t)] sumA =2 * cos(t) -1/sin(t)

例 11.10 求 5 阶希尔伯特(对称)矩阵的行列式与逆矩阵。

输入指令	输出结果
>> H5=hilb(5); S5=sym(H5); S5T=S5' % 显示转置矩阵: % 除了第一个元素,全是分数	S5T = [1, 1/2, 1/3, 1/4, 1/5] [1/2, 1/3, 1/4, 1/5, 1/6] [1/3, 1/4, 1/5, 1/6, 1/7] [1/4, 1/5, 1/6, 1/7, 1/8] [1/5, 1/6, 1/7, 1/8, 1/9]
dS5=det(S5)	dS5 =1/266716800000
invS5=inv(S5) % 符号矩阵的逆阵的元素全为整数	invS5=[25, -300, 1050, -1400, 630] [-300, 4800, -18900, 26880, -12600] [1050, -18900, 79380, -117600, 56700] [-1400, 26880, -117600, 179200, -88200] [630, -12600, 56700, -88200, 44100]
format long; det(H5) % 数值矩阵的行列式	ans = 3.749295132517936e-12

数值矩阵 **H5** 的逆阵的元素都表达为“1.0e+005 * 纯小数”,纯小数的很多数位上的数都是 9 或 0。只有用指令“round(inv(H5))”或“rats(inv(H5))”才显示元素全为整数,与 invS 相同的结果。新版本还特意标明 rats(inv(H5))是“5 * 70char array”(字符串)。所以,数值矩阵求行列式值和逆阵,把它转换成符号矩阵来求,会得到更“好看”的结果。

11.3.2 确定齐次线性方程组有非零解的参数值

符号矩阵的初等变换与数值矩阵相同,特别用来求带参数 t 的齐次线性方程组有非零解时 t 的取值。

例 11.11 求 t 的值,使下列齐次线性方程组有非零解。

$$(3t^2+2t-3)x_1+(2t-1)x_2+(t^2+2t-3)x_3=0$$

$$(4t^2+3t-5)x_1+(3t-2)x_2+(t^2+3t-4)x_3=0$$

$$(t^2+t-4)x_1+(t-2)x_2+(t-1)x_3=0$$

解:这个问题等价于求 t 的值,使上述齐次线性方程组的系数矩阵 $\mathbf{A}_0$ 的行列式的值为 0。当然,可以直接用指令“d=factor(det(A0))”求出行列式 d 的因式分解式 $d=-(t+1)*(t-1)$^3,就知道 $t=1$ 或 $t=-1$ 就是问题的解。但如果要求写出求解过程,通常的方法是用行和列的初等变换把行列式化简，使某一行或某一列除一个元素外，其他全为 0。这样可以把行列式降一阶，直到 2 阶。以下就是化简用的程序。

输入指令	输出结果
% (1) 形成系数矩阵 A0: >>syms　t; a1= [3 * t^2+2 * t-3,　2 * t-1,　t^2+2 * t-3]; a2= [4 * t^2+3 * t-5,　3 * t-2,　t^2+3 * t-4]; a3= [t^2+t-4,　t-2,　t-1]; A0=[a1;a2;a3]	A0 = [3 * t^2 + 2 * t -3,　2 * t -1,　t^2 + 2 * t -3] [4 * t^2 + 3 * t -5,　3 * t -2,　t^2 + 3 * t -4] [　t^2 + t -4,　t -2,　t -1]
% (2) A0 的第 2 行 减去第 1 行,并把结果赋给 A1 A0(2,:)=A0(2,:)-A0(1,:);　A1=A0 % 或者 a2=a2-a1; A0(2,:)=a2;　A1=A0	A1=[3 * t^2 + 2 * t -3,　2 * t -1, t^2 + 2 * t -3] [　t^2 + t -2,　t -1,　t -1] [　t^2 + t -4,　t -2,　t -1]
% (3) A1 的第 2 行 减去第 3 行,并把结果赋给 A2 A1(2,:)=A1(2,:)-A1(3,:);　A2=A1 % 或者 a2=a2-a3; A1(2,:)=a2; A2=A1	A2 =[3 * t^2 + 2 * t -3,　2 * t -1, t^2 + 2 * t -3] [　2,　1,　0] [　t^2 + t -4,　t -2,　t -1]
% (4) A2 的第 1 列减去 2 倍的第 2 列, % 并把结果赋给 A3。 A2(:,1)=A2(:,1)-2 * A2(:,2);　A3=A2	A3 =[3 * t^2 -2 * t -1,　2 * t -1, t^2 + 2 * t -3] [　0,　1,　0] [　t^2 -t,　t -2,　t -1]
% (5) 求行列式——对 A3 的第 2 行展开:先删去 % A3 的 % 第 2 行再删去 A3 的第 2 列 A3(2,:)=[]; A3(:,2)=[];　B=A3	B = [3 * t^2 -2 * t -1,　t^2 + 2 * t -3] [　t^2 -t,　t -1]
% (6) B 第 2 行减去 3 倍的第 1 行,并把结果赋 % 给 B1 B(1,:)=B(1,:)-3 * B(2,:); B1=B	B1 =[　t -1,　t^2 -t] [　t^2 -t,　t -1]
% (7)求 A3 的行列式 d 并对 d 作因式分解,得 d1 d=det(A3),　d1=factor(d)	d =-t^4 + 2 * t^3 -2 * t + 1 d1 =[-1, t + 1, t -1, t -1, t -1]

也可手算求 $\boldsymbol{B}_1$ 的行列式 d 并对 d 作因式分解，得到

$$d=(t-1)^2-(t^2-t)^2=(t-1)^2-t^2\ (t-1)^2=(t-1)^2(1-t^2)=-(t-1)^3(t+1)$$

以上的初等变换都是消法变换，不改变行列式的值。即使实施了两行或两列的对调以及倍法变换，所得的行列式值与原行列式值也只差一个非零常数。这不影响行列式值为 0 时 t 的取值。

11.3.3　求齐次线性代数方程组的基础解

例 11.12　求例 11.11 的齐次线性方程组在 $t=1$ 与 $t=-1$ 时的基础解。

解：回忆一下，这可用内置函数 null()来实现。首先要代入 t 值，形成数值系数矩阵。这里，用求解例 11.11 的程序中步骤(1)、(2)、(3)产生的矩阵 $\boldsymbol{A}_0$、$\boldsymbol{A}_1$ 与 $\boldsymbol{A}_2$ 的结果(基础解)是等价的，因为这几步只做了行的初等变换。但基础解不一定相同。

输 入 指 令	输 出 结 果

%(1) 形成系数矩阵 A0:
>>syms t;
a1= [3 * t^2+2 * t-3, 2 * t-1, t^2+2 * t-3];
a2= [4 * t^2+3 * t-5, 3 * t-2, t^2+3 * t-4];
a3= [t^2+t-4, t-2, t-1]; A0=[a1;a2;a3]
	A0 =
	[3 * t^2 + 2 * t -3, 2 * t -1, t^2 + 2 * t -3]
	[4 * t^2 + 3 * t -5, 3 * t -2, t^2 + 3 * t -4]
	[t^2 + t -4, t -2, t -1]

%(2) 代入 t=1 与 t=-1 C1=subs(A0,1), C2=subs(A0,-1) %求 C1 与 C2 的秩 rC1=rank(C1), rC2=rank(C2)	C1=[2, 1, 0; 2, 1, 0; -2, -1, 0] C2=[-2, -3, -4; -4, -5, -6; -4, -3, -2] rC1 = 1, rC2 = 2
%(3) 求出 C1 与 C2 的标准正交基 ZC1=null(C1), ZC2=null(C2)	ZC1=-0.4472 0 0.8944 0 0 1.0000 ZC2= [0.4082;-0.8165;0.4082]
%(4) 验证:标准正交 I1=ZC1' * ZC1, I2=ZC2' * ZC2	I1 = [1, 0] [0, 1] I2 =1
%(5) 验证:是基础解 D1=C1 * ZC1, %结果为 3x2 零矩阵 D2=C2 * ZC2 %结果为近似于一列零向量	D1=zeros(3,2) D2= [0;0; 0]

注意：基础解系并非唯一，甚至“看上去”完全不同，但只要用上述(4)与(5)两步验证，就可判断是否是(标准正交)基础解系。下面给出两个“看上去”完全不同的标准正交基础解系(旧版本算出来的，用“format long;”输出的结果)。$\boldsymbol{A}_0$ 与 $\boldsymbol{C}_1$、$\boldsymbol{C}_2$ 的结果与上述相同。下面是输入上面的 $\boldsymbol{C}_1$、$\boldsymbol{C}_2$ 以及那两个解 YC1 和 YC2，经过验证，它们确实是标准正交的基础解系。通过乘以非零因子，可把 YC1 与 YC2 分别化为上面的解 ZC1 与 ZC2。

输 入 指 令	输 出 结 果
%(1) 输入 C1, C2, YC1 和 YC2 并验算 C1=[2,1,0; 2,1,0;-2,-1,0]; C2=[-2,-3,-4;-4,-5,-6; -4,-3,-2]; YC1=[-0.44721359549996, 0; … 0.89442719099992, 0; 0, 1]; YC2=[0.40824829046386;… -0.81649658092773;… 0.40824829046386]; IY1=YC1' * YC1, IY2=YC2' * YC2 E1=C1 * YC1 , E2=C2 * YC2	 IY1=[1.0000, 0; 0, 1.0000] IY2=1.0000 E1=zeros(3,2), E2 ≈0

续表

输入指令	输出结果
% (2) 把基础解化为分数 RYC1=rats(YC1) RYC2=rats(YC2) % (3) 把 YC1 乘以非零常数化为 ZC1 YC1(:,1)= YC1(:,1) * (341/305); YC1=rats(YC1) % (3) 把 YC2 乘以非零常数化为 ZC2 YC2= YC2 * (485/198)	RYC1 = 3×28 char 数组 ' -305/682 0 ' ' 305/341 0 ' ' 0 1 ' RYC2 = 3×14 char 数组 ' 198/485 ' ' -881/1079 ' ' 198/485 ' YC1 = 3×28 char 数组 ' -1/2 0 ' ' 1 0 ' ' 0 1 ' YC2=[1.0000; -2.0000; 1.0000]=ZC2

11.3.4 求解符号线性方程组

这里所谓“符号线性方程组”是指，对未知量来说，是线性方程组，但其系数是一个符号(通常是 t)的表达式。此时就要用内置函数 solve 来解此符号线性方程组。

例 11.13 用内置函数 solve() 来求解下列线性代数方程组的解。

$$\cos(t)x_1 - \sin(t)x_2 = a$$

$$\sin(t)x_1 + \cos(t)x_2 = b$$

解：格式为$[x_1, x_2, \cdots, x_n]$=solve($L_1, L_2, \cdots, L_n, x_1, x_2, \cdots, x_n$)；其中，$L_1, L_2, \cdots, L_n$ 是 n 个方程(所有项都移到左边，右边为 0)的符号表达式，$x_1, x_2, \cdots, x_n$ 是未知量。

输入指令	输出结果
>> syms x1 x2 a b t; L1=x1 * cos(t)-x2 * sin(t)-a ; L2=x1 * sin(t)+x2 * cos (t)-b ; [x1,x2]=solve(L1,L2,x1,x2) % 或用[x1,x2]=solve(L1,L2) X1= simplify(x1), X2=simplify(x2)	x1 =(a * cos(t) + b * sin(t))/(cos(t)^2 + sin(t)^2) x2 =(b * cos(t) - a * sin(t))/(cos(t)^2 + sin(t)^2) X1 =a * cos(t) + b * sin(t) X2 =b * cos(t) - a * sin(t)

注: 旧版本不用 simplify 就直接得到解 x_1 与 x_2。

例 11.14 讨论以 **A** 为增广矩阵的线性方程组在 t 取何值时①方程组无解；②有唯一解(并求出此解)；③有无穷多解，并用其导出组的基础解系表示全部解(用原矩阵验算基础解系与全部解)。其中，**A** 如程序所示。注：新版本会将每个元素按 t 降幂排列。

解：先化简其(符号)增广矩阵 **A**，得知在 t 不等于某些值时，该线性方程组有唯一解，就要用内置函数 solve 来解方程组(以下三个步骤的“输入指令”和“输出结果”表示同一个程序，为表述三个步骤而分离)。

(1) 化简增广矩阵 **A**。

输入指令	输出结果
>> syms t; A=[1, -t, t^2-1+2 * t, t-1; t, -1, t+1+2 * t^2, 1; t-1, 2 * t-2, -t+3, 3-2 * t],	A=[1, -t, t^2+ 2 * t-1, t-1] [t, -1, 2 * t^2+ t+ 1, 1] [t-1, 2 * t-2, 3-t, 3-2 * t]
% 降低 A(2,3)的次数 A(2,:)=A(2,:)-2 * A(1,:) ; A1=A	A1=[1, -t, t^2+ 2 * t-1, t-1] [t-2, 2 * t-1, 3-3 * t, 3-2 * t] [t-1, 2 * t-2, 3-t, 3-2 * t]
% 降低 A1(2,1)的次数, 化为常数 A1(2,:)=A1(2,:)-A1(3,:); A2=A1	A2=[1, -t, t^2+ 2 * t-1, t-1] [-1, 1, -2 * t, 0] [t-1, 2 * t-2, 3-t, 3-2 * t]
% 把 A2(2,1) 消为 0 A2(2,:)=A2(2,:)+A2(1,:); A3=A2	A3=[1, -t, t^2+ 2 * t-1, t-1] [0, 1-t, t^2-1, t-1] [t-1, 2 * t-2, 3-t, 3-2 * t]
% 降低 A3(1,3) 的次数 A3(1,:)=A3(1,:)-A3(2,:); A4=A3	A4=[1, -1, 2 * t, 0] [0, 1-t, t^2-1, t-1] [t-1, 2 * t-2, 3-t, 3-2 * t]
% 把 A4(3,1)消为 0 A4(3,:)=A4(3,:)-(t-1) * A4(1,:); A5=A4	A5=[1, -1, 2 * t, 0] [0, 1-t, t^2-1, t-1] [0, 3 * t-3, 3-2 * t * (t-1)-t, 3-2 * t]
% 把 A5(3,2)消为 0 A5(3,:)=A5(3,:)+3 * A5(2,:); A6=A5	A6=[1, -1, 2 * t, 0] [0, 1-t, t^2-1, t-1] [0, 0, 3 * t^2-2 * t * (t-1)-t, t]
A33=factor(A6(3,3)) % 把 A6(3,3) 因式分解	A33 =[t, t + 1]

至此,已把增广矩阵 **A** 化为行阶梯形 $\mathbf{A}_6$。从 $\mathbf{A}_6$ 以及它的(3,3)元素的因式分解,容易知道:①当 $t=-1$ 时,方程组无解;②当 $t\neq-1$ 或 $t\neq0$ 时,方程组有唯一解;③当 $t=0$ 时,方程组有无穷多组解。

(2) 当 $t\neq-1,0$ 时,求方程组的唯一解。

syms x1 x2 x3 t; x=[x1;x2;x3]; A = [1,-1,2 * t,0; 0,1-t, t^2-1, t-1;... 0, 0, -t-2 * (t-1) * t+3 * t^2,t]; %A=(1) 中的 A6 Ax=A(1:3,1:3) * x-A(:,4)	Ax = x1 - x2 + 2 * t * x3 x3 * (t^2 -1) -t -x2 * (t -1) + 1 -t -x3 * (t + 2 * t * (t -1) -3 * t^2)

续表

[x1,x2,x3]=solve(Ax(1), Ax(2), Ax(3))	x1 =-(2 * t)/(t + 1) x2 =0 x3 =1/(t + 1)

（3）当 $t=0$ 时，求对应的齐次线性方程组的基础解系。

以下 $\boldsymbol{B}$ 是先代入 $t=0$，再划去(1)中 $\boldsymbol{A}_6$ 的最后的全零行，所得的线性(非齐次)方程组的增广矩阵。它的前 3 列($\boldsymbol{C}$)才是对应的齐次线性方程组的系数矩阵。下面求 $\boldsymbol{Cx}=\boldsymbol{0}$ 的基础解。其中，$\boldsymbol{A}$ 是原增广矩阵，也可以用(1)中的 $\boldsymbol{A}_6$。

输 入 指 令	输 出 结 果
syms t;　A6 =[1, -1, 2 * t, 0;　0, 1 -　t, t^2 -　1, t -　1; … 0, 0, 3 * t^2 -　2 * t * (t -　1) -　t, t]; B= subs(A6(1:2,:), t, 0), C=B(:, 1:3), y=null(C,'r'),　b = C * y　　% 验算 y0=[0; 0; 1];　% 特解:取 x3=1 syms　k;　X=y0+k * y　　%全部解 % 用原系数矩阵 A 来验算全部解: A=[1, -t, t^2-1+2 * t, t-1; t, -1, t+1+2 * t^2, 1; t-1, 2 * t-2, -t+3, 3-2 * t];　A0=subs(A,t,0); A0=subs(A,t,0);　d=A0(:,4) % A0: 增广矩阵(t=0) br=A0(:,1:3) * X　　% A0(:,1:3) 是系数矩阵	B= [　1　-1　0　0 　　0　1　-1　-1] C= [　1　-1　0 　　0　1　-1] y = [1; 1; 1] b = [0; 0] X =　k 　　k 　　k+1 d= [-1; 1; 3]　% 方程组右端常数列 br = [-1; 1; 3]　% =d 正确！

11.4　解非线性方程组

内置函数 **solve** 也可以用来解非线性方程组，包括多项式方程。

例 11.15　求多项式 $h(x)=x^4-t^4$ 的根。

输 入 指 令	输 出 结 果
>> syms　**x　t**; r=solve(sym(x^4-t^4))　% 4 个根写成列向量	r = [t;　-t;　-t * i;　t * i]

例 11.16　求一元二次方程 $ax^2+bx+c=0$ 的解。

输 入 指 令	输 出 结 果
>> syms　x　a　b　c; f=sym(a * x^2+b * x+c); xf=solve(f)　% 仅有的一个变量可以省略	xf =　-(b + (b^2 -4 * a * c)^(1/2))/(2 * a) 　　-(b -(b^2 -4 * a * c)^(1/2))/(2 * a)

例 11.17 求下列非线性方程组(4 个方程,4 个未知量 a、b、x、y)的解。

$$a+b+x=y,\ 2ax-by=-1,\ (a+b)^2=x+y,\ ay+bx=4$$

输入指令	输出结果	
>> syms x y a b;	a= 1.0000+0.0000i	x= 1.0000+0.0000i
e1=sym(a+b+x-y); e2=sym(2 * a * x-b * y+1);	23.6037+0.0000i	-0.0705+0.0000i
e3=sym((a+b)^2-x-y); e4=sym(a * y+b * x-4);	0.2537+0.4247i	-1.0203 -2.2934i
[a,b,x,y]=solve(e1,e2,e3,e4);	0.2537 -0.4247i	-1.0203+2.2934i
a=double(a),	b= 1.0000+0.0000i	y= 3.0000+0.0000i
b=double(b),	-23.4337+0.0000i	0.0994+0.0000i
x=double(x),	-1.0054+1.4075i	-1.7719 -0.4611i
y=double(y)	-1.0054 -1.4075i	-1.7719+0.4611i

有 4 组解:两组实数解,两组虚数解,见表 11.1。

表 11.1 例 11.18 的非线性方程组的 4 组解

未知量	第 1 组	第 2 组	第 3 组	第 4 组
a	1.0000	23.6037	0.2537−0.4247i	0.2537+0.4247i
b	1.0000	−23.4337	−1.0054−1.4075i	−1.0054+1.4075i
x	1.0000	− 0.0705	−1.0203+2.2934i	−1.0203−2.2934i
y	3.0000	0.0994	−1.7719+0.4611i	−1.7719−0.4611i

一般来说,用函数 solve()得到的解是精确的符号表达式,显得很不直观,通常要用内置函数 double 把所得的解化为数值型以使结果显得直观、简洁。

习 题

X11.1 给出矩阵 $\boldsymbol{A}$,求它的行列式值;用行初等变换求 $\boldsymbol{A}$ 的逆阵。其中,

$$\boldsymbol{A}=[6,11,5;\ -5,\ -9,\ -4;\ 7,14,8]$$

提示:先把第 1 列的元素全部化小。

X11.2 齐次线性方程组 $\boldsymbol{Cx}=0$ 的系数矩阵为:

$$\boldsymbol{C}=[1,1,-2,-1;\ 2,1,-4,-3;\ -2,0,4,4]$$

求 $\boldsymbol{C}$ 的秩,用内置函数把 $\boldsymbol{C}$ 化为既约阶梯矩阵。再用行初等变换化简 $\boldsymbol{C}$。求齐次线性方程组基础解系的一组标准正交基与一组有理基,并验算。

X11.3 已知 $\boldsymbol{a}_1=[1,-1,2,4,0]$,$\boldsymbol{a}_2=[-1,3,5,1,2]$,$\boldsymbol{a}_3=[2,0,-1,3,6]$,$\boldsymbol{b}=[7,-7,-10,8,8]$;求前 3 个向量与全部 4 个向量形成的向量组的秩。若这两个秩相同,则 $\boldsymbol{b}$ 可以用前 3 个向量来线性表出,用矩阵的行初等变换来求表出系数。

X11.4 例 11.11 是用初等变换使行列式逐次降阶,所以在做了一步消法变换以后,得到 $\boldsymbol{A}_1$ 的行列式,其中 $\boldsymbol{A}_1$ 的 3 个列向量为:

C_1=[3*t^2+2*t−3; t^2+t−2; t^2+t−4];

C_2=[2*t−1; t−1; t−2];

C_3=[t^2+2*t−3; t−1; t−1];

现在用以下步骤化简 $\boldsymbol{A}_1$：

(1) 对 $\boldsymbol{A}_1$ 的(1,3)元素，即 $\boldsymbol{C}_3$(1)做因式分解，然后提取 $\boldsymbol{C}_3$ 的公因子。

(2) 记提出公因子后的行列式所对应的矩阵为 $\boldsymbol{B}$，形成矩阵 $\boldsymbol{B}$。

(3) 对 $\boldsymbol{B}$ 用行与列的初等变换化简。化简过程中，某行或某列有公因子的，应重复(1)，(2)步。最后求出化简后的矩阵的行列式 dB。

(4) 求出原矩阵的行列式 dA，并因式分解。

X11.5　例 11.11 中，原矩阵 $\boldsymbol{A}_0$ 的第 2 列是两个列向量 D21 与 D22 的和。其中，D21 仅含 t 的一次项，而 D22 仅含常数。根据行列式的性质(不是矩阵的性质)，$\boldsymbol{A}_0$ 的行列式可以分拆为两个行列式的和。现在用以下步骤分别化简这两个行列式所对应的矩阵 $\boldsymbol{D}_1$ 和 $\boldsymbol{D}_2$(都比较容易)。

(1) 重新形成矩阵 $\boldsymbol{A}_0$；然后形成列向量 D21 和 D22。

(2) 形成矩阵 $\boldsymbol{D}_1$ 和 $\boldsymbol{D}_2$。

(3) 化简 $\boldsymbol{D}_1$，求出 $\boldsymbol{D}_1$ 的行列式 $\boldsymbol{d}_1$。

(4) 化简 $\boldsymbol{D}_2$，求出 $\boldsymbol{D}_2$ 的行列式 $\boldsymbol{d}_2$。

(5) 求出原矩阵的行列式。

X11.6　求矩阵 $\boldsymbol{D}$ 的行列式。其中，$\boldsymbol{D}$ 用以下指令串生成：

```
syms  x  a  b  c;  D=[ x,a,b,c; a,x,c,b ; b,c,x,a ; c,b,a,x ]
```

提示：用第 1 行加上其他所有行来发现第 1 行的公因子。然后提取公因子，再做其他列减去第 1 列，把行列式降阶。直降到 1 阶行列式。

X11.7　上题的行列式值可以用 MATLAB 的一个指令来验证：dD＝forctor(det(D))。

它的结果是 dD＝(x＋a＋b＋c)＊(x＋a－b－c)＊(a－x－c＋b)＊(a－x＋c－b)。我们把它各个因子里的各字母按 x、a、b、c 的次序(矩阵 $\boldsymbol{D}$ 的第 1 列正是这一次序)重新排列，x 前面是负号的，整个括号提出负号。这样得到的结果为

```
dD= (x+a+b+c) * (x-a -b+c) * (x +a-b-c) * (x-a +b-c)
```

以上各因子都是 $x \pm a \pm b \pm c$ 的形式。这种形式的因子可以用 $\boldsymbol{D}$ 的第 1 行加上或减去其他行来得到。是“加上”还是“减去”，视该字母前是正号还是负号而定。例如，第 2 个因子对应的行初等变换是：第 1 行－第 2 行－第 3 行＋第 4 行。这样，得到的行向量的公因子正是第 2 个因子。这说明行列式 dD 能被此因子整除。重做这样的行初等变换，就可得到 4 个(关于 x 的)互质(即它们的公因子只是 1)的一次因子。根据多项式的性质，dD 与这 4 个因子的乘积就差一个常数。这个常数就是首项系数。这种方法(用在像

D 一样的特殊矩阵上)称为“分离一次因子法”。

用上述方法重求 ***D*** 的行列式。

提示:只需要生成 ***D*** 的 4 个行向量。

X11.8 讨论以 ***A*** 为增广矩阵的线性方程组在 t 取何值时,①方程组无解;②有唯一解(并求出此解);③有无穷多解,并用其导出组的基础解系表示全部解(用原矩阵验算全部解),其中,$\boldsymbol{A}=[t,1,1,t-3;\ 1,t,1,-2;\ 1,1,t,-2]$。

第 12 章

攻克微积分的难点

本章介绍如何借助 MATLAB 的交互式环境，讨论学习微积分时的一些问题。

- 符号微分在求极限时的应用——洛必达法则。
- 有理分式化为最简分式之和(有理分式积分)。
- 单变量函数的极值。
- 多元函数的无条件与有条件极值。
- 二重积分改变积分顺序。

12.1 洛必达法则

12.1.1 应用洛必达法则的极限类型与步骤

洛必达法则只能用在分式的"∞/∞"或"0/0"型的极限。如果未定式能直接化为 6.5.1 节中的类型，就按前面的方法做。否则，要先化为"∞/∞"或"0/0"型，再应用洛必达法则。

(1) $\mathbf{0}\times\infty$型：把两者之一颠倒($(1/\infty)\times\infty$ 或 $0\times(1/0)$)，化为"∞/∞"或"0/0"型。

(2) $\infty-\infty$型：通分化为"0/0"型。

(3) $\infty^{\mathbf{0}}$，$\mathbf{0}^{\mathbf{0}}$，$\mathbf{1}^{\infty}$型：通过取 ln，先化为 $0\times\infty$ 型，再按(1)化为"∞/∞"或"0/0"型。应用洛必达法则求得极限值为 c 时，原问题的极限即为 e^{c}。

应用洛必达法则求极限时，要按以下步骤。

(1) 分别对分子分母求导。

(2) 求导后的分式先要化简。若化简后确认不再是未定式"∞/∞"或"0/0"型，则通常可以求出极限值。不能再用洛必达法则，否则出错。

(3) 若化简后确认依然是"∞/∞"或"0/0"型的极限，先要根据极限运算法则，把可求得极限值的部分或因子分离出去，再对其余部分从第(1)步开始。

12.1.2 应用洛必达法则求极限

例 12.1 求极限 $\lim\limits_{x\to0^{+}} x\ln(x)$ ($0\times\infty$型)。

解：这里应化为 $f(x)/g(x)$，其中，$f(x)=\ln(x)$，$g(x)=1/x$，然后分别求导。

输入指令	输出结果
>> syms x; f=log(x); g=1/x; f1=diff(f), g1=diff(g) y1=simplify(f1/g1) % 化简 f1/g1！求出极限 L=limit(y1) limit(x * log(x),x,0,'right') % 极限值 L=0，验证	f1 =1/x g1 =-1/x^2 y1 =-x L =0 ans =0

若把 ln(x)的倒数放到分母里，x 留在分子上，则分别求导后的分式是 $1/[x\ \log^2(x)]$，变得更复杂。

例 12.2 求极限 $\lim\limits_{n\to\infty}\left(\dfrac{\sin(1/n)}{(1/n)}\right)^{n^2}$（$1^\infty$ 型）。

解：如果把原式看成是一个数列，则不能直接用洛必达法则。如果把 n 看作一个连续的变量，则取 log 后，分子分母分别求导，表达式会越来越复杂。正确的做法是用 $1/x$ 去替代 n。即把原极限式化为 $\lim\limits_{x\to 0}\left(\dfrac{\sin x}{x}\right)^{1/x^2}$，取 ln 后，$\ln y=f(x)/g(x)$，其中，$f(x)=\ln(\sin x/x)$，$g(x)=x^2$（0/0 型）。

输入指令	输出结果
>> syms x; f=log(sin(x)/x); g=x^2; f1=diff(f) % 分子求导 g1=diff(g) % 分母求导 [f2,g2] = numden(simplify(f1/g1)) % 化简再通分,仍为 0/0 型 [f3,g3]=numden(simplify (diff(f2)/diff(g2))) % 仍为 0/0 型 % 以下分子、分母求导,化简再通分 [f4,g4]=numden(simplify (diff(f3)/diff(g3))) c=subs(f4/g4,0) ; c=rats(c) % 代入 x=0,得 c,不再是未定式	f1 = (cos(x)/x-sin(x)/x^2)/sin(x) * x g1 =2 * x f2 =x * cos(x) -sin(x) g2 =2 * x^2 * sin(x) f3 =-sin(x) g3 =4 * sin(x) + 2 * x * cos(x) f4 =-cos(x) g4 =6 * cos(x) -2 * x * sin(x) c = ' -1/6 '
% 原式的极限是 e -1/6,可用下面的指令验证 syms n; L=limit((sin(1/n)/(1/n))^(n^2), inf)	L=exp(-1/6)

例 12.3 求极限 $\lim\limits_{x\to 0}x^{\sin x}$（$0^0$ 型）（用到习题 X12.1）。

解：取 ln 后，$\ln y=\ln(x^{\sin x})=f(x)/g(x)$，其中，$f(x)=\sin x$，$g(x)=1/\ln x$（0/0 型）。

输入指令	输出结果
>> syms x; f=sin(x); g=1/log(x); % 分子 f,分母 g f1=diff(f), g1=diff(g) % 分别求导 y1=simplify(f1/g1)	f1 =cos(x) g1 =-1/(x * log(x)^2) y1 =-x * cos(x) * log(x)^2

把 $\lim\limits_{x\to 0}-\cos(x)=-1$ 分离出去，根据习题 X12.1，$\lim\limits_{x\to 0}x\log(x)^2=0$，所以原极限 $=\exp(0)=1$，可用指令 limit(x^*sin*(x))验证。

例 12.4　求极限 $\lim\limits_{x\to\infty}(x+\sqrt{1+x^2})^{1/x}$（$\infty^0$ 型）。

解：直接用 L= limit((x+sqrt(1+x^2))^(1/x),inf)，得 $L=1$。

输入指令	输出结果
>> syms x; % 取 log,化为 ∞/∞ 型 f= log(x+ sqrt(1+x^2)); g= x; f1= diff(f), g1= diff(g) [f2,g2]= numden(simplify(f1/g1)) L1= limit(f2/g2,inf)	f1 =(x/(x^2 + 1)^(1/2) + 1)/(x + (x^2 + 1)^(1/2)) g1 =1 f2 =1, g2 =(x^2 + 1)^(1/2) L1 =0

其实，可以看出分母极限为∞，分子为 1，所以分式极限为 0，原题极限为 $e^0=1$。

12.2　有理分式化为最简分式之和

手算有理分式的不定积分的难点在于：如何把有理分式化为（分子的最高项次数≥分母的最高项次数时）“真分式＋商式”，然后把真分式化为最简分式之和。

residue 函数可进行部分分式展开式（部分分式分解），此 MATLAB 函数计算以如下形式展开的两个多项式之比的部分分式展开的余数（r）、分母多项式的零点（p），以及商式（k）。

```
[r,p,k] = residue(b,a)
[b,a] = residue(r,p,k)
```

给定一个有理分式 $R(x)=B(x)/A(x)$，m 次多项式 $B(x)$ 和 n 次多项式 $A(x)$ 都按降幂排列。它们的系数所成的行向量分别为：

$$\boldsymbol{b}=[b_0,b_1,\cdots,b_m] \text{ 和 } \boldsymbol{a}=[a_0,a_1,\cdots,a_n] \quad \text{（缺项补 0）} \tag{12.1}$$

如果分母 $A(x)$ 没有重根，即分解为 n 个一次（复）因子的乘积，则 $R(x)$ 可以表达为 n 项最简分式的和再加上一个商式 $K(x)$：

$$R(x)=\frac{r_1}{x-p_1}+\frac{r_2}{x-p_2}+\cdots+\frac{r_n}{x-p_n}+K(x) \tag{12.2}$$

当分子 $B(x)$ 的最高项次数＜分母 $A(x)$ 的最高项次数时，没有 $K(x)$ 这一项。这里，

$$n=A(x) \text{ 的次数}=\text{length}(a)-1=\text{length}(r)=\text{length}(p) \tag{12.3}$$

而常数 r_j 与 p_j 所成的 n 元列向量 $\boldsymbol{r}$ 与 $\boldsymbol{p}$ 以及 $K(x)$ 的系数所成的行向量 $\boldsymbol{k}$ 都可以用内置函数 residue 一次求出。格式为[r,p,k]=residue(b,a)。

对于分母 $A(x)$ 有重根的情况，后面用例子来说明。

例 12.5　给定有理分式 $R(x)=B(x)/A(x)$，其中

$$B(x)=2x^5-3x^4+6x^3-17x^2-2x-2,\quad A(x)=x^4-2x^3+x^2-2x$$

解：①先把 $R(x)$ 化为“最简分式之和＋商式”；②再作带余除法 $B(x)/A(x)$，即找到余式 $Q(x)$ 使得 $B(x)/A(x)=K(x)+Q(x)/A(x)$，（其中，$Q(x)=B(x)-K(x)$

$A(x)$)；③把真分式 $Q(x)/A(x)$ 用内置函数 residue 化为最简分式之和。程序如下。

(1) 把 $R(x)$化为"最简分式之和＋商式"。

输入指令	输出结果
>>b=[2,-3,6,-17,-2,-2]; Lb=length(b) a=[1,-2,1,-2,0]; %缺常数项,补 0! La=length(a) [r,p,k]=residue(b,a)	Lb = 6, La = 5 r= -1.0000+0.0000i 3.0000+0.0000i 3.0000 -0.0000i 1.0000+0.0000i p= 2.0000+0.0000i -0.0000+1.0000i -0.0000 -1.0000i 0.0000+0.0000i k = 2 1

答案：$R(x)=\frac{-1}{x-2}+\frac{3}{x-i}+\frac{3}{x+i}+\frac{1}{x}+(2x+1)$。注意，如果要使答案为实的真分式，只要把 $3/(x-i)+3/(x+i)$ 通分，指令与结果如下。

$$(f=)3/(x-i)+3/(x+i)=(6*x)/(x\hat{}2+1)$$

输入指令	输出结果
>>syms x; [N,D]=numden(3/(x-i)+3/(x+i)) , f=N/expand(D)	N =-6 * x D =-(x - i) * (x + i) f =(6 * x)/(x^2 + 1)

(2) 求余式 $Q(x)(=B(x)-K(x)A(x))$。

输入指令	输出结果
>>Ax=x^4-2 * x^3+x^2-2 * x; Kx=2 * x+1; Bx=2 * x^5-3 * x^4+6 * x^3-17 * x^2-2 * x-2; Qx=Bx-Kx * Ax; Qx=collect(expand(Qx)) %展开 Q(x) 再降幂排列	Qx =6 * x^3 - 14 * x^2 - 2

(3) 把真分式 $Q(x)/A(x)$ 化为最简分式之和。

输入指令	输出结果
>>qx=[6,-14,0,-2]; % Q(x)的系数 [r0,p0,k0]=residue(qx,a)	r0 =r, p0=p % r, p 见(1) k0 = [ ] %此处商式不存在

由上述"**r0 =r,p0=p**"可见 $Q(x)/A(x)$的最简分式之和＝(1)的 $R(x)$的"最简分式之和"部分($=R(x)-K(x)=R(x)-(2x+1)$)。

例 12.6 ①用内置函数 residue 分解有理分式 $H(x)=1/[x(x-1)^2]$；②模拟手算

的待定系数法分解有理分式 $H(x)$ 来互相验证结果。

解：注意，这里的分母有两个因子，因子 $(x-1)^2$ 这一项就对应两个最简分式：一个分母为 $(x-1)$，另一个分母为 $(x-1)^2$。用内置函数 residue 分解后，分母为 $(x-1)$ 的真分式在前，分母为 $(x-1)^2$ 的真分式在后。而用待定系数法做分解时，应该把分母为 $(x-1)^2$ 的项放在前，比较容易解方程。所用的程序如下。

(1) 用内置函数化为最简分式之和。

输入指令	输出结果
>> b=[1];　a=[1,-2,1,0]; [r,p,k]=residue(b,a) [b,a]=residue(r,p,k)　% 此指令是逆运算	r = [-1; 1; 1]　% 列向量 p = [1;1;0]　% 列向量 k = [] b = 0 0 1 a = 1 -2 1 0

答案：$H(x)=-1/(x-1)+1/(x-1)^2+1/x$

(2) 用待定系数法分解。

输入指令	输出结果
>> syms x;　Bx=1;　Ax= x * (x-1)^2; syms A B C;　% 待定系数 A, B, C F= A/x+B/(x-1)^2+C/(x-1);　% B/(x-1)^2 在前！ [Fn,Fd]=numden(F)　% 通分后分开分子、分母 % 以下把两边的分子项移到右边，得方程 f=0 f=Fn-Bx; % 以下用代入 x 的特殊值的方法解出 A, B, C f1=subs(f,0);　A=solve(f1,A) % 代入 x=0 解出 A f2=subs(f,1);　B=solve(f2,B) % 代入 x=1 解出 B f3=subs(f,2);　C=solve(f3,C) % 代入 x=2,得出 % 以下先后代入字符 'A'=1 与 'B'=1 C=subs(C,'A',1);　C=subs(C,'B',1)　% 解出 C	 Fn =A -2 * A * x + B * x -C * x + A * x^2 + C * x^2 Fd =x * (x -1)^2 A =1 B =1 C =1/2 -B -A/2 C =-1

答案：$H(x)=1/x+1/(x-1)$^2 $-1/(x-1)$，只是次序与(1)不同。

例 12.7　用待定系数法分解例 12.5 的真分式 $Q(x)/A(x)$。

解：(1) 把分母 $A(x)$ 分解因式，确定真分式的项数与待定系数；

(2) 求出待定系数。

输入指令	输出结果
%(1) 分母分解因式 >> syms x;　Qx=6 * x^3-14 * x^2-2; Ax=x^4-2 * x^3+x^2-2 * x; Ax=factor(Ax)　% 分母分解因式	Ax = [x, x -2, x^2 + 1]

续表

输 入 指 令	输 出 结 果
% (2)求出待定系数 >> syms A B C D;　　　% 待定系数 A, B, C, D F= A/x+ B/(x-2)+(C * x+ D)/(x^2+ 1) ; [Fn,Fd]= numden(F);　　　% Fd= Ax f= collect(Fn-Qx)　　　% 比较两边的分子项,得方程 f= 0 f1= subs(f,0);　A= solve(f1,A)　% 代入 x= 0, 解出 A f2= subs(f,2);　B= solve(f2,B)　% 代入 x= 2, 解出 B f3= subs(f,1),　f4= subs(f, -1)　% 代入 x= 1, -1 得 f3= 0 & f4= 0 % 以下在 f3, f4 中先后代入 A= 1, B= -1 (用字符'A', 'B'!) f3= subs(f3,'A',1);　f3= subs(f3,'B',-1) f4= subs(f4,'A',1);　f4= subs(f4,'B',-1) % 得两个关于 C,D 的方程 [C,D]= solve(f3,f4)　　　% 解联立方程,解出 C, D	f =(A + B + C -6) * x^3 + (D -2 * C -2 * A + 14) * x^2 + (A + B -2 * D) * x -2 * A + 2 A = 1 B = -1 f3 = 2 * B -2 * A -C -D + 10 f4 = 3 * D -2 * B -3 * C -6 * A + 22 f3 = 6 -D -C f4 = 3 * D -3 * C + 18 C = 6 D = 0

答案：$A=1, B=-1, C=6, D=0$，即 $Q(x)/A(x)=1/x-1/(x-2)+6*x/(x\text{^}2+1)$。

12.3　函数的极值

用 MATLAB 求(单变量或多元)函数的极值时，完全可以模拟手算的全过程：求出一阶导数或梯度及其零点，即驻点以及导数不存在的点；再求出二阶导数(矩阵)来判别驻点是否为极值点，是极大点还是极小点。

12.3.1　单变量函数的极值

例 12.8　求证：当 $a+b+1>0$ 时，$f(x)=(x^2+ax+b)/(x-1)$ 取得极值。

解：先求出一阶导函数的零点，再求出零点的二阶导数值。

输 入 指 令	输 出 结 果
>> syms a b x; f=(x^2+a * x+b)/(x-1);　% 函数 f % 求出一阶导函数 f1 f1= simplify(diff(f)) % 求出导函数 f1 的零点,得两个根: x= solve(f1) f2= simplify(diff(f1))　% f 的 2 阶导函数 % 求 f2 在 x 处的值: f2x1= subs(f2, 'x',x(1)), f2x2= subs(f2,'x',x(2))	 f1 = -(-x^2 + 2 * x + a + b)/(x -1)^2 x = 1 -(a + b + 1)^(1/2) 　(a + b + 1)^(1/2) + 1 f2 =(2 * (a + b + 1))/(x -1)^3 f2x1 = -2/(a + b + 1)^(1/2) f2x2 = 2/(a + b + 1)^(1/2)

从上述得到 $f'(x)=0$ 的两个解：$x=1\pm\sqrt{1+a+b}$。当 $a+b+1>0$ 时，这是两个实根，并且 $x\neq1$。导函数在两个零点的一个邻域内连续。所以，当 $x=1+\sqrt{1+a+b}$ 时，f 取得极小值；而当 $x=1-\sqrt{1+a+b}$ 时，f 取得极大值。

例 12.9 研究函数 $f(x)=|x|e^{-|x-1|}$ 的极值。

解：所给带绝对值的函数，实际上是分段函数（见图 12.1）：

$$f(x)=\begin{cases} p(x)=-xe^{x-1}, & x\leqslant 0 \\ g(x)=xe^{x-1}, & 0<x\leqslant 1 \\ h(x)=xe^{1-x}, & x>1 \end{cases}$$

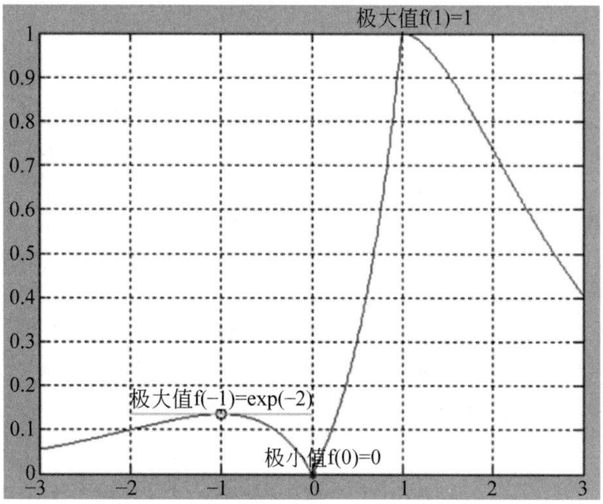

图 12.1 分段函数曲线与水平切线 $y=e^{-2}$

从 $x\neq 0$ 时，$f(x)>0$，而 $f(0)=0$，即知函数有极小值 $f(0)=0$。下面分别考察 $p(x)$在$x<0$，$g(x)$在 $0<x<1$，与 $h(x)$在 $x>1$ 时的极值。

输入指令	输出结果

>>syms x; %(1)求 f(x) 在 x =1 处的左右导数
g=x * exp(x-1); h=x * exp(1-x); p=-g;
g1=simplify(diff(g)), h1=simplify(diff(h)), p1=-g1;
f1m=limit(g1,x,1,'left'), f1p= limit(h1,x,1,'right')
% f' (x) 在 x =1 处不存在: 图上为尖点
	g1 =exp(x -1) * (x + 1),
	h1 =-exp(1 -x) * (x -1)
	f1m =2, f1p =0

%(2)在 x =1 的左右侧,f' (x) 是连续的,可以用 f' (0.9) % f' (1.1)的正负来判断 f(1) 是极大值还是极小值 f1mv=subs(g1,0.9), f1pv=subs(h1,1.1), gv1=subs(g,1) % f' (0.9)=f1mv=1.7192>0,f' (1.1)=f1pm=-0.0905<0, % f(1)=gv1=1, 是极大值	f1mv =(19 * exp(-1/10))/10 f1pv =-exp(-1/10)/10 gv1 =1
%(3)求 p' (x)=0 的解 p10=solve(p1) %p10 在 p(x)与 p' (x) (=p1) 定义域内 %所以 x= p10=-1 是 p(x)的稳定点 p2=simplify(diff(p1)) %化简后:p2= -exp(x-1) * (2+x) p2x=subs(p2,-1), px=subs(p,-1) syms x; %以下用原表达式验证 f(-1)=px f=abs(x) * exp(-abs(x-1)); fx=subs(f,-1), px =exp(-2) % f(-1)=px=e^-2 是极大值	p10 =-1 p2 =-exp(x - 1) * (x + 2) p2x =-exp(-2),px =exp(-2) fx = px = 0.1353

例 12.10 设 $f(x)=x^3+ax^2+bx$ 在 $x=1$ 处有极值 -2，试确定系数 a，b，并求出 $y=f(x)$ 的所有极值与拐点。

解：从 $f(1)=-2$ 与 $f'(1)=0$ 的方程组，解出 a 与 b。再回代到 $f(x)$ 中，然后求出所有极值与拐点。

输入指令	输出结果
>> syms x a b; f=x^3+a*x^2+b*x;	
f1=diff(f) % 求出一阶导函数	f1 =3*x^2 + 2*a*x + b
f10=solve(f1) % 求驻点	f10 = -a/3 -(a^2 -3*b)^(1/2)/3
fx=subs(f, 'x',1) % 求出函数值 f(1)= fx	(a^2 -3*b)^(1/2)/3 -a/3
Sum=f10(1)+f10(2) % f'(1)=0 的两个方程相加	fx =a + b + 1
% 以下从 fx+2=0 与 Sum=0 中解出 a 与 b	Sum =-(2*a)/3
[a,b]=solve(fx+2, Sum)	a =0, b =-3
% 把 a, b 回代到到 f(x)中, 并求导函数	
fab=subs(f,{ 'a', 'b'},{0,-3}), fab1=diff(fab)	fab =x^3 -3*x,fab1 =3*x^2 -3
fab10=solve(fab1) % 求出稳定点:fab10 列向量	fab10 =[-1; 1] % 3*x^2 -3=0 的两根
fab2=diff(fab1) % 二阶导函数:fab2	fab2 =6*x
% 以下求出两个驻点的二阶导数值	
f21=subs(fab2,1), f22=subs(fab2,-1)	f21 =6, f22 =-6
% f21 极小,f22 极大	
fx1=subs(fab,1), fx2=subs(fab,-1) % 极值 fx1, fx2	fx1 =-2, fx2 =2

综上所述，$f(x)=x^3-3x(a=0,b=-3)$ 的极大值是 $f(-1)=2$，极小值是 $f(1)=-2$；拐点是 $(0,0)$，见图 12.2。直接用 solve 去解 $f'(1)=0$ 的两个方程（不把它们相加）与 $f(1)=-2$ 的方程所形成的方程组，得不到解。

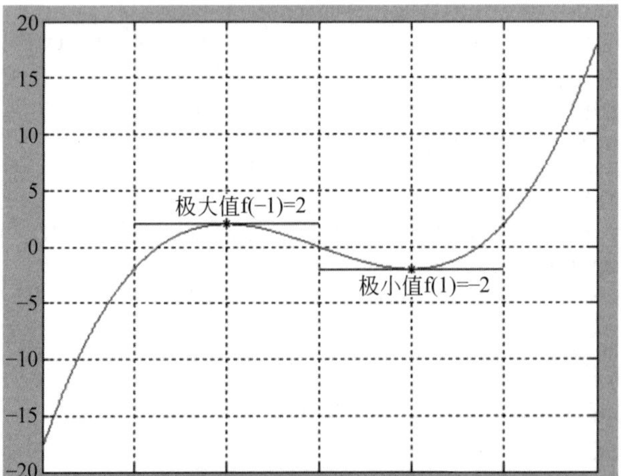

图 12.2 三次曲线与两条过极值点的水平切线

12.3.2　多元函数的极值

因为 MATLAB 是以矩阵为运算对象，而矩阵是多元分析的强有力的工具。为充分利用 MATLAB 的内置函数来求多元函数的极值，我们先把多元函数有极值的条件用矩阵（包括向量）的形式来表达。但这里不涉及更深入的内容。

1. 梯度与海森矩阵

多元函数的梯度在第 4 章已经涉及，见 4.5 节；而海森矩阵（Hessian Matrix）在第 9、10 两章仅作为二次型的系数矩阵也已涉及。这里对二元（非线性）函数 $z=f(x,y)$ 再强调一次。

把它两个一阶偏导数写成两元梯度（列）向量 $\boldsymbol{g}$；而把它的二阶偏导数写成 2×2 的海森矩阵 $\boldsymbol{H}$：

$$\boldsymbol{g}=\begin{pmatrix} f_x \\ f_y \end{pmatrix},\quad \boldsymbol{H}=\begin{bmatrix} f_{xx} & f_{xy} \\ f_{yx} & f_{yy} \end{bmatrix}$$

当 z 的所有的二阶偏导数在某点 $z_0=(x_0,y_0)$ 的一个邻域内连续时（此时 $\boldsymbol{H}$ 是对称的：$f_{xy}=f_{yx}$），它在 z_0 点有极小值（极大值）的一个充分条件是：该点的梯度值 $\boldsymbol{g}(z_0)=\boldsymbol{0}$（零向量），海森矩阵正定（极大值是负定）。

什么是对称矩阵 $\boldsymbol{H}$ 正定呢？方便用 MATLAB 来判别的条件是：$\boldsymbol{H}$ 正定的一个充分必要条件是 $\boldsymbol{H}$ 的所有 k 阶位于左上角的子阵（即 $\boldsymbol{H}(1:k,1:k)$）的行列式 $\mathrm{D_k}=\mathrm{det}(\mathrm{H}(1:\mathrm{k},1:\mathrm{k}))>0(k=1,2)$。这种行列式称为“$k$ 阶顺序主子式”。对于 2 阶矩阵 $\boldsymbol{H}$ 而言，$\mathrm{D_1}=\mathrm{H}(1,1)$，$\mathrm{D_2}=\mathrm{det}(\mathrm{H})$。这些条件与教科书上的一致。

那什么是对称矩阵 $\boldsymbol{H}$ 负定呢？就是它的负矩阵 $-\boldsymbol{H}$（$\boldsymbol{H}$ 的每个元素乘以 -1）正定。根据行列式的运算法则，$\boldsymbol{H}$ 的 k 阶顺序主子式 $\boldsymbol{D}_k$，在 k 为奇数时 <0，而在 k 为偶数时 >0。

当 $\boldsymbol{H}$ 既不正定，又不负定，称 $\boldsymbol{H}$ 不定。此时，z_0 不是极值点。

以上说法，可以推广到 n 元函数 $z=f(x_1,x_2,\cdots,x_n)$。它的梯度向量是 n 元的列向量：$\boldsymbol{g}=\left(\dfrac{\partial f}{\partial x_1},\dfrac{\partial f}{\partial x_2},\cdots,\dfrac{\partial f}{\partial x_n}\right)^{\mathrm{T}}$；$\boldsymbol{H}$ 是 n 阶的：

$$\boldsymbol{H}=\begin{bmatrix} \dfrac{\partial^2 f}{\partial x_1^2} & \dfrac{\partial^2 f}{\partial x_1 \partial x_2} & \cdots & \dfrac{\partial^2 f}{\partial x_1 \partial x_n} \\ \dfrac{\partial^2 f}{\partial x_2 \partial x_1} & \dfrac{\partial^2 f}{\partial x_2^2} & \cdots & \dfrac{\partial^2 f}{\partial x_2 \partial x_n} \\ \vdots & \vdots & \ddots & \vdots \\ \dfrac{\partial^2 f}{\partial x_n \partial x_1} & \dfrac{\partial^2 f}{\partial x_n \partial x_2} & \cdots & \dfrac{\partial^2 f}{\partial x_n^2} \end{bmatrix}$$

$\boldsymbol{H}$ 的 $k(k=1,2,\cdots,n)$ 阶顺序主子式就是位于 $\boldsymbol{H}$ 左上角的 k 阶子阵的行列式。

2. 无条件极值的例子

例 12.11　求函数 $z=\mathrm{e}^{2x}(x+y^2+2y)$ 的极值）。

解：以下程序依次求出梯度及其零点 (1/2, −1)，海森矩阵 $\boldsymbol{H}$ 及其 1、2 阶（顺序）主子式 D1(> 0)、D2(> 0)，从而得极小值 $z(1/2,-1)=-\mathrm{e}/2$。

输入指令	输出结果
>> syms x y; Z=exp(2 * x) * (x+y^2+2 * y); % (1) 求梯度(化简) Z1=simplify([diff(Z,x),diff(Z,y)]) % (2) 求梯度的零点 [Zx0,Zy0]=solve(Z1(1),Z1(2)) % (3) 求海森矩阵 H (化简) H=[diff(Z1(1),x),diff(Z1(1),y); diff(Z1(2),x),diff(Z1(2),y)]; H=simplify(H) % (4)求海森矩阵 H 在驻点的值 D=subs(H,{x,y},{'1/2', '-1'}) % (5) 求极值,得 Z(x0,y0)=Zxy0=-1/2 * exp(1) Zxy0=subs(Z,{x,y},{'1/2', '-1'})	Z1 =[exp(2 * x) * (2 * y^2 + 4 * y + 2 * x + 1), exp(2 * x) * (2 * y + 2)] Zx0 =1/2, Zy0 =-1 H =[4 * exp(2 * x) * (y^2 + 2 * y + x + 1), exp(2 * x) * (4 * y + 4)] [2 * exp(2 * x) * (2 * y + 2), 2 * exp(2 * x)] D =[2 * exp(1), 0] [0, 2 * exp(1)] Zxy0 =-exp(1)/2

答案：$(x0,y0)=(1/2,-1)$是极小点，极小值$-e/2$。

例 12.12 求函数 $f(x,y)=\ln(1+x^2+y^2)+1-\frac{x^3}{15}-\frac{y^3}{4}$的极值。

解：曲面 $z=f(x,y)$见图 12.3(程序见习题 X5.4 的参考答案)。

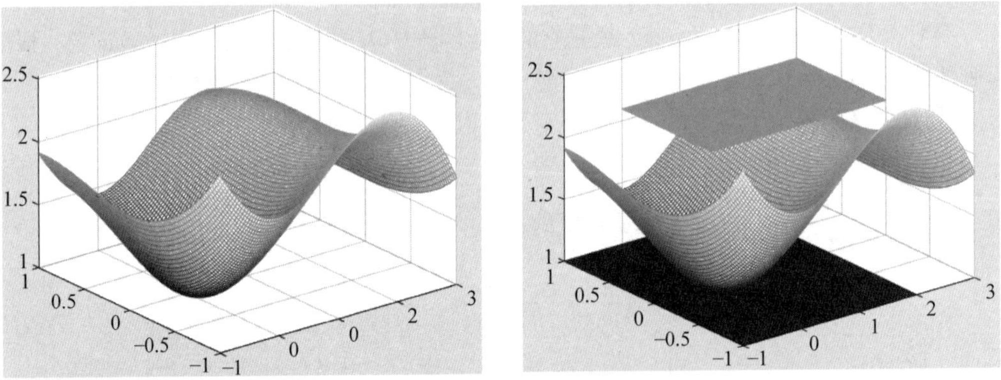

(a) 曲面图　　(b) 添加极值点的两个切平面后的图

图 12.3 曲面图

以下程序依次求出梯度及其零点(4 组实数解)，及每组解的海森矩阵 $\boldsymbol{H}$ 及其 1、2 阶主子式。从而得极小值 $f(0,0)=1$ 与极大值 $f(795/406,106/203)=2.0945$。

注意：先输入标记“%————————”前的几行指令，共得到 10 组解 FxFy0。然后要仔细辨认哪 4 组是实数解，记住这 4 组解的序号。因为 10 组解的排序是随机的，下面输出结果是实数解的序号向量为[1,2,5,8]。当下次运行的结果可能不是这 4 组时，标记“%————————”下一行的指令“Z10=…”后的向量[1,2,5,8]要调整。

输入指令	输出结果
>> syms x y x_y; f=log(1+x^2+y^2)+1-x^3/15-y^3/4;	FxFy(1)= 2 * x/(1+x^2+y^2)-1/5 * x^2
%(1) 求梯度	FxFy (2)= 2 * y/(1+x^2+y^2)-3/4 * y^2
FxFy=simplify([diff(f,x),diff(f,y)])	S=10 2,实数解 [x,y]:
%(2) 求梯度的零点: 以下不用 double 的结果会很长	
FxFy0=solve(FxFy(1), FxFy(2)) % 见后面注解	第 1 组 [0, 0]
FxFy0=double([FxFy0.x, FxFy0.y]), S=size(FxFy0)	第 2 组 [0, 1.1492]
% ----------------------------------	=[0, 339/295]
% 梯度的零点共 10 组解,第 1,2,5,8 组为实数解	第 5 组[2, 0]
% 下次结果可能是另外 4 组为实数解下面 [1,2,5,8] 要调整	第 8 组[1.9581, 0.5222]
Z10=rats(FxFy0([1,2,5,8],:)) % Z10 仅为显示,不能参加运算	=[795/406, 106/203]
%(3) 求海森矩阵 H	
H=[diff(FxFy(1),x),diff(FxFy(1),y); ...	H1=
diff(FxFy(2),x),diff(FxFy(2),y)];	[2/x_y-4 * x^2/x_y^2-2/5 * x, -4 * x/x_y^
% 为表达简洁,以下用 x_y 代 1+x^2+y^2	2 * y; -4 * x/x_y^2 * y, 2/x_y-4 * y^2/x_y
H=simplify(H); H1=subs(H,(1+x^2+y^2), x_y)	^2-3/2 * y]
%(4) 求海森矩阵 H 在 4 组解的 1、2 阶主子式	
% 第 1 组实数解(0,0)	
D1= subs(H,{x,y},{0,0})	D1= [2, 0; 0, 2]
D11=D1(1,1), D12=det(D1) % 求 2 个主子式	D11=2 , D12=4
% D11=2> 0, D12=4 > 0, (0,0)为极小点	
% 第 2 组实数解(0, 339/295)=(0, 1.1492)	
D2= double(subs(H,{x,y},{0, 1.1492}))	D2=[0.8618, 0, 0; 0, -1.8429]
D21=D2(1,1), D22=det(D2)	D21=0.8619, D22=-1.5882
% 主子式 D21>0, D22<0,(0, 339/295)不是极值点	
% 第 3 组实数解(2, 0)	
D3= subs(H,{x,y},{'2','0'})	D3 =[-26/25, 0; 0, 2/5]
D31=D3(1,1), D32=det(D3)	D31= -26/25, D32= -52/125
% 主子式 D31<0, D32<0,(2,0)不是极值点	
% 第 4 组实数解 (795/406, 106/203)=(1.9581, 0.5222)	
D4= double(subs(H,{x,y},{1.9581, 0.5222}))	D4 =[-0.9797, -0.1568; -0.1568, -0.4335]
D41=D4(1,1), D42=det(D4)	D41=-0.9797, D42=0.4001
% 2 个主子式 D41<0, D42>0(795/406, 106/203)是极大点	
%(5) 求极小值 f1=f(0,0), 极大值 f2= f(795/406, 106/203)	f1=f(0,0)=1, f2= log(841805/164836) +
f1=subs(f,{x,y},{0,0}), f2= subs(f,{x,y},{795/406, 106/203})	31044059/66923416
f2= log(841805/164836) + 31044059/66923416	f2=2.0945

答案：(0,0) 为极小点，极小值=1；(795/406，106/203) 为极大点，极大值=2.0945。

注解：第 4 行指令“FxFy0=solve(FxFy(1)，FxFy(2))”的原始输出结果是：

```
%FxFy0 = 包含以下字段的 struct: x: [10×1 sym],  y: [10×1 sym]
```

随后的指令“FxFy0=double([FxFy0.x，FxFy0.y])”才能输出 FxFy0 的两个分量，

即 f 对 x 与 y 的偏导数值。

本例与其他一些很好的例子都出自教科书[14]的习题,其他例子的答案都正确无误,只是本例的答案出现瑕疵。它的答案为"在(0,0)处,极大值 $f(0,0)=1$;在(2,0)处,极大值 $f(2,0)=\ln(5)+1=2.0761$",这从下面的图中也可以看出,两个答案都错。如果点(0,0)是极大点,则 $y=0$ 是曲面在截面 $x=0$ 上的曲线 $z=f(0,y)$ 的极大点,但图 12.4(a)显示它是极小点。同样,如果点(2,0)是极大点,则 $y=0$ 是曲面在截面 $x=2$ 上的曲线 $z=f(2,y)$ 的极大点,但图 12.4(b)显示它不是极值点。

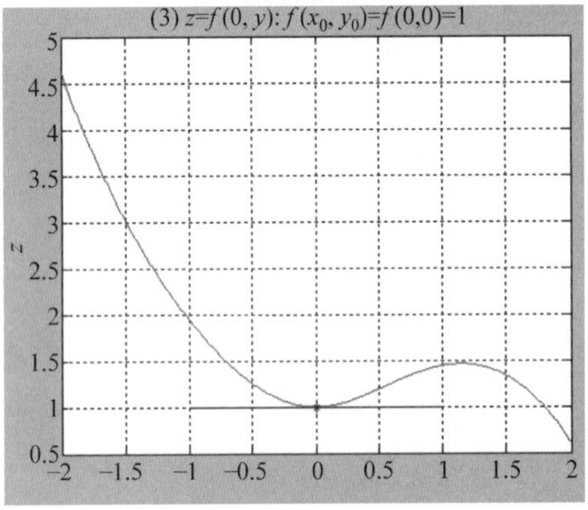

(a) $y=0$是曲线$z=f(0,y)$的极小点

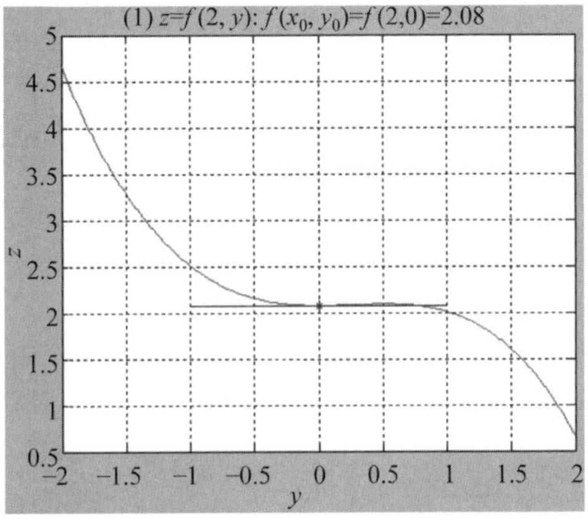

(b) $y=0$不是曲线$z=f(2,y)$的极值点

图 12.4 两种情况

例 12.13 求由方程 $x^2+y^2+z^2-2x+2y-4z-10=0$ 确定的函数 $z=f(x,y)$ 的极值。

实际上,原方程可以经过配方化为 $(x-1)^2+(y+1)^2+(z-2)^2=4^2$。这是中心在(1,−1,2),半径为 4 的球面。它被平面 $z=2$ 分为上下两半,它的上顶点(1,−1,6)为极大点,而下顶点(1,−1,−2)为极小点。两顶点的距离 8 正是直径的长度,见图 12.5(程序见习题 X5.3 的参考答案)。

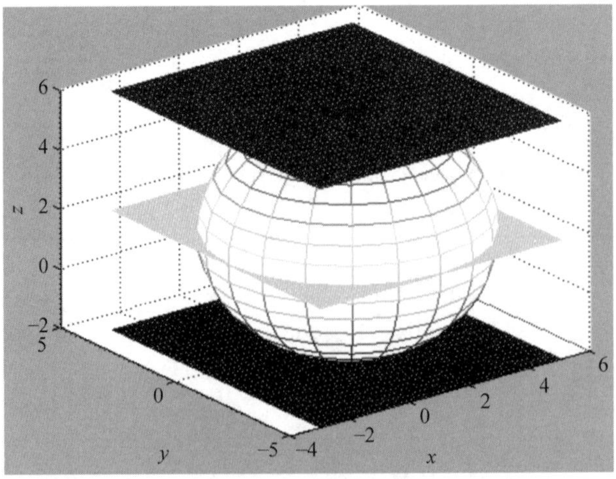

图 12.5 球面以及过上下顶点与中心的水平平面

解法一：对 z 而言，所给方程是二次方程，有两个解（分支曲面）：正是图 12.5 中被过中心的水平平面 $z=2$ 分开的上下两半球面。用下列程序求得极值点：对上半球面，$z_1=f(1,-1)=6$ 是极大值；对下半球面，$z_2=f(1,-1)=-2$ 是极小值。注意，两个极值点都是 $(x_0,y_0)=(1,-1)$。所用程序如下。

输　入　指　令	输　出　结　果

`>> syms   x   y   z ;`
`% 球面方程(已展开)：  解方程 h=0`
`h=x^2+y^2+z^2-2*x+2*y-4*z-10;`
`Z=solve(h,z);  F=Z(1),  G=Z(2)  % 两分支(曲面):`
`% 求分支 Z=F(x,y) 的极值`
`% *** (1) 求梯度`
`F1=simplify([diff(F,x),diff(F,y)]);  Fx=F1(1),  Fy=F1(2)`
`% *** (2) 求梯度零点，即驻点`
`Fxy0=solve(Fx,Fy);  xy10=[Fxy0.x,Fxy0.y]`
`% 函数 F 的驻点 (x1,y1)=(1, -1)`
`% *** (3) 求海森矩阵及其在驻点上的值`
`HF=[diff(Fx,x),diff(Fx,y); diff(Fy,x),diff(Fy,y)];`
`HF0=simplify(subs(HF,{x,y},{'1','-1'}) )`
`DF1=HF0(1,1),  DF2=det(HF0)`
`% 主子式 DF1< 0, DF2 > 0 --> (1,-1) 是 F 的极大点`
`% *** (4) 求极大值`
`F0=subs(F,{x,y},{1,-1})`
`% 求分支 Z=G(x,y) 的极值`
`% ### (1) 求梯度`
`G1=simplify([diff(G,x),diff(G,y)]); Gx=G1(1); Gy=G1(2)`
`% ### (2) 求梯度零点，即驻点 xy20`
`Gxy0=solve(Gx,Gy);  xy20=[Gxy0.x,Gxy0.y]`
`% ### (3) 求海森矩阵及其在驻点上的值`
`HG=[diff(Gx,x),diff(Gx,y); diff(Gy,x),diff(Gy,y)];`
`HG0=simplify(subs(HG, {x,y},{'1','-1'}))`
`DG1=HG0(1,1),  DG2=det(HG0)`
`% 主子式 DG1 > 0, DG2> 0 --> (1,-1) 是 G 的极小点`
`G0=subs(G,{x,y},{1,-1})  % ###(4) 求极小值`
	`F =(- x^2 + 2*x - y^2 - 2*y + 14)^(1/2) + 2`
	`G =2 - (- x^2 + 2*x - y^2 - 2*y + 14)^(1/2)`
	
	`Fx =-(x - 1)/(- x^2 + 2*x - y^2 - 2*y + 14)`
	`^(1/2)`
	`Fy = (y + 1)/(- x^2 + 2*x - y^2 - 2*y + 14)`
	`^(1/2)`
	`xy10 =[ 1, -1];`
	
	`HF0 =   [ -1/4,     0;  0,  -1/4]`
	`DF1 = -1/4,   DF2 = 1/16`
	
	`F0 =6`
	
	`Gx =(x - 1)/(- x^2 + 2*x - y^2 - 2*y + 14)`
	`^(1/2)`
	`Gy =(y + 1)/(- x^2 + 2*x - y^2 - 2*y + 14)`
	`^(1/2)`
	`xy20 =[ 1, -1]`
	
	`HG0 =[ 1/4,    0;  0,   1/4]`
	`DG1 =1/4,    DG2 =1/16`
	`G0 =-2`

答案：$(1,-1,6)$ 为极大点，极大值 $=6$；$(1,-1,-2)$ 为极小点，极小值 $=-2$。

解法二：手算时直接对方程两边用锁链法则求导（例如，$\partial(z-2)^2/\partial x=2(z-2)\partial z/\partial x$），然后令 $\partial z/\partial x=0,\partial z/\partial y=0$，立刻求得驻点（只有一个）。用 MATLAB 编程序时，不必从方程中解出 z，而直接从方程中用隐函数求导法则来求出梯度。这时梯度零点只有一个。代入方程求出对应的 z 值时，才得出两个 z 值。这些都比解法一简单。但求二阶偏导数时就比较复杂，因为 diff(f, x)是把 z 看作常数。这需要“人工干预”。

输 入 指 令	输 出 结 果
>> syms x y z;	
h = (x-1)^2+(y+1)^2+(z-2)^2-16; % 隐函数	
% (1) 隐函数求导	
h1=simplify([diff(h,x),diff(h,y),diff(h,z)])	h1 =[2 * x -2, 2 * y + 2, 2 * z -4]
% (2) 求 z=f(x,y) 的梯度及其零点，即驻点	
Zx=simplify(-h1(1)/h1(3)), Zy= simplify(-h1(2)/h1(3))	Zx =-(x -1)/(z -2), Zy =-(y + 1)/(z -2)
ZxZy0=solve(Zx,Zy); ZxZy0=[ZxZy0.x, ZxZy0.y]	ZxZy0 =[1, -1]
% (3) 求驻点的函数值	
hxy=subs(h,{x,y},{1,-1}), z0=solve(hxy)	hxy =(z -2)^2 -16 , z0 =[-2; 6]
% (4) 求 z=f(x,y) 的二阶偏导数	
% 求 ∂z/∂x(=Zx)的分子 Zxn 与分母 Zxd	
[Zxn, Zxd]=numden(Zx)	Zxn = 1 -x, Zxd =z -2
% 求 ∂z/∂y(=Zy)的分子 Zyn 与分母 Zyd	
[Zyn, Zyd]=numden(Zy)	Zyn = -y -1, Zyd =z -2
% 根据分式求导法则求 ∂2z/∂x2:	
% ∂2z/∂x2= (∂z/∂)(f/g) = [∂f/∂x * g-∂g/∂x * f]/g2	
% 其中 ∂g/∂x = ∂(z-2)/∂x=∂z/∂x= Zx	
% 下面先求 ∂f/∂x =Zxnx 再求 ∂2z/∂x2=Zxx	
Zxnx=diff(Zxn,x)	Zxnx = -1
Zxx=simplify((-1 * Zxd-Zx * Zxn)/Zxd^2)	Zxx = -(z + (x -1)^2/(z -2) -2)/(z -2)^2
% 类似地，下面先求 ∂f/∂y =Zxny 再求 ∂2z/∂x ∂y =Zxy	
Zxny=diff(Zxn,y) % Zxny=0!	Zxny =0
Zxy=simplify(-Zy * Zxn/Zxd^2)	Zxy = -((x -1) * (y + 1))/(z -2)^3
% 类似地，求 ∂2z/ ∂y2 =Zyy	
Zyny=diff(Zyn,y) % Zyny=-1	Zyny =-1
Zyy=simplify((-1 * Zyd-Zy * Zyn)/Zyd^2)	Zyy = -(z + (y + 1)^2/(z -2) -2)/(z -2)^2
% (5) 形成海森矩阵及求在驻点上的值	
H=[Zxx,Zxy; Zxy, Zyy];	
H1= subs(H,{x,y,z},{1,-1,z0(1)})	H1 =[1/4, 0; 0, 1/4]
H2= subs(H,{x,y,z},{1,-1,z0(2)})	H2 =[-1/4, 0; 0, -1/4]
D11=H1(1,1), D12=det(H1)	D11 = 1/4, D12 =1/16
% 主子式 D21 > 0, D22>0 --> f(1, -1) = -2 为极小值	
D21=H2(1,1), D22=det(H2)	D21 =-1/4, D22 =1/16
% 主子式 D11 < 0, D12>0 --> f(1, -1) = 6 为极大值	

答案：(1，−1，6)为极大点，极大值=6；(1，−1，−2)为极小点，极小值=−2。

解法三：转换为有条件极值问题，见例 12.15。这个方法最简单。

3. 有条件极值的例子

例 12.14 抛物面 $z=-x^2-y^2$ 被平面 $x+y-z=1$ 截成一椭圆，求原点到此椭圆的最长与最短距离。最后，画出截平面和用参数方程画出椭圆及原点到它的最长、最短的直线段。

解：抛物面与截平面见图 12.6。作图程序见习题 X5.5 的参考答案。

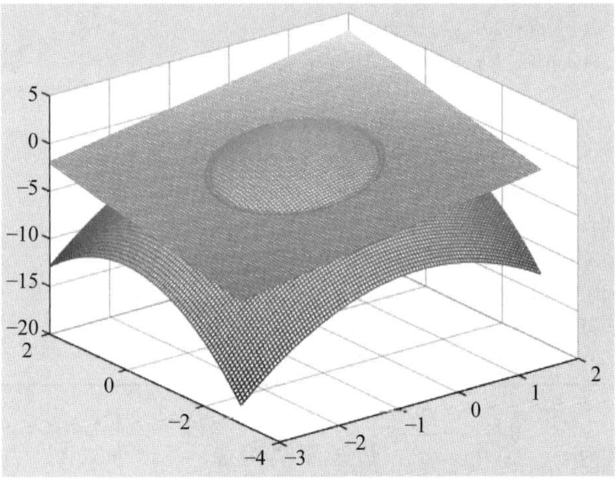

图 12.6　抛物面与截平面

把平面方程代入抛物面方程后所得方程与平面方程联立即为椭圆方程，$\boldsymbol{x}^2+\boldsymbol{y}^2+x+y-1=0\ \&\ x+y-z=1$。所求最长与最短距离，即为距离函数 $d(x,y,z)=(\boldsymbol{x}^2+\boldsymbol{y}^2+\boldsymbol{z}^2)^{1/2}$ 在两个联立(椭圆)方程的约束条件下的极值。我们把这个有条件极值问题通过拉格朗日函数化为无条件极值问题。以下是指令串与运行结果。注意：本题与例 12.12 一样，要先输入标记"%－－－－－－－－"前的几行指令，共得到 4 组解 $L1$。然后要仔细辨认哪两组是实数解，记住这两组解的序号。标记"%－－－－－－－－"下一行的指令"$d1=\cdots$"与"$d2=\cdots$"后 $L1(*,\#)$的第 1 个序号 *（下面是第 1、4 两组解为实数解，所以 $d1$ 后的 *"=1"，$d2$ 后的 *"=4"）要调整。

输 入 指 令

```
>> syms   x  y  z  t1   t2    d;
d= (x^2+y^2+z^2)^(1/2);   %以下形成拉格朗日函数
L=d+ t1 * (x^2+y^2+x+y-1)+t2 * (x+y-z-1);
%(1) 求 L 的梯度及其零点
Lx=diff(L,x),   Ly=diff(L,y),   Lz=diff(L,z),   Lt1=diff(L,t1),   Lt2=diff(L,t2)
%(2) 求梯度的零点
L1=solve(Lx,Ly,Lz,Lt1,Lt2);   L1=simplify([ L1.x, L1.y, L1.z])
% --------------------------------------------------------------
%仅列出关于(x,y,z) 的(4 组中)两组实数解。4 组解的先后次序是随机的,这里列出的是
%第 1、4 行为实数解,而且,第 1 行对应极大值,第 4 行对应极小值。下次可能不同!
%所以每次运行到此,要先看清实数解的行序号。然后再决定下面 d1, d2 语句中的
%L1 中所用的行序号。
d1=simplify(subs(d,{x,y,z},{L1(1,1),L1(1,2),L1(1,3)}))
d2=simplify(subs(d,{x,y,z},{L1(4,1),L1(4,2),L1(4,3)}))
```

续表

输出结果
Lx =t2 + t1 * (2 * x + 1) + x/(x^2 + y^2 + z^2)^(1/2) Ly =t2 + t1 * (2 * y + 1) + y/(x^2 + y^2 + z^2)^(1/2) Lz =z/(x^2 + y^2 + z^2)^(1/2) -t2 Lt1 = x^2 + x + y^2 + y -1 Lt2 =x + y -z -1 L1 =[3^(1/2)/2 -1/2,   3^(1/2)/2 -1/2,   3^(1/2) -2] % 实数解 [(13^(1/2) * 1i)/4 + 3/4, 3/4 -(13^(1/2) * 1i)/4,   1/2] [3/4 -(13^(1/2) * 1i)/4, (13^(1/2) * 1i)/4 + 3/4,   1/2] [-3^(1/2)/2 -1/2,   -3^(1/2)/2 -1/2,   -3^(1/2) -2] % 实数解 d1 =(9 +5 * 3^(1/2))^(1/2) d2 = (9-5 * 3^(1/2))^(1/2)

所以，最短距离为 $d_2=\sqrt{9-5\sqrt{3}}$，最长距离为 $d_1=\sqrt{9+5\sqrt{3}}$。注意，我们是根据这一实际问题必有一个最大，一个最小，而且 $d_1>d_2$ 来断定最短距离为 d_2，最长距离为 d_1。

把椭圆（联立）方程 $\boldsymbol{x}^2+\boldsymbol{y}^2+x+y-1=0\&x+y-z=1$ 的前者配方得：

$$(x+1/2)^2+(y+1/2)^2=(\sqrt{2/3})^2$$

两边同除于 $c=(\sqrt{2/3})^2$，可以看出，这个（在 OXY 平面上投影的）圆的参数方程为：

$$x=c\cos t-1/2,\quad y=c\sin t-1/2$$

据此，作图程序如下，输出图如图 12.7 所示。

输入指令

```
>> t=linspace(0,2 * pi);
c=(3/2)^(1/2);   x =c * cos(t)-1/2;      % 截平面上的椭圆方程
y=c * sin(t)-1/2;   z=x+y-1;
plot3(x,y,z,'r-');                        % 画出椭圆
grid;   xlabel('X');   ylabel('Y');   zlabel('Z');
title('截平面上的椭圆及原点到椭圆上最短最长的直线段');
hold on;
% 以下画出截平面。注意,分点太密,会造成黑屏
x1=linspace(-2,1,40);   y1=linspace(-3,2,40);   [X,Y]=meshgrid(x1,y1); P=X+Y-1; mesh(X,Y,P);
% 以下画出原点到椭圆上最短最长的直线段
x1=-1/2-1/2 * 3^(1/2);    y1=-1/2-1/2 * 3^(1/2); z1= -2-3^(1/2);
x2=-1/2+1/2 * 3^(1/2);    y2=-1/2+1/2 * 3^(1/2); z2 = -2+3^(1/2);
plot3([x1,x1],[y1,y1],[z1,z1], 'ks ');              % 图上看不到极大点
plot3([x2,x2],[y2,y2],[z2,z2], 'kO ');              % 描出极小点
plot3([0,0],[0,0],[0,0], 'r * ')                    % 描出原点
plot3([0,x1],[0,y1],[0,z1], 'b-  ');                % 画出原点到极大点的线段
plot3([0,x2],[0,y2],[0,z2], 'k-  ');   hold off;    % 画出原点到极小点的线段
```

续表

输 出 图 纸
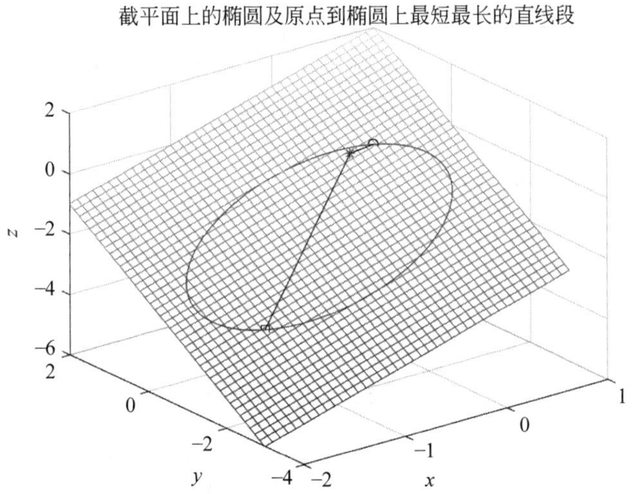 **图 12.7　椭圆及原点(红色 *)到椭圆上最短最长的直线段**

例 12.15　把例 12.13 转换为有条件极值问题来解。

解：即把该问题化为：$u=z$，在满足 $h=(x-1)^2+(y+1)^2+(z-2)^2-4^2=0$ 的条件下的极值。

输 入 指 令	输 出 结 果
>> syms x y z t;	
h = (x-1)^2+(y+1)^2+(z-2)^2-16;	
L=z+t * h; %形成拉格朗日函数	
%求 L 的梯度 gL 及其零点 gL0	
gL=[diff(L,x), diff(L,y), diff(L,z), diff(L,t)];	gL0 =
gL0=solve(gL(1),gL(2),gL(3),gL(4));	[1, -1, -2, 1/8]
gL0= [gL0.x,gL0.y,gL0.z, gL0.t] %已得到解	[1, -1, 6, -1/8]

上述 gL0 的最后一个分量 1/8 或 −1/8 是 L 对 t 的偏导，所以(1，−1，6)为极大点，极大值为 6；(1，−1，−2)为极小点，极小值为 −2。

12.4　二重积分改变积分顺序

例 12.16　把下面的二重积分改变积分顺序：$\int_{-6}^{2}\mathrm{d}x\int_{\frac{x^2}{4}-1}^{2-x}f(x,y)\mathrm{d}y$。

解：先积分的变量 y 的积分下限(曲线 $y_1=x^2/4-1$)到积分上限(直线 $y_2=2-x$)。我们用图 12.8 来验证。作图程序在后面。

实际上，先积分的变量 y 的上下限可这样来确定：作若干平行于 y 轴的箭头向上的线段，箭头从下面穿入的曲线是下限(这里是 $y_1=x^2/4-1$)，箭头从上面穿出的曲线是上限(这里是 y_2-2-x)。而后积分的变量 x 的上下限就是积分区域上 x 的最大最小值，这里正是曲线与直线两个交点的横坐标 2 与 −6。原积分式的上下限与上述完全相符。

现在要改变积分顺序，即先对 x 积分。类似地，作若干平行于 x 轴的箭头向右的线段，箭头从左面穿入的曲线是下限，箭头从右面穿出的曲线是上限。

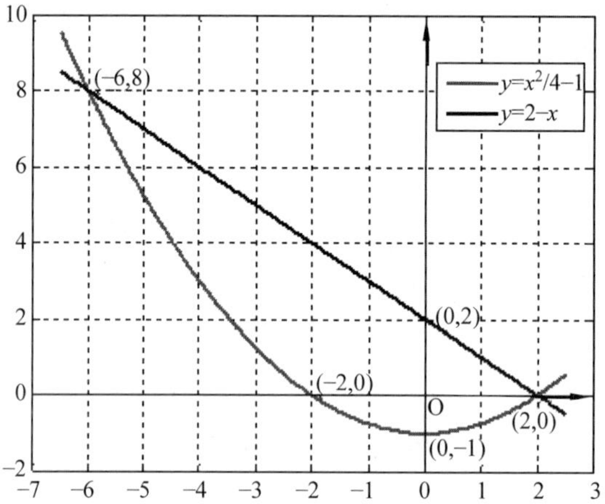

图 12.8　下为曲线上为直线围成的积分区域

但这时情况有所不同。对位于 x 轴下方的积分区域($y<0$)，带箭头线段是从曲线的 $x<0$ 部分 $x=-2\sqrt{1+y}$ 穿入，从 $x>0$ 的部分 $x=2\sqrt{1+y}>0$ 穿出。而对位于 x 轴上方的积分区域($y>0$)，带箭头线段是从曲线 $x=-2\sqrt{1+y}<0$ 穿入，从直线 $x=2-y$ 穿出。这时，积分区域应该分为 x 轴上下两部分。这样，

$$\text{原式}=\int_{-1}^{0}\mathrm{d}y\int_{-2\sqrt{1+y}}^{2\sqrt{1+y}}f(x,y)\mathrm{d}x+\int_{0}^{8}\mathrm{d}y\int_{-2\sqrt{1+y}}^{2-y}f(x,y)\mathrm{d}x$$

作图程序如下。

输入指令

```
>> x=-6.5:0.01:2.5;        y1=x.^2/4-1;   y2=2-x;            % 两个曲线方程
plot(x,y1,'r-',x,y2,'b-');                  % 画出两条曲线
```

```
legend('y=x^2/4-1','y=2-x');                 grid; hold on;
plot([-7,3],[0,0],'k-');                     plot([0,0],[-2,10],'k-');     % 作两条直线,相当于两坐标轴
% 以下标出 6 个点 p1~p6 的坐标,详见程序后的说明
p1=text(-5.9,8.2,'(-6,8)');                  set(p1,'fontsize',10);
p2=text(-1.9,0.2,'(-2,0)');                  set(p2,'fontsize',10);
p3=text(0.05,-0.3,'O');                      set(p3,'fontsize',12);
p4=text(0.1,2,'(0,2)');                      set(p4,'fontsize',10);
p5=text(0.05,-1.3,'(0,-1)');                 set(p5,'fontsize',10);
p6=text(1.6,-0.3,'(2,0)');                   set(p6,'fontsize',10);
hold off;
```

以上程序最后是在有关点的附近，做文字说明。每个点都一样用到内置函数 text 与 set。前者是设置文字说明的位置与内容，后者是设置字体大小。用 help 指令查看详情。

(1) text 的使用格式是 test(x0, y0, '文字说明字符串')，其中，x0 与 y0 分别为文字说明起始点的 x 与 y 坐标，要逐步调整。例如，程序中，p1＝text(－5.9,8.2,'(－6,8)')；其中 p1 是变量名，文字说明是在点 (－6,8) 的右上方，从 (－6＋0.1,8＋0.2) 开始。

(2) set 的调用格式为 set(变量名,'fontsize',字体尺寸)。字体尺寸也要逐步调整。

习　题

X12.1　用洛必达法则求极限 $\lim\limits_{x\to 0}x\ln^2 x$ [$0\times\infty$型](用到例 12.1 的结果)，再用内置函数 limit 直接求极限来验算。

X12.2　用洛必达法则求极限 $\lim\limits_{n\to\infty}(n\ \tan\ (1/n))^{n^2}$ (($0\times\infty)^{\infty}$型)，再用内置函数 limit 直接求极限来验算。

提示：与例 12.2 一样用 $1/x$ 替代 n，然后求 $x\to 0$ 时的极限。另外，①当分母为一项(没有加减运算)，分子为多项时，如拆项后，某项的极限可算出，则先把此项拆出。其他项合并后仍为不定式，继续用洛必达法则求极限。②当分子为一项，分母为多项时，试试颠倒分子分母后能否化简与/或求出极限。

X12.3　当 a 与 b 为何值时，$\lim\limits_{x\to 0}\left(\dfrac{\sin 3x}{x^3}+\dfrac{a}{x^2}+b\right)=0$。

提示：根据前两项和的极限必须存在，手算确定 a 值。再用洛必达法则求出极限(含 b)。最后确定 b 值。

X12.4　讨论函数 $h(x)$的连续性，其中：

$$h(x)=\begin{cases}p(x)=[(1+x)^{1/x}/\mathrm{e}]^{1/x}, & x>0\\ q(x)=\mathrm{e}^{-1/2}, & x\leqslant 0\end{cases}$$

X12.5　已知有理分式 $B(x)/A(x)=Q(x)/A(x)+K(x)$，其中，$Q(x)$为余式，$K(x)$为商式；

$$B(x)=-x^5+2x^4+9x^2+26x-16,A(x)=x^4+3x^2-4,K(x)=x+2$$

①求余式 $Q(x)$；②把真分式 $Q(x)/A(x)$ 化为最简分式之和。

X12.6　已知函数 $f(x)=\begin{cases}p(x)=x^{2x}, & x>0\\ q(x)=x+2, & x\leqslant 0\end{cases}$

①讨论它在 $x=0$ 处的连续性；②求它的极值；③画出它在区间[$-1.5,1.5$]的图像，描出 $x=0$ 处的右极限点与点$(0,f(x))$，以及过另一个极限点的在区间[$-0.5,1$]的水平切线。

X12.7　设一矩形的周长为 2。现在让它绕其一条边旋转。用两种方法求所得圆柱体体积为最大时圆柱形体积以及矩形的面积。

X12.8　求函数 $z=x^2+y^2$ 在条件 $x/a+y/b=1$ 下的极值：①化为无条件极值问题；②用拉格朗日函数 $L(x,y,t)$；③画出曲面 $z=x^2+y^2$，截平面 $x+y=1$(即取 $a=$

$b=1$)，以及过极小点的切平面。

提示：参考例 5.15 作截平面 $x+y=1$：x 在区间[-2,2]上取分点，z 在区间[0,6]上取分点。

X12.9 用两种方法求三元函数 $u=xyz$ 在条件 $x^2+y^2+z^2=1$ 与 $x+y+z=0$ 下的极值。

(1) 先把球面被平面截得的椭圆表为参数 t 的方程(**提示**：参见例 12.13)，然后把原问题化为 u 对 t 的三角函数的无条件极值问题。注意，MATLAB 求得的解是关于角度 $s=3t$ 的，而 $2k\pi\pm s$(k 为任何整数)都是解，但不同的极值点共 6 个，分别为 k 取 0,1,2 所得。求这 6 个 t 值，极值点(x,y,z)与它们的 2 阶导数值，应该先作一个函数子程序，然后调用。

(2) 用拉格朗日函数解原问题来验证(1)的 6 个解。并画出截平面与其上的椭圆，以及分别连接 3 个极大点与三个极小点的两条折线(如果描画 6 个点的话，有的点看不到)。

提示：x 与 y 的分点区间比它们的极大、极小值略大，都取[-1,1]，并用指令“axis equal”。

X12.10 把下面的积分改变积分顺序：$\int_0^{2a}\mathrm{d}x\int_{\sqrt{2ax-x^2}}^{\sqrt{2ax}}f(x,y)\mathrm{d}y$。先取 $a=1$ 作图。

参考文献

[1] PATRICIA C. MATLAB HANDBOOK，Some Useful Basics. Version 2006.1，Faculty of Sciences，University of Southern Queensland(Australia).

[2] WANQING L，MINGREN S，PHILIP O. A New Divide and Conquer Algorithm for Image and Video Segmentation. Proceedings of IEEE International workshop on Multimedia Signal Processing，2005.

[3] 史明仁. 线性代数六百证明题详解[M]. 北京：北京科学技术出版社，1985.

[4] 周开利，邓春晖. MATLAB 基础及其应用教程[M]. 北京：北京大学出版社，2007.

[5] 史明仁. 妙趣横生的图与网络[M]. 杭州：浙江大学出版社，2016.

[6] 高斯八后问题(Java 版). https://wenku.baidu.com/view/f8cd6d14fad6195f312ba646.html.

[7] BEN-ISRAEL，ADI，NE GREVILLE. Generalized inverses：theory and applications.，Springer，New York. 2003.

[8] SHI M，RENTON M. Modelling mortality of a stored grain insect pest with fumigation：probit，logistic or Cauchy model? Mathematical Biosciences，243 (2013) 137-146.

[9] 吉拉伊·奥克滕. 数值分析：基于 Julia [M]. 史明仁，译. 北京：机械工业出版社，2021.

[10] VAPNIK V. The Nature of Statistical Learning Theory. New York：Springer，1995.

[11] VAPNIK V. Statistical Learning Theory. New York：Wiley，1998.

[12] 邓乃扬，田英杰. 支持向量机——理论、算法和拓展[M]. 北京：科学出版社，2009.

[13] KIEFER J. Sequential minimax search for a maximum. Proceedings of the American Mathematical Society，4(3)：502-506.

[14] 吴赣昌. 高等数学(理工类)[M]. 北京：中国人民大学出版社，2006.

内容简介

本书是写给没有学过任何计算机语言的读者的，例如大学生。本书主要讲授MATLAB的基本知识，从如何打开MATLAB的指令窗口，输入最简单的指令开始，利用MATLAB提供的交互式环境，用简明的实例向读者示范如何调用MATLAB的内部函数实现数值计算、符号运算和平面曲线、空间曲线与曲面图等图形输出，以及机器学习和线性代数与微积分的应用。本书的应用篇介绍了MATLAB在机器学习中的应用，讨论了如何应用线性代数与函数求极值的基础知识以及MATLAB 的内置函数来编程实现常用的机器学习算法，例如，（广义）线性最小二乘法与梯度下降法、线性支持向量机等，也讲解与用到了各种控制程序流程的语句，这可以帮助读者编制出更复杂的算法。书中所设计的范例全部在MATLAB 2020a中运行通过，“输出结果”中的数字和显示的图形均为运行结果。

本书采用图学思维方式、二维表述形式，运用典型范例，简单明了、易于理解，可帮助读者更快、更直观地理解和运用MATLAB工作平台，为读者的科学论文、研究报告提供计算和图形支持。

课件下载·样书申请

书圈

清华大学出版社

官方微信号

ISBN 978-7-302-62880-4

9 787302 628804

定价：49.00元